从零开始玩纸藤 造型优美的藤篮编织教程

〔日〕古木明美 著

河南科学技术出版社
·郑州·

目录

关于作品的难易度

本书介绍的作品既有适合初学者的，也有稍微难点的。所有作品均标注了其难易度，不妨作为参考。

★：简单易做，非常适合初学者。

★★：只要稍微花费点时间，按照制作方法进行制作，肯定没问题。

★★★：稍微有点难度，但是编织完成后的成就感足以让你去挑战。

跳编花纹提篮

看似是两种宽度的编绳编织而成的部分，其实是 1 根细细的编绳一圈一圈编织出的花纹。使用两种同色系的编绳时，作品会给人一种很柔和的感觉。

难易度 ★★　　制作方法 p.64

b　　a

刺绣花纹提篮

制作该款提篮的乐趣在于可使用各种各样的编织方法，其外形简单朴素。编织时下功夫让花纹美丽地凸显出来。可放入 A4 尺寸的文件夹，非常实用。

难易度 ★★　　制作方法 p.61

a

六边形华丽提篮

该款提篮造型既可爱又华丽，是横长款。编织时，要稍微花费点功夫，一旦编织完成，非常有成就感和满足感。

难易度 ★★★　　制作方法 p.48

使用天蓝色的纸藤编织时，绚丽的花纹使提篮更具立体感。

b

菱形花纹提篮

使用适当的编织技巧，凸显菱形花纹。该款提篮采用环形编法，所以难度不大，初学者亦可尝试。尤其是提篮上下部分的菱形锁边装饰，更是提升了其美观度。

难易度 ★★

制作方法 p.96

盔甲编双色提篮

编织得厚厚的可爱漂亮的盔甲编双色提篮，使用白色的竖绳编织，下半部分盔甲编时就看不见白色编绳了。上下色彩分明，这是一款很可爱的双色提篮。

难易度 ★　　制作方法 p.57

人字纹梯形提篮

这是一款漂亮的人字纹梯形提篮。编织时，注意对照编织图穿入、拉出编绳。一旦熟练上手了，马上就明白编绳的穿入、拉出规律了。

难易度 ★★★　　制作方法 p.66

Z 字形花纹提篮

该款提篮在做 Z 字形编织时，提前在编绳上折出折痕，再进行编织。这样一来，就能很容易地编织出如图所示的 Z 字形花纹了。在每根竖绳上都使用了编绳编织，所以当两色编绳交替编织时，就可编织出条纹花样。

难易度 ★★　　制作方法 p.70

存在感极强的圆形编织提手。

菱形镂空圆形提篮（大、小）

这是现在非常流行的圆形提篮。通过菱形编织形成镂空花纹。大、小款的制作方法一样，连接部分使用双重竖绳，比较结实耐用。

难易度 ★★　　制作方法 p.73

从侧面看到的样子。
提篮的侧面和底部采用素编法，所以非常简单易做。

蝴蝶结时尚手拿包

盔甲编和引返编织搭配制作而成的一款时尚手拿包。盖子一端安装有磁铁吸扣，开合非常方便。该款手拿包的设计款式既可搭配现代服装，又可搭配传统服装。

难易度 ★★　　制作方法 p.80

棱纹圆提手提篮

该款提篮编织时，改变编绳粗细的同时，如图所示分别进行 3 行棱纹编，形成粗细相间的编织花纹。其中紧密缠绕的圆形提手更是该款提篮的亮点。

难易度 ★★　　制作方法 p.76

席纹双色提篮

双色编织，整体呈大十字花纹。仔细观察，其实是 4 种样式的斜纹图案。提篮的侧面如图所示呈现菱形花纹。

难易度 ★★　　制作方法 p.83

用非常简单的编织方法制作，编织时讲究外观造型。这样一款提篮仅摆放在家里，就很赏心悦目。由于带盖子，不容易进灰尘，可用于收纳缝纫用品或者纸藤。

难易度 ★★　　制作方法 p.86

该提篮也可用作郊游野炊餐具提篮。

镂空花纹提篮

通过菱形编织法和直编法交替编织而成的提篮。因为是镂空花纹款式，即使是单色制作，提篮外观也很精美，给人一种轻快的感觉。

难易度 ★　　制作方法 p.89

波士顿风格提篮

采用直编法和引返编织法编织而成的一款简单朴素的提篮，具有波士顿风格的外形。该款提篮编织时不使用任何金属配件，材料全部是纸藤。

难易度 ★★★　　制作方法 p.92

打开提篮、合上提篮时，侧面呈现不同的状态。

圆鼓鼓的单提手提篮

采用直编法和引返编织法等编织而成的圆圆的、鼓鼓的提篮。
直编完成之后，直接进行引返编织，非常简单哟！

难易度 ★ 　　制作方法 p.58

非常有厚实感的提手成为该款提篮的点缀。

饰品和迷你提篮

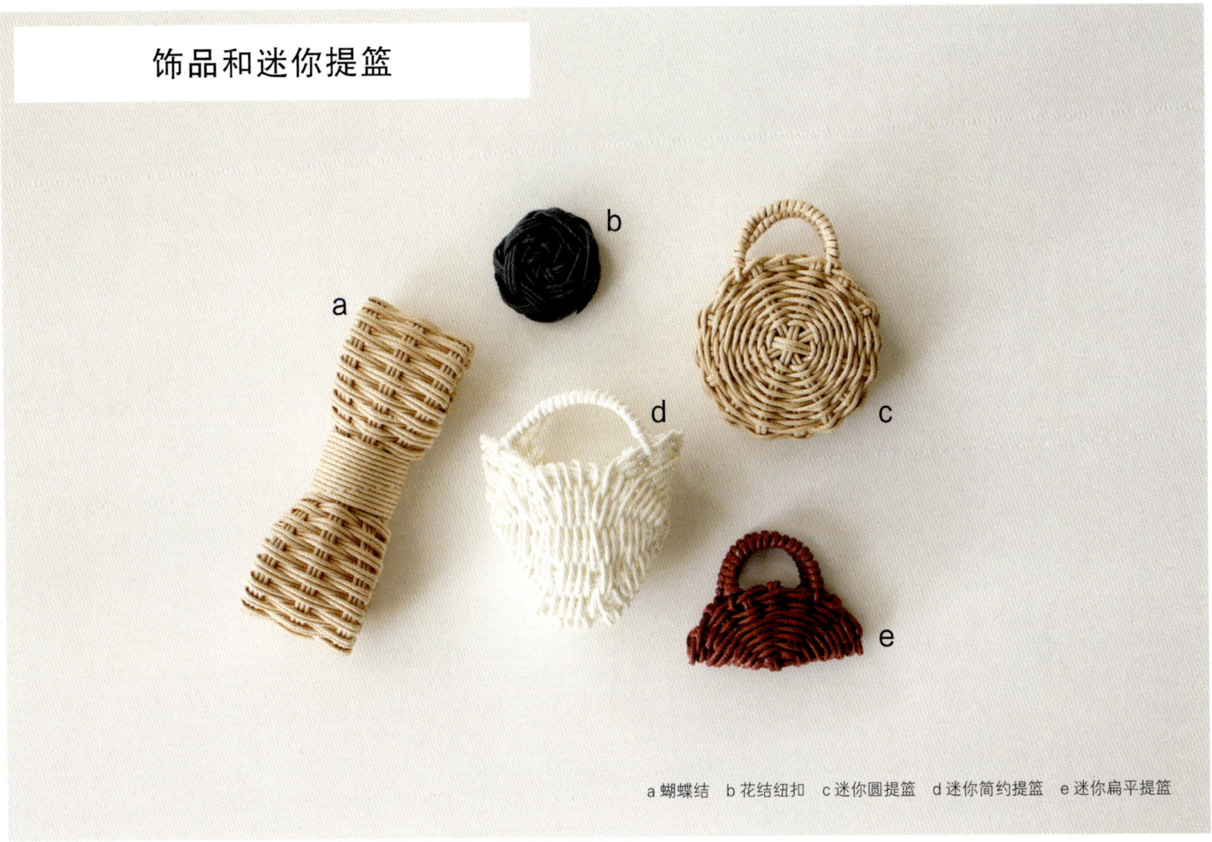

a 蝴蝶结　b 花结纽扣　c 迷你圆提篮　d 迷你简约提篮　e 迷你扁平提篮

提篮制作完成后，用剩余纸藤挑战一下以上作品吧！可爱的迷你提篮让人开心极了。

制作方法 p.81（a）、p.45（b）、p.98（c、d、e）

用黏合剂把花结纽扣粘贴到胸针上，做成胸针装饰。

给蝴蝶结穿上圆形橡皮筋，做成发饰。

迷你圆提篮提手处穿上绳子，做成包包装饰。

材料和工具

接下来，介绍一些制作提篮时所需的材料及工具。

材料

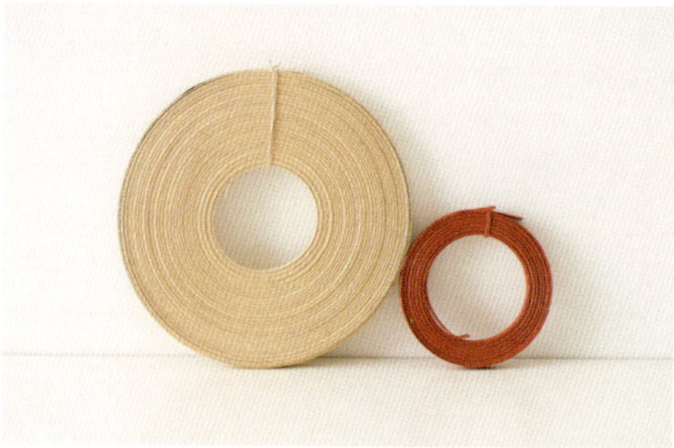

纸藤

纸藤比再生纸细，1根呈现扁平状，通过黏合剂可以卷成卷。各种宽度的都有。本书用到的是用12股细环保材质带加工成的标准厚度的纸藤。每卷长度分别为5m、30m。制作时，注意每个作品对材料的要求有所不同。

※在解说编织步骤时，裁剪的所需长度的、分割开的纸藤通常标记为"编绳"。

关于"需要准备的纸藤的股数和根数"和"平面裁剪图"

参照作品的"需要准备的纸藤的股数和根数""平面裁剪图"，裁剪、分割指定长度的纸藤。

平面裁剪图中的"⑥2股宽 4根 长200cm"，即准备4根长200cm的2股宽的纸藤。

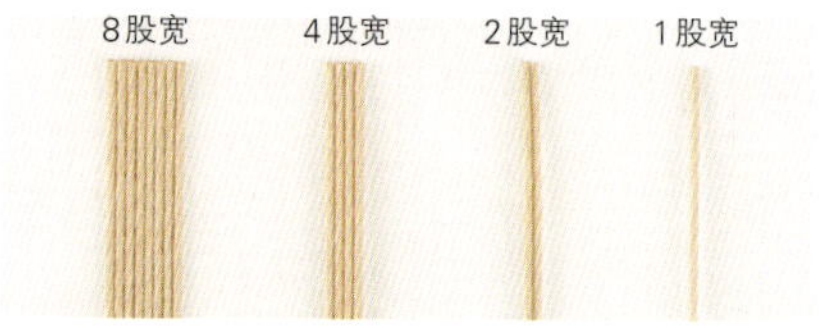

纸藤的宽度

平面裁剪图

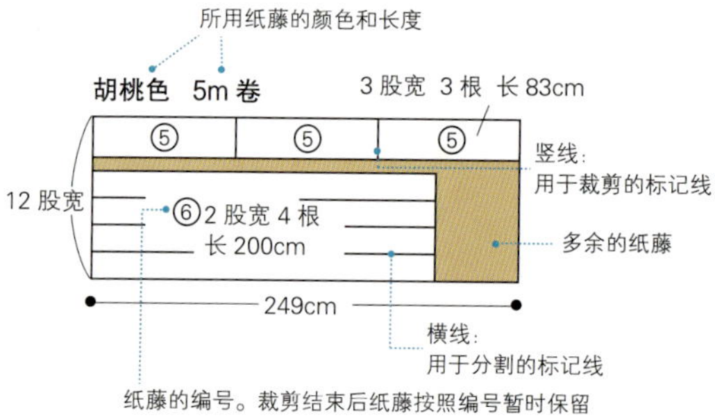

各种工具

PP带

分割纸藤时使用。因为PP带属于消耗品，所以多准备几条5cm长的。DIY商店有成捆出售的。

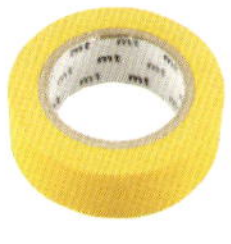

遮蔽胶带

用于做标记或者捆扎编绳。一般文具商店有售。

黏合剂

用来粘贴编绳，晾干后呈透明状，速干性好。

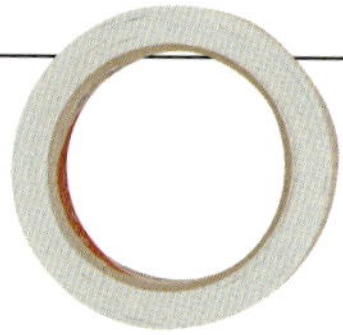

双面胶

制作提篮底部时粘贴上，可防止编织错位。

洗晒夹

用来固定粘贴后或者编织时的编绳。准备10~20个。

一字螺丝刀、锥子

做边缘编织时，可将一字螺丝刀插进编绳的叠压处，留出缝隙，便于插入编绳。一字螺丝刀不方便操作的情况下，可使用锥子代替。

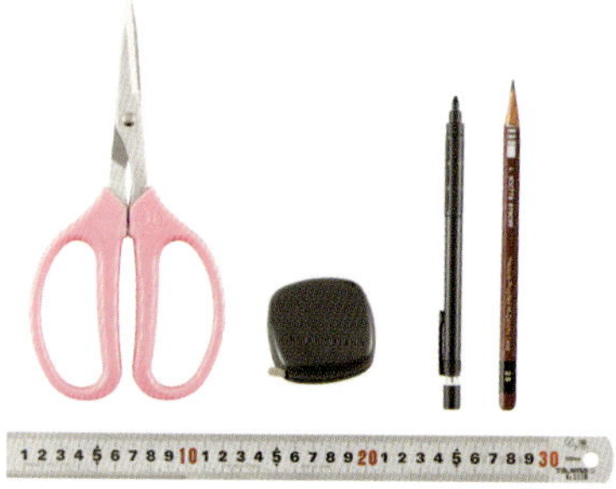

其他工具

可准备剪刀、卷尺、直尺、自动铅笔或者普通铅笔。

提篮的制作基础

下面总结了提篮的各种制作要点，建议在制作之前仔细阅读一下。

裁剪、分割纸藤

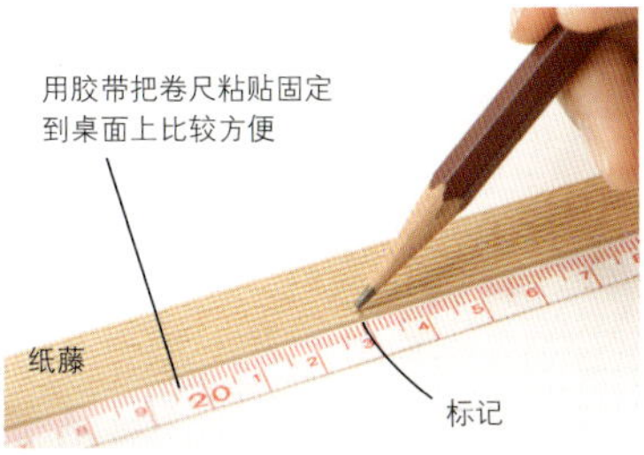

1 参照“需要准备的纸藤的股数和根数”“平面裁剪图”，在所需长度的纸藤上做标记。

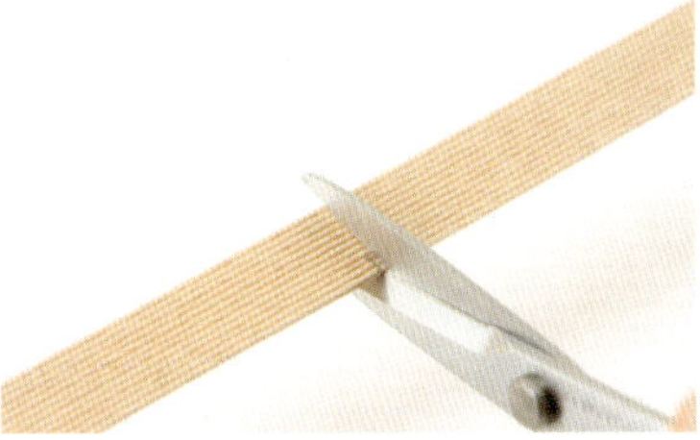

2 沿着标记用剪刀裁剪。

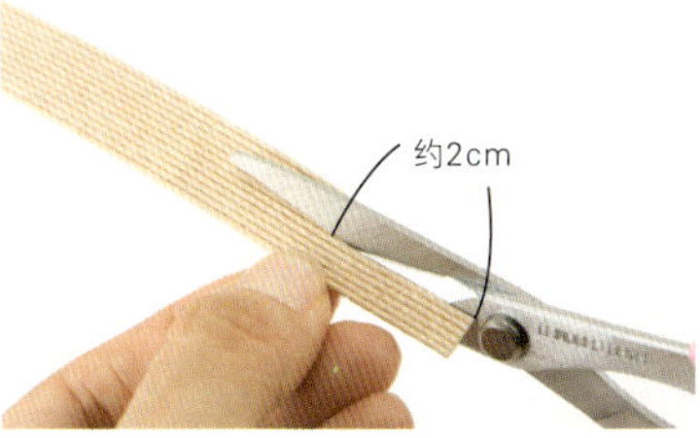

3 如图所示从剪开的纸藤的边缘数起，在第6股与第7股之间的凹槽处用剪刀裁剪约2cm长的剪口。

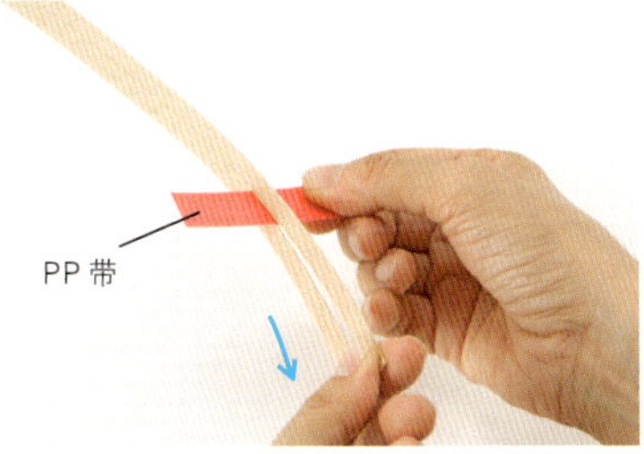

4 把PP带垂直放入剪口里，一拉就可以分割开纸藤了。

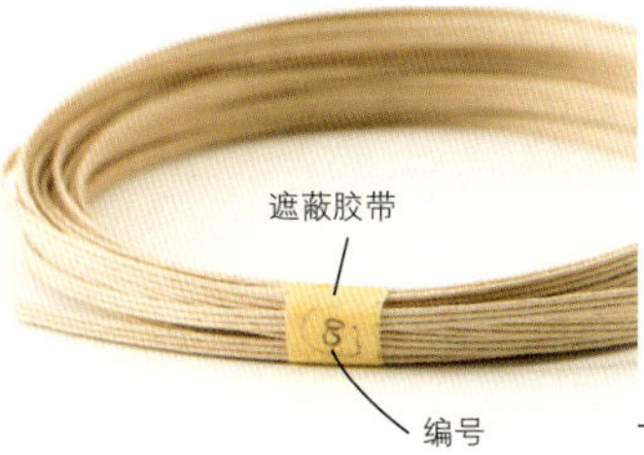

5 把纸藤按照编号用遮蔽胶带捆扎起来，并写上编号（参照平面裁剪图）。

捋平纸藤的卷痕

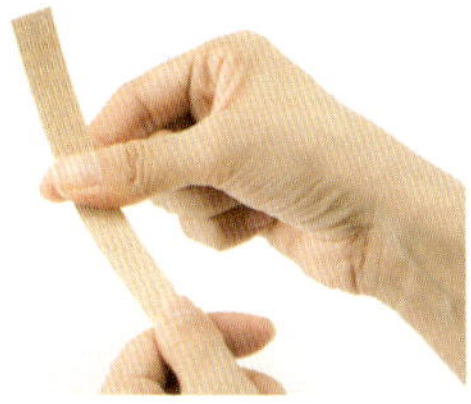

纸藤卷起的时候有折痕，编织前用拇指和食指捏住，捋平后再编织。

编绳的连接方法

采用直编法需要同时用几根编绳时，为了隐藏编绳的连接处，一般在编织中途，把编绳如图所示对齐粘贴上。正在用的编绳末端如图所示放到竖绳的背面，裁掉多余的部分，然后把1根新编绳的一端如图所示与之前的1根竖绳对接固定上去。

→

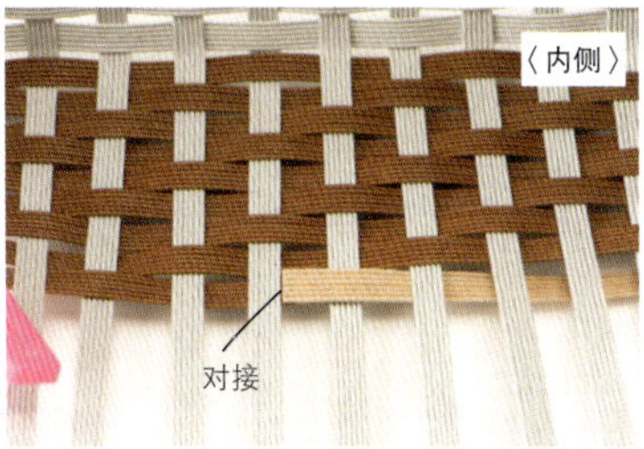

编绳的插入方法

用锥子或者一字螺丝刀插进编绳的叠压处，留出缝隙，编绳就能很容易插入编目（本书用“编目”表示纸藤编织的基本单元，类似于“针目”）中。插入长编绳时，如图所示从相反方向插入一字螺丝刀进行编织。插入时，提篮的形状会稍微被破坏，用手轻轻调整一下就恢复了，所以用力插进去也没关系。

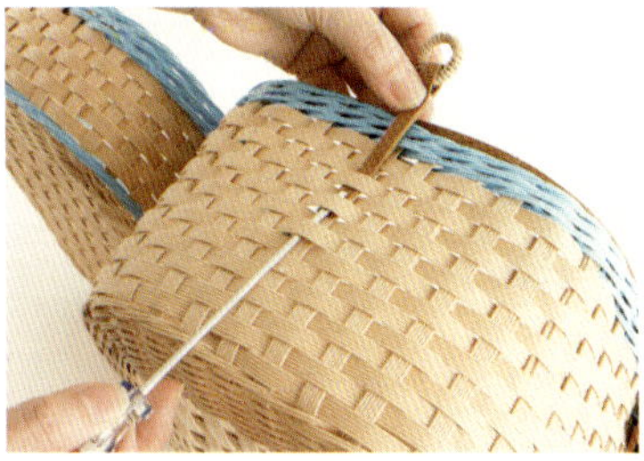

用洗晒夹固定编绳

用洗晒夹固定编绳，可防止编绳错位或松开。还可用于黏合剂晾干之前需要固定的地方。

捆扎编绳

长编绳打成小圈用洗晒夹固定。编织时，根据需要，一点一点地松开所需长度的编绳，非常方便。

黏合剂的涂抹方法

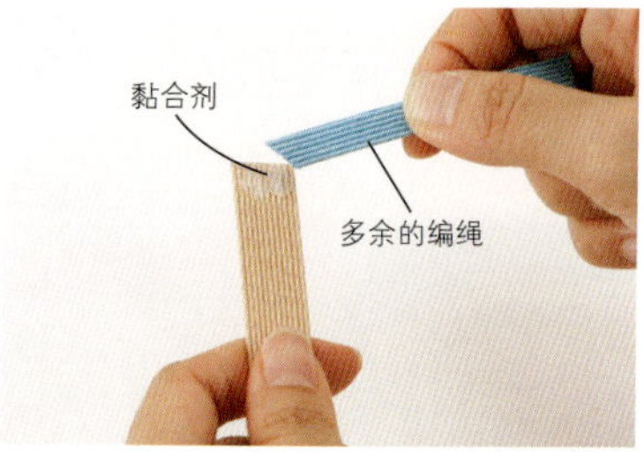

当把黏合剂均匀、薄薄地涂到宽一点的编绳上时，不用刮刀，而用多余的编绳进行涂抹，会非常方便。

编绳连接错时

使用熨斗熨烫，使黏合剂熔化，然后揭开编绳再连接。连接前，一定要用水或者湿布把之前的黏合剂擦拭干净，再涂上黏合剂重新连接。

使用编绳代替尺子

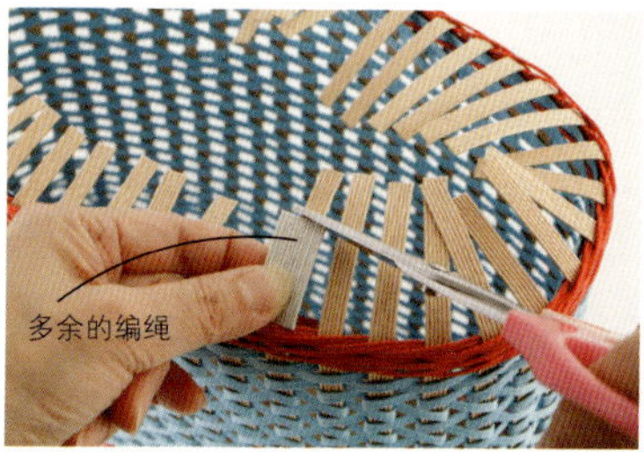

编织完成后，需要把一些竖绳裁剪并留出相同的长度，这时如图所示使用多余的编绳代替尺子协助裁剪，非常方便。

均等分隔竖绳

往上直接编织侧面的小技巧，就是竖绳之间要保持一定的距离。首先确认竖绳是否呈笔直状态，尤其要注意拐角处竖绳之间是否呈平行状态。

提前卷好边缘内用绳

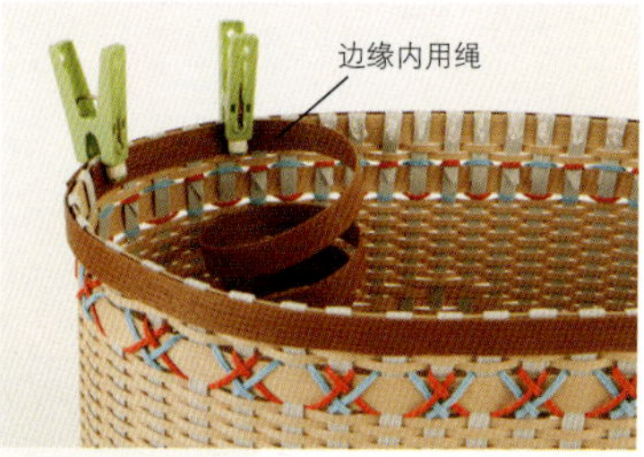

把边缘内用绳粘贴到边缘内侧时，建议如图所示把边缘内用绳提前打卷，这样用起来比较方便，也容易粘贴。

收紧编目

编织结束再整理提篮形状就比较困难了，建议每编织几行，就注意一下编绳之间的距离是否均匀，收紧编目，一边整理形状一边编织下去。

裁剪多余的竖绳

把折好的竖绳插进外侧，注意编绳末端不要超过编目，一定要隐藏到编目的背面，裁掉多余的部分。

基础编织教程

本书一共使用了17种编织方法，在此提前整理总结，其实大部分编织方法都是相通的。编织开始和编织结束部分也分别做了详细介绍。建议编织之前仔细阅读，一定会对提篮编织有很大帮助。

素编法

用1根编绳，在竖绳的前面（正面编目）、背面（背面编目）交替编织，前面编织1次、背面编织1次，这是最基本的编织方法。
直编法（p.37）和环形编法（p.39）也能编织出同样的花纹。

编织方法

1 如图所示和下面（或者底侧的顶端）的编目呈交错状态，背面、正面、背面、正面各编织1次，就这样依次交替编织下去。

2 第2行编织时，和第1行的编目呈交错状态。

跳编法

通过改变正面编目和背面编目的数量，编织组合成花样，使用1根编绳一行一行编织下去。通过改变穿过竖绳正面、背面的编绳根数以及顺序，可编织出多种花样。细编绳可编织出纤细的花纹，粗编绳可编织出棱角分明的花纹。

穿过1根竖绳的背面、2根竖绳的正面。

第1、3行：穿过2根竖绳的正面、1根竖绳的背面、1根竖绳的正面、2根竖绳的背面。
第2行：穿过2根竖绳的正面、2根竖绳的背面、1根竖绳的正面、1根竖绳的背面。

编织方法

※穿过1根竖绳的背面、2根竖绳的正面。

1 如图所示把编绳从竖绳的前、后穿过指定根数（1根竖绳的背面、2根竖绳的正面），并反复编织下去。

2 编织第2行时，把编绳从竖绳的前、后穿过指定根数（2根竖绳的正面、1根竖绳的背面）。另外，每一行开始编织的时候，左边如图所示错开1根竖绳后再穿过编绳。

棱纹编法

使用粗细不同的2根编绳进行编织。如果使用相同粗细的编绳进行编织时，和直编法(p.37)是一样的方法。但是如果用粗细不同的编绳进行编织，编织花纹立刻发生了变化。编绳的不同颜色、粗细和位置等立刻都会给编织花纹带来很大的改变。

编织方法

1 用下面的1根编绳进行素编(p.26)。

2 把上面的1根编绳和第1根编绳如图所示呈交错状穿过竖绳。

3 第2根宛如挑压着第1根一样，2根编绳呈交错状态，每一圈需要编织2行。

编织开始

把2根编绳如图所示上下摆放，用洗晒夹固定到竖绳上。此时，编绳端头需要预留1根竖绳宽度以上的长度。

1圈编织完成之后

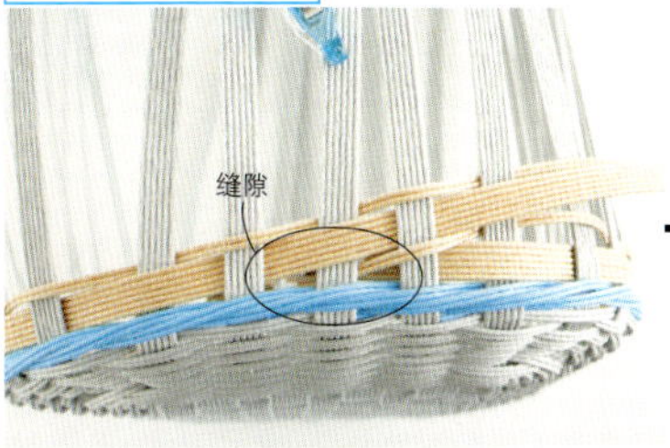

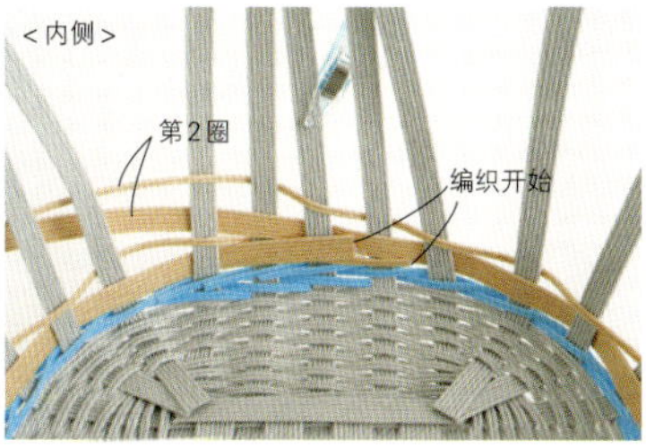

把开始编织时的编绳一端粘贴到编绳上，这样正好可以填补第1圈和第2圈之间的缝隙。尤其是粗编绳编织时非常容易出现缝隙，为了提篮精美的外观，建议从正面边观察边调整编绳粘贴的位置。

盔甲编法

盔甲编法别名“钝编”，是宛如进入迷宫般的一种编织方法，但是实际上很简单。宛如3股绳编织法一样，仅需要把拉到中间的编绳从竖绳的背面拉出即可。但是用这种编织方法造型容易松开，所以编织时要特别注意竖绳要呈直立状态，造型才能美观。

编织方法

1 中间的茶色编绳从2根竖绳正面绕过，从第3根竖绳的背面拉出。

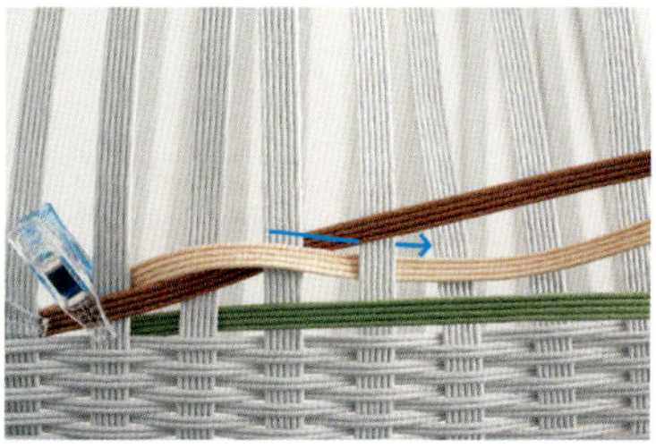

2 上面的米色编绳从2根竖绳正面绕过，拉到另外2根编绳中间，然后从第3根竖绳的背面拉出。

3 下面的绿色编绳从2根竖绳正面绕过，拉到另外2根编绳中间，然后从第3根竖绳的背面拉出。

4 重复步骤**1**~**3**。

编织开始

把3根编绳如图所示错开、一根一根地粘贴到竖绳的背面（或者用洗晒夹固定）。此时，中间的编绳最长，粘贴到最左边竖绳的背面。

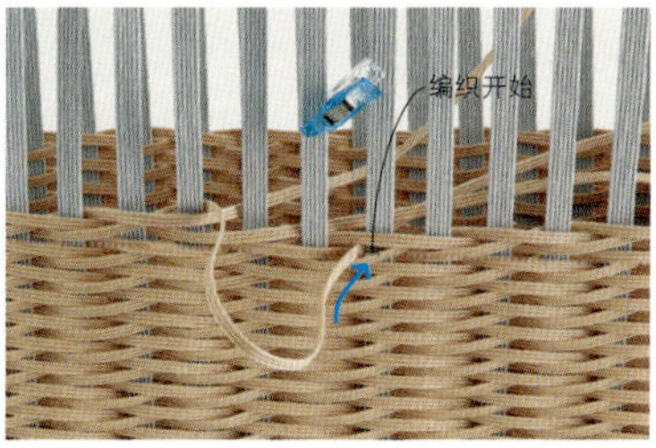

编织结束

最后编织结束的1根编绳的末端，如图所示从最后1行编织开始处编绳的下方穿过。

菱形锁边法

菱形锁边法又被称为“W形编法”。这是以粗编绳为内芯，使用2根细编绳进行制作的一种编织法。单色编织出来也很漂亮，同时W形编绳（细绳）和内芯编绳均可使用不同颜色进行编织，多样组合，快乐多多。

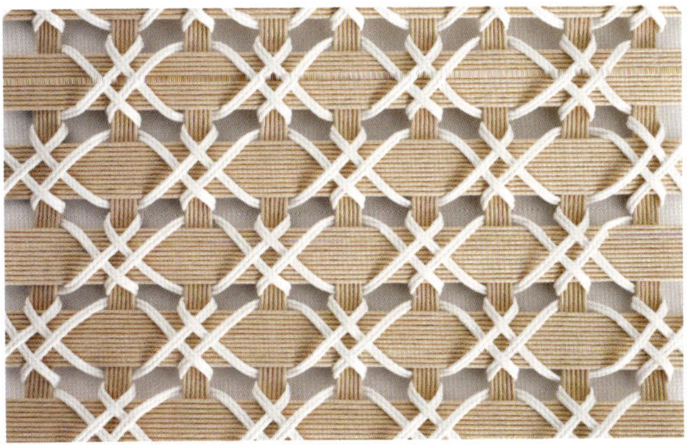

编织方法

编织开始和编织结束处的处理方法参照p.97。

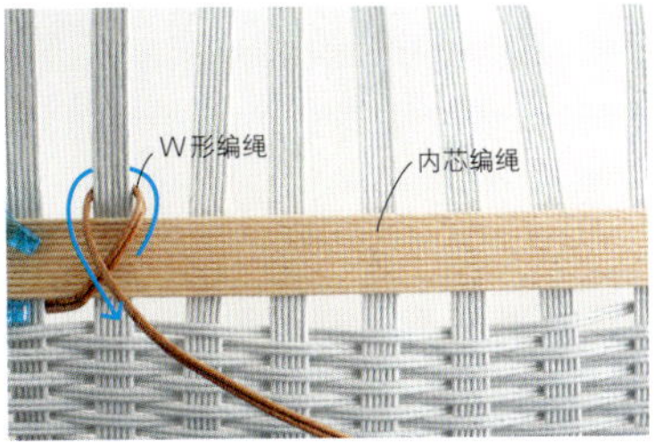

1 把W形编绳从内芯编绳的上方如图所示绕过竖绳，交叉拉出。

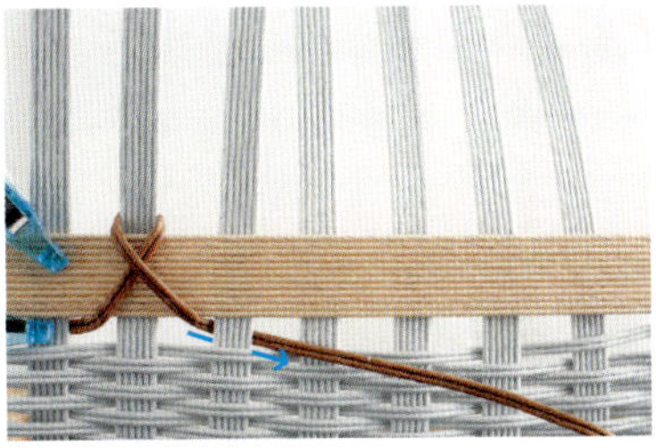

2 如图所示把W形编绳从内芯编绳的下方绕过右边相邻竖绳的背面，并拉出。

3 重复步骤**1**、**2**。

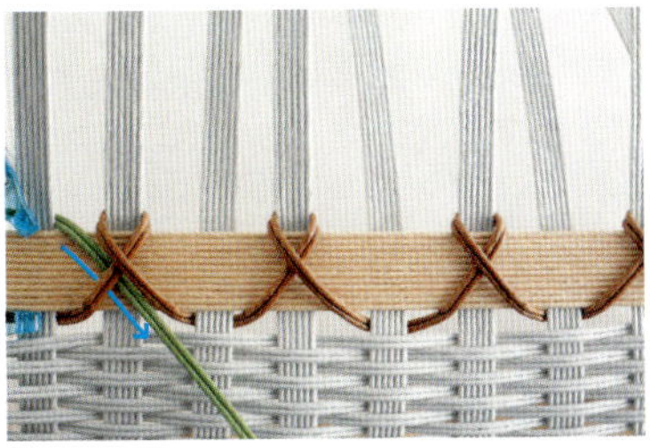

4 把第2根W形编绳（绿色）从内芯编绳的上方穿到第1根W形编绳的下方。

5 如图所示往回绕过竖绳，并拉出。

6 如图所示穿过第2根W形编绳的下方，绕过右边相邻竖绳的背面，并拉出。

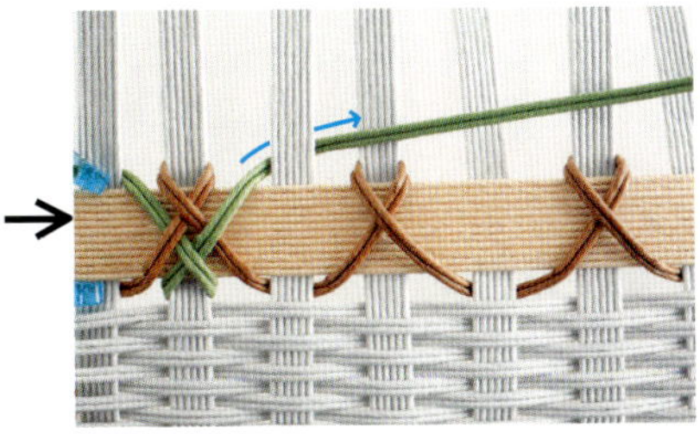

7 重复步骤**4**～**6**。

箭羽编法

图中是进行2行扭编（p.38）或者2行3根绳编（p.31）组合而成的花纹。只需要使第1行和第2行的编绳绕到竖绳上时的方向相反，一直编织下去即可。箭羽绳一般作为提篮的点缀，或用于底部竖起、边缘处理等。

3根绳编的箭羽编法

扭编的箭羽编法

编织方法

扭编的箭羽编法

1 使用扭编法（p.38）编织1行，把第2行的2根编绳和第1行的编绳固定到同一根竖绳上。

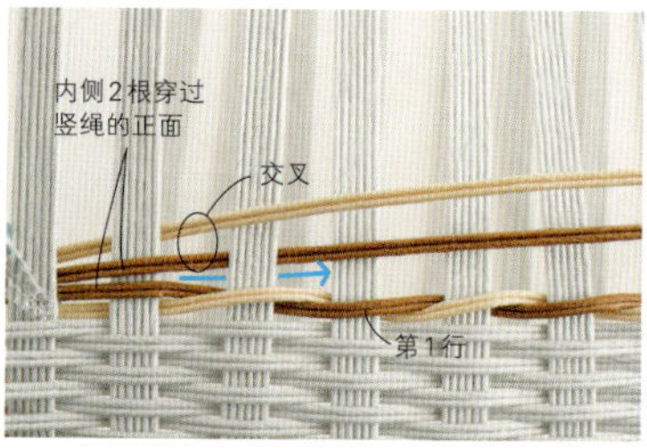

2 进行扭编。如图所示把茶色编绳在米色编绳的下方交叉，绕过竖绳，编织下去。

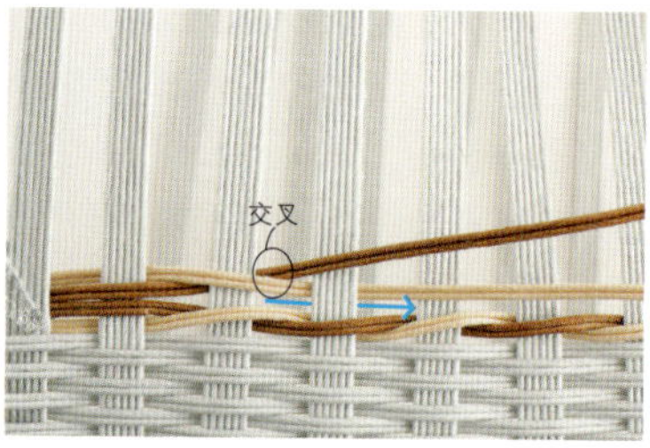

3 如图所示把米色编绳在茶色编绳的下方交叉，绕过竖绳，编织下去。

4 重复步骤**2**、**3**。

编织结束

最后编织结束的1根编绳的末端，如图所示从最后1行编织开始处编绳的下方穿过。

3根绳编的箭羽编法

1 使用3根绳编法（p.31）编织1行。把第2行的3根编绳和第1行的编绳固定到同一根竖绳上。

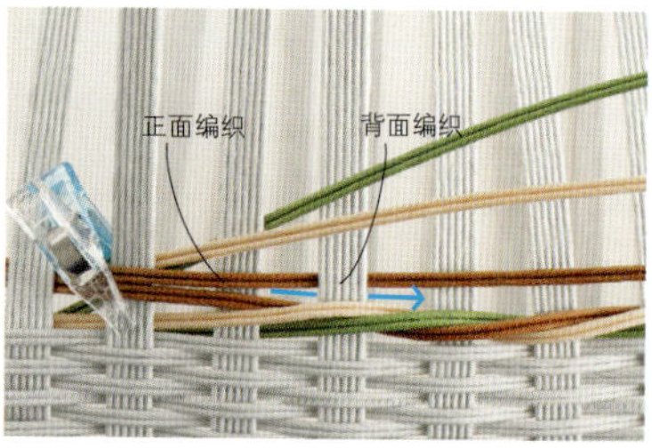

2 把3根编绳中最左面的茶色编绳如图所示从相邻2根竖绳前面绕过，放到另外2根编绳的下面，然后从第3根竖绳背面拉出。

3根绳编法

右图是使用3根编绳编织而成的花纹。由于看不见竖绳，这是可以很清晰美观地看出编织线条的一种制作方法。一般可用于使编织部分更坚韧、凸显美丽的编织线条、处理边缘、使编织部分饱满鼓起等。

编织方法

1 如图所示把3根编绳一根一根地错开粘贴（或者固定）到竖绳上，然后把编绳拉到外侧。

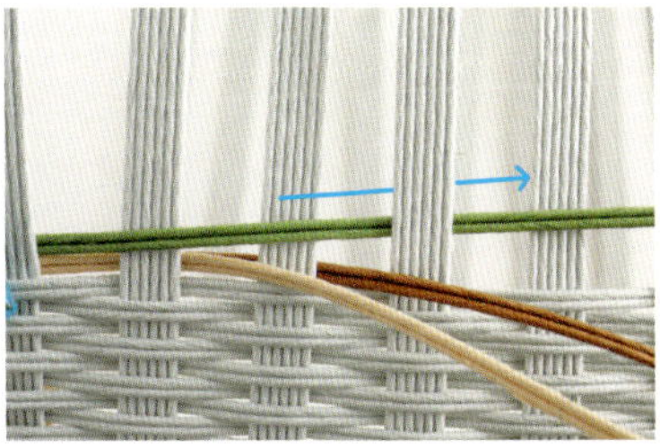

2 如图所示把最左面的绿色编绳从相邻2根竖绳的前面绕过，从第3根竖绳背面拉出。

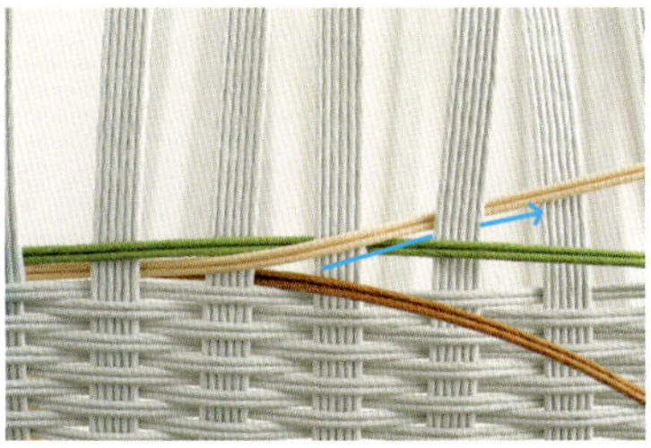

3 如图所示把中间的米色编绳从相邻2根竖绳的前面绕过，放到另外2根编绳的上面，然后从第3根竖绳背面拉出。

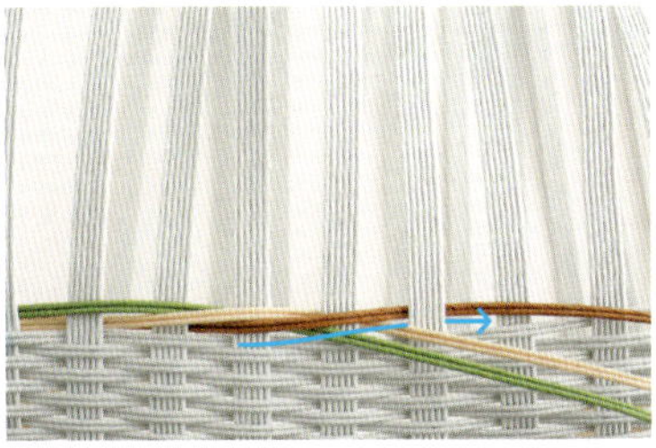

4 如图所示把最右面的茶色编绳从相邻2根竖绳的前面绕过，放到另外2根编绳的上面，然后从第3根竖绳背面拉出。

5 重复步骤**2**～**4**。

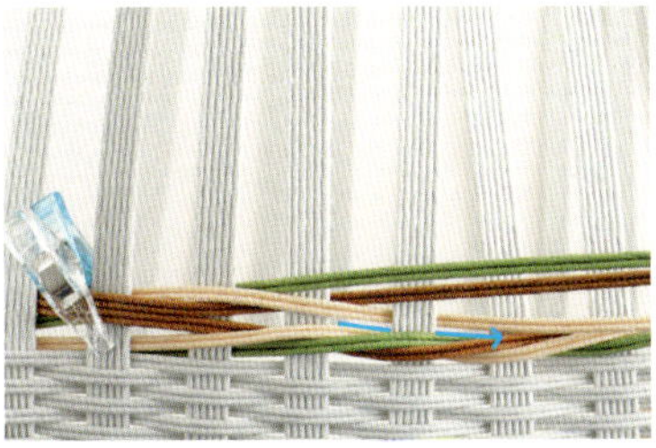

3 把中间的米色编绳如图所示从相邻2根竖绳的前面绕过，放到另外2根编绳的下面，从第3根竖绳背面拉出。

4 把最右面的绿色编绳如图所示从相邻2根竖绳的前面绕过，放到另外2根编绳的下面，从第3根竖绳背面拉出。

5 重复步骤**2**～**4**。

菱形编织法

制作夏季用提篮或者轻便提篮时，一般推荐此种编织方法。使用3根编绳编织，沿着竖绳整齐折叠编织下去，完美收工。只使用这一种编织方法编织而成的提篮也是非常精美的哟。

编织方法

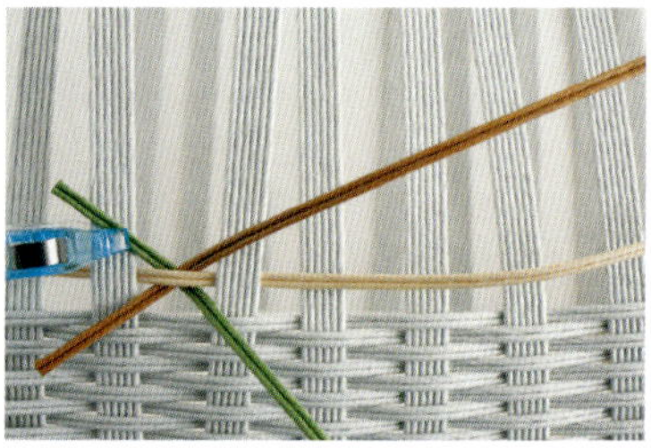

1 如图所示把米色编绳横着作为编织内芯，另外2根编绳在内芯编绳的背面交叉后，固定到竖绳上。

2 把下面的绿色编绳如图所示缠绕到竖绳上。

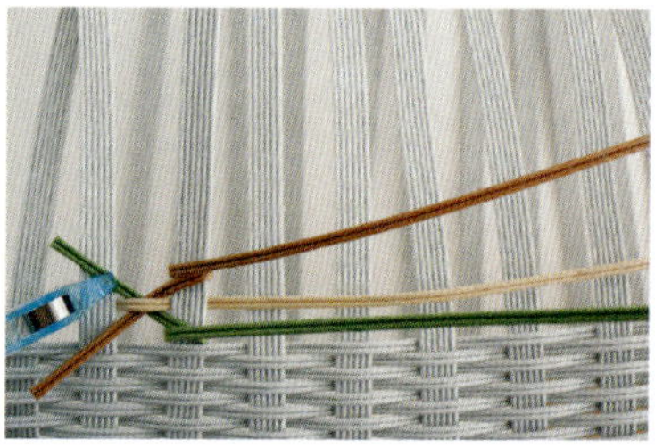

3 把上面的茶色编绳如图所示缠绕到竖绳上。

4 把刚才缠绕的2根编绳在横向的内芯编绳的背面交叉，然后把内芯编绳从竖绳的背面穿过。

5 重复步骤**2～4**。

编织结束

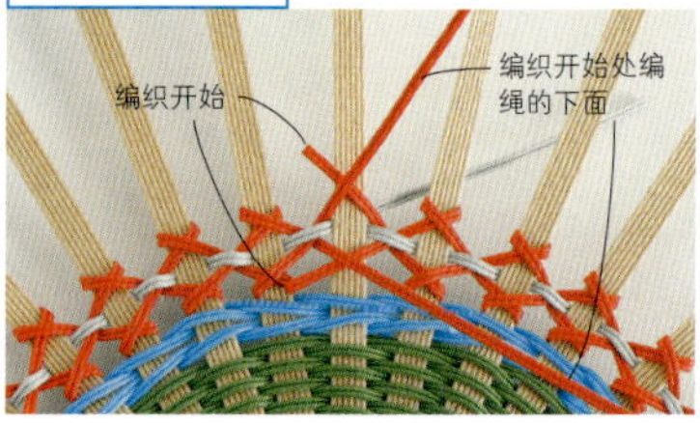

1圈编织完成后，调换上下编绳的编织开始和编织结束的重复处。

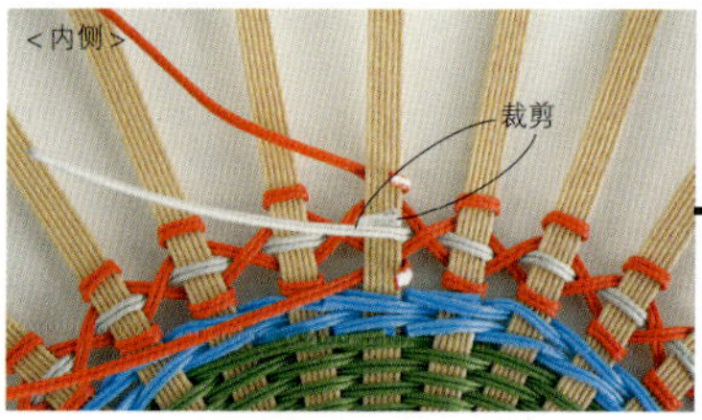

把横向的内芯编绳沿着竖绳裁剪，然后对齐粘接编绳的末端。

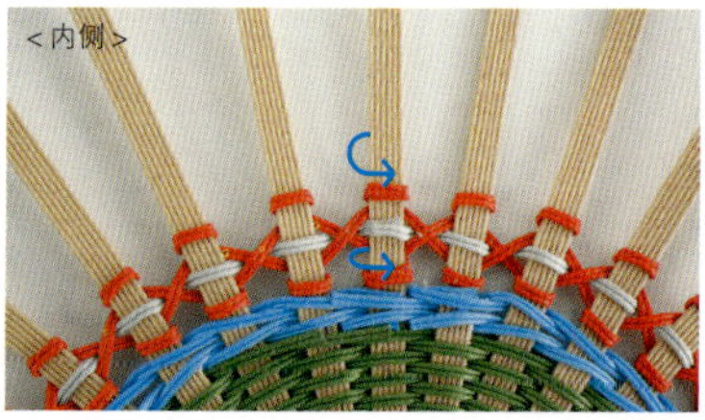

上下编绳的末端结合竖绳的宽度进行裁剪，然后在竖绳的背面折叠粘贴编绳的末端。

Z 字形编法

如图所示在竖绳之间进行往返编织，编织成Z字形，这是非常令人愉快的一种编织方法。但是编织时编目容易松开，所以直接编织下去有点难。不过本书当中，利用编织前制作的折痕即可解决以上问题。这是即使初学者也可以完美掌握的一种编织方法。

编织方法

※ 准备交错折叠的编绳（参照 p.70 步骤 **4**、**5**）。

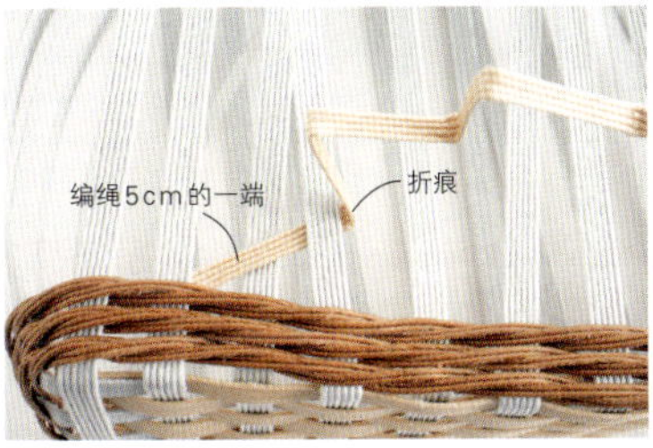

1 把编绳5cm的一端如图所示插到竖绳背面的1个编目里，把编绳的折痕和右边相邻的第2根竖绳的边缘对齐。

2 按照步骤**1**的方法，把编绳一根一根地如图所示插入竖绳的背面。每插入3~4根之后，把编绳往下摁压整理一下形状。

3 把编绳的端头粘贴到编目处。

4 所有编绳插入完成后正面的状态。
※为了编织方向明确，改变其中1根编绳的颜色。

5 如图所示把编绳沿着折痕往左折，从背面穿过左边相邻的竖绳。

6 如图所示把编绳沿着折痕往右折，从背面穿过右边相邻的竖绳。

7 每编织几行，压紧编绳，使编绳间隔均匀。

8 重复步骤**5**~**7**。如图所示是其中1根编绳朝上编织下去的状态。

席纹编法

穿过3根编绳席纹编织的情况下，按照穿过正面3根、背面3根的方法，把竖绳依次交错穿过横绳的正面、背面。编织过程中，通过改变穿过编绳的根数，可编织出右上走向或者左上走向的花纹。本书作品中精致美观的花纹，就是通过中途改变穿过编绳的根数以及编绳的朝向等来实现的。

编织方法

※ 穿过3根编绳的席纹编织。

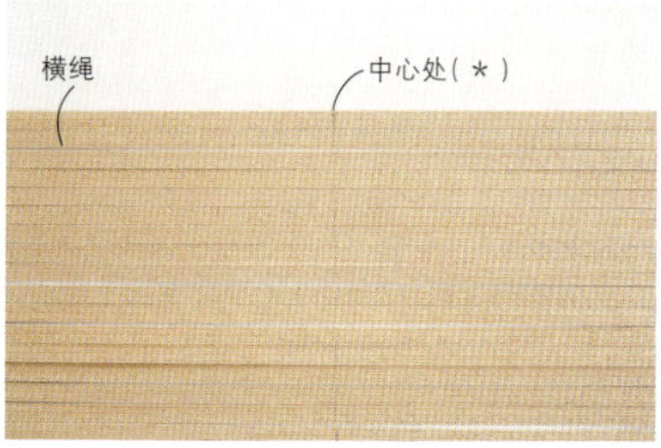

1 如图所示把所有横绳的中心处对齐，无缝隙摆放。

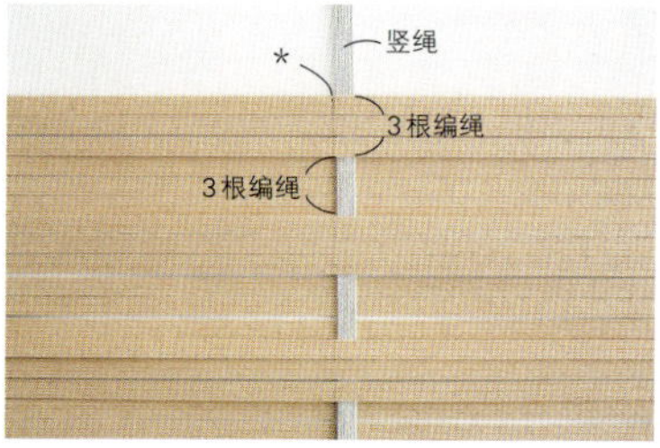

2 如图所示把竖绳从横绳中心处的右侧按照正面3根、背面3根的顺序依次穿过。

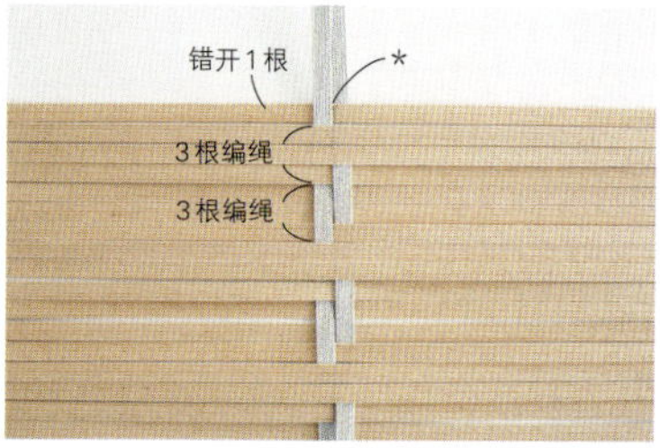

3 如图所示把竖绳从横绳中心处的左侧，和步骤**2**的穿入位置错开1根横绳，按照正面3根、背面3根的顺序依次穿过。

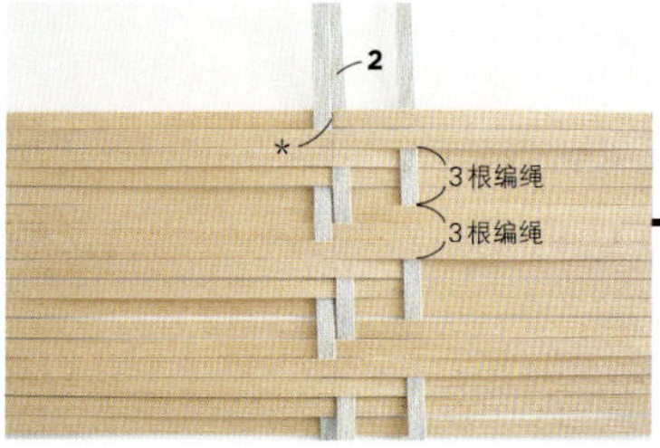

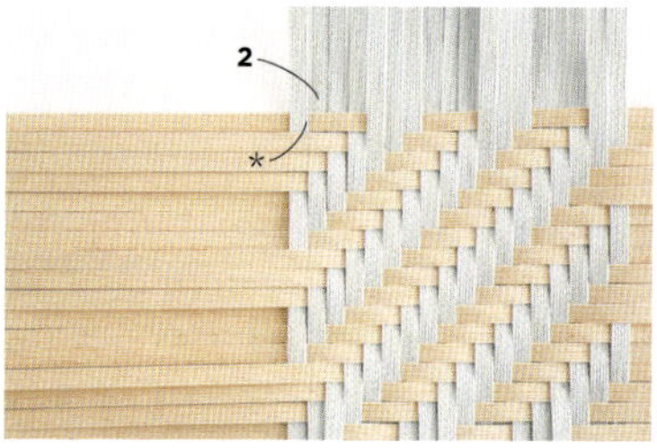

4 在步骤**2**的竖绳右侧，如图所示错开1根横绳，用步骤**2**的方法按照背面3根、正面3根的顺序依次穿过。

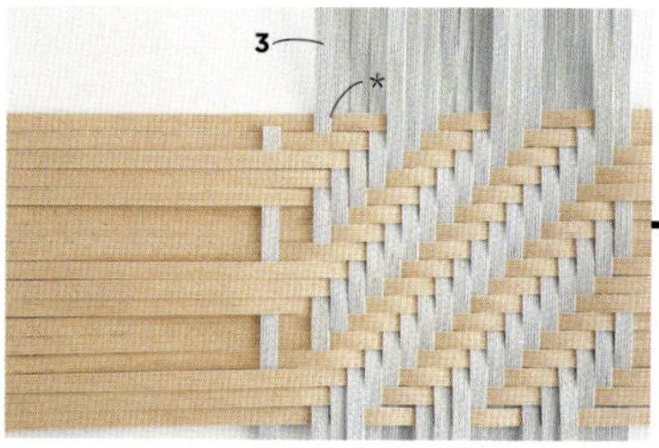

5 在步骤**3**的竖绳左侧，如图所示错开1根横绳，用步骤**2**的方法按照正面3根、背面3根的顺序依次穿过。

人字纹编法

底部斜着编织下去，人字纹编法是充分发挥高级编织技巧的编织方法。为了使提篮站立时侧面下侧的花纹一致，穿过的编绳数量并没有规律。仔细观看图案，一点一点地编织下去。

编织方法

※ 使用 p.66人字纹梯形提篮的底部的一部分进行解说。

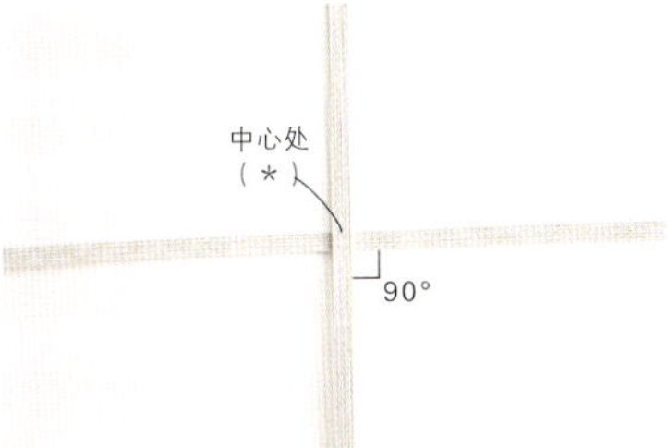

1 把2根编绳的中心处对齐，如图所示呈90° 十字形摆放。摆放指定根数的编绳。

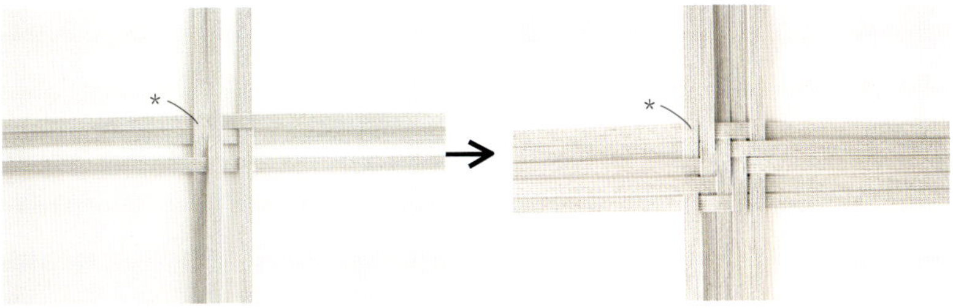

2 参照编织图（p.102〈A〉），在步骤**1**的编绳右下方一组一组地编入。

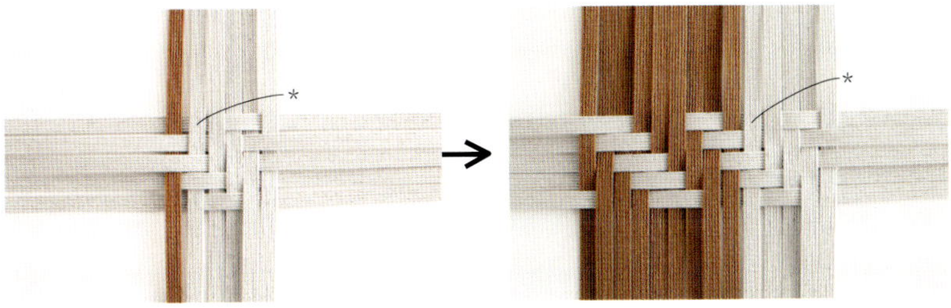

3 在步骤**2**的编绳左侧，如图所示一根一根地穿过编绳。

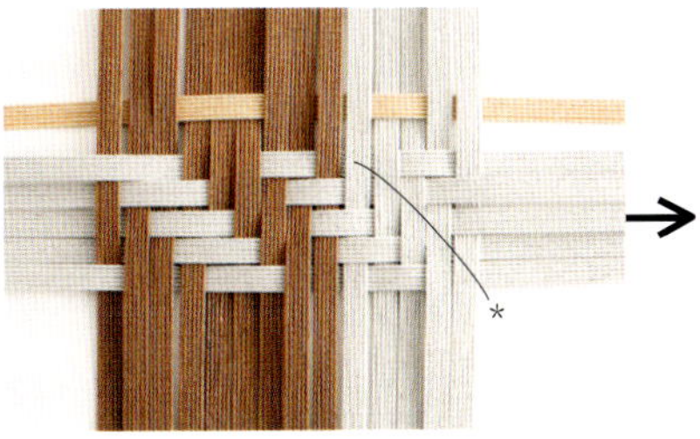

4 在步骤**3**的编绳上方，参照编织图一根一根地穿过编绳。

席纹编、人字纹编时压紧编目的方法

每穿5~6根编绳之后，用喷雾器喷点水，整理挤紧编目之间的缝隙。喷水之后，纸藤中的黏合剂会溶开一点，松开容易一点，这样易于整理压紧编目。

华丽花纹编法

在六边形编织网眼里穿过编绳，编织出华丽花纹。编绳穿过的基本顺序如下：左→右→竖→横。编织时注意确认编绳穿过的顺序和位置，谨慎地编织下去。这是一种让人非常有成就感和满足感的编织方法。

编织方法

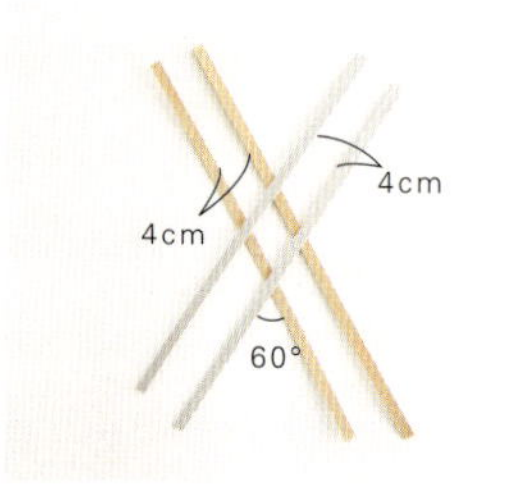

1 把2根编绳间隔4cm，斜着摆放。然后再把另外2根编绳呈60°交错重叠摆放上去。

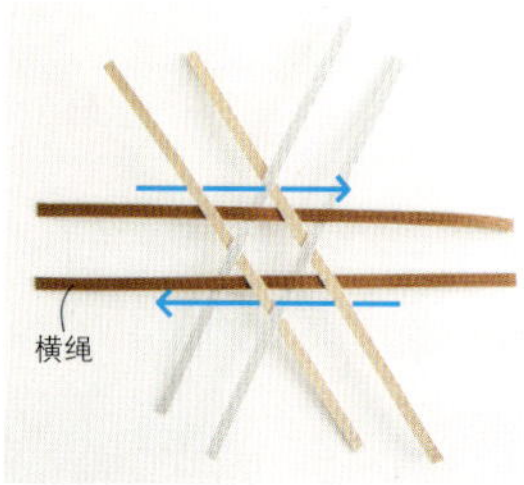

2 把2根横绳如图所示穿过，整理出六边形。

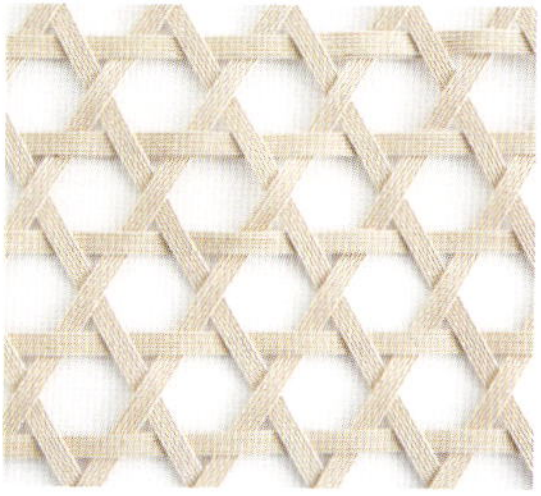

3 把所有的横绳穿过所有朝左上方向编绳的下面、所有朝右上方向编绳的上面，六边形编织完成。

4 把红色插入绳从六边形外侧的三角形的中心处朝左上方向插入穿过。

5 按照上述方法，把淡蓝色插入绳从六边形外侧的三角形的中心处朝右上方向插入穿过。

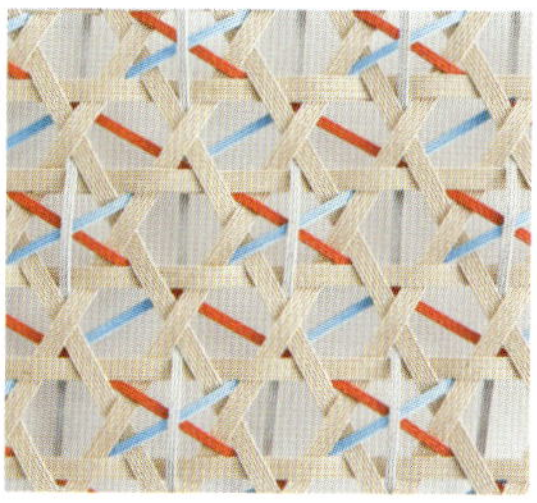

6 把灰色插入绳竖着插入穿过六边形外侧的三角形的中心处。

7 把茶色插入绳从步骤**4**~**6**的3根插入绳交错形成的六边形的中间，朝左上方向插入穿过。

8 按照步骤**7**的方法，把另外几根茶色插入绳朝右上方向插入穿过。

9 把绿色插入绳从步骤**4**~**8**的5根插入绳交错的地方，横着插入穿过。

10 把茶色插入绳从步骤**7**穿过的插入绳之间，朝左上方向插入穿过。

11 把茶色插入绳从步骤**8**穿过的插入绳之间，朝右上方向插入穿过。

12 把绿色插入绳从步骤**9**穿过的插入绳之间，横着插入穿过。

菱形花纹编法

为了编织出菱形花纹，把编绳穿过竖绳的背面，使特定部分凸出，呈现出花纹。本书作品中很多采用的是环形编法（p.39），素编也可以进行编织哟。这种编织方法可作为基础编织方法的一种点缀。

编织方法

※ 使用p.61刺绣花纹提篮的一部分进行解说。

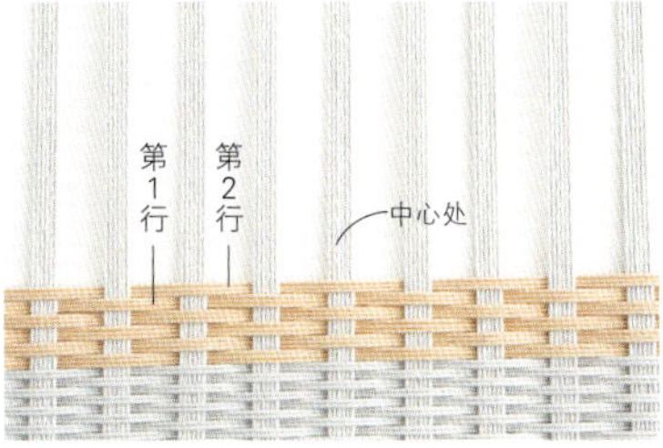

1 参考编织图（p.100），穿入编绳。第1行、第2行进行素编。

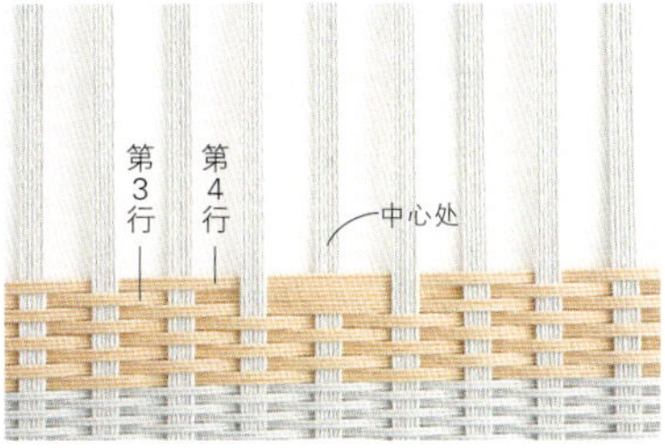

2 第3行的中心处，横绳穿过竖绳的正面，两侧各穿过2根竖绳的背面。第4行和第2行一样进行素编。

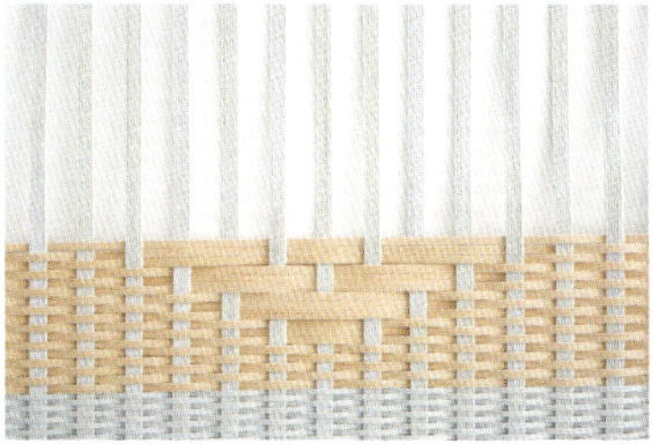

3 在不断编织的过程中，就出现了宛如用粗编绳编织出的菱形花纹。

直编法

1 如图所示使用2根编绳编织，把竖绳夹在中间，先用茶色编绳进行素编（p.26）。

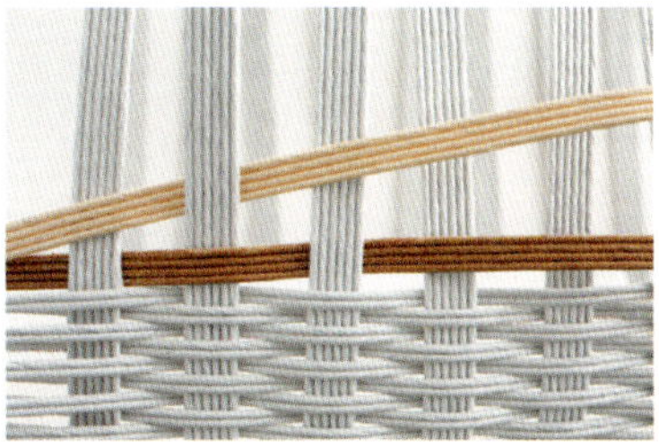

2 然后用米色编绳和第1根茶色编绳呈交错状态穿过。

3 第2根宛如挑压着第1根一样，2根编绳呈现错开状态，每一圈需要编织2行。

编织开始

把2根编绳一根一根地错开对齐粘贴到竖绳上，中间夹着指定的竖绳。第1行编织结束后，按照棱纹编法（p.27），把编织开始处编绳的一端粘贴到编绳的背面。

扭编法

2根编绳交错，一根穿过另一根上面或者下面，如图所示绕过竖绳，编织下去。一般可用于固定底部编织部分或者编织部分的转换等。

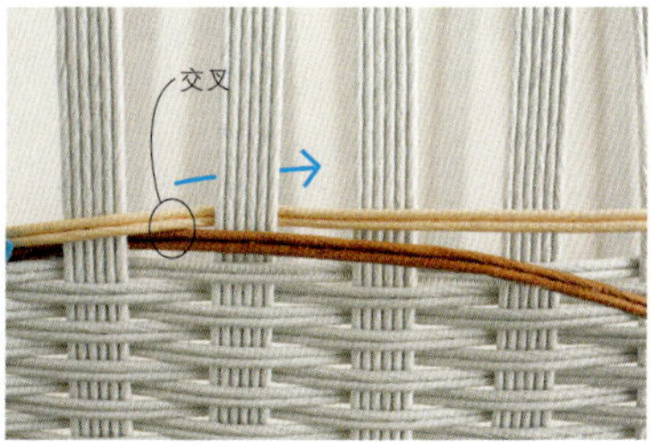

1 把上面的米色编绳交错绕到茶色编绳上，然后如图所示从竖绳的背面绕过拉出。

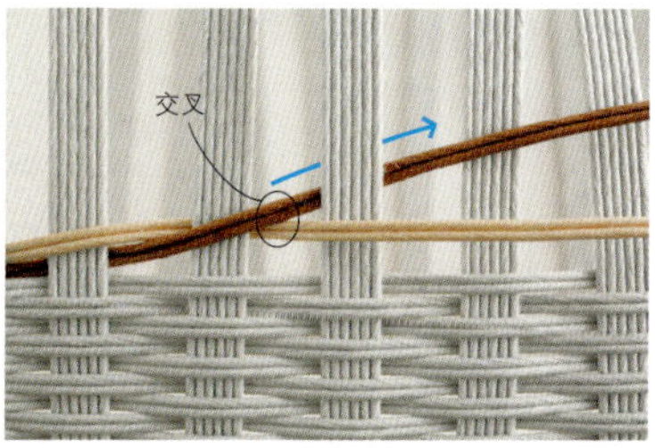

2 按照步骤**1**的编织方法，把茶色编绳交错绕到米色编绳上，然后如图所示从竖绳的背面绕过拉出。

3 重复步骤**1**、**2**。注意编织过程中编绳不能缠绕，基本保持从一个侧面观察编织情况的状态。

引返编织法

通过在左右竖绳上进行引返折叠编织下去，可改变编织部分的宽度、高度等。一般可用于圆形边缘编织、改变提篮形状等。

1 把编绳的一端如图所示折叠0.5cm，涂上黏合剂，粘贴到与中心竖绳相邻的竖绳（◆）的背面。

2 素编（p.26）到指定位置的竖绳（♥）处。然后绕过该竖绳之后折回，继续交错编织。

3 一直编织到前一行编织开始处右边相邻的竖绳处，注意在编织过程中，和前一行编绳错开，穿过方向正好相反。然后和步骤**2**一样，把编绳绕过竖绳（◇）之后折回，继续交错编织。

4 如图所示，两端的竖绳只需要引返编织1次，然后编织指定的行数。裁剪掉多余的部分，末端粘贴到内侧。

编织结束

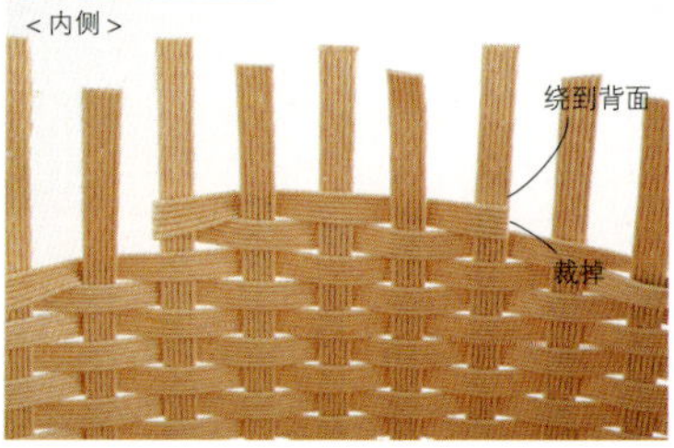

最后编织结束，当编绳绕到竖绳的背面时，结合竖绳的宽度，裁剪并粘贴固定其末端。

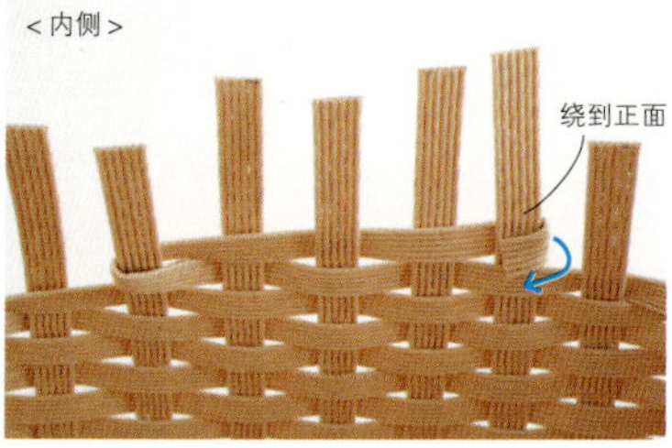

最后编织结束，当编绳绕到竖绳的正面时，折叠并粘贴固定到竖绳的背面。

环形编法

把编绳做成环形之后进行编织的一种方法。编织手法稍微不熟练也不会影响到编织形状，可用于同一尺寸的编织，比较适合初学者。

1 用洗晒夹把编绳的一端固定到横侧面竖绳的背面。如图所示编织时，编绳和篮子底部顶端的编绳错开编织。

2 编织完1圈之后，裁掉多余的部分，编绳两端重叠粘贴1cm固定，第1行编织完成。

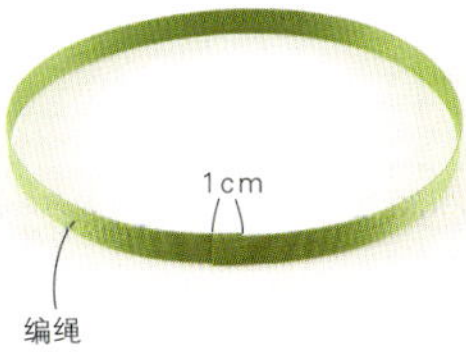

3 把剩余编绳的一端和步骤**2**留出一样的长度，重叠粘贴固定，通过1cm的折边对齐粘贴成环形。

4 编织第2行。把步骤**3**中做成的环形编绳套到竖绳上。

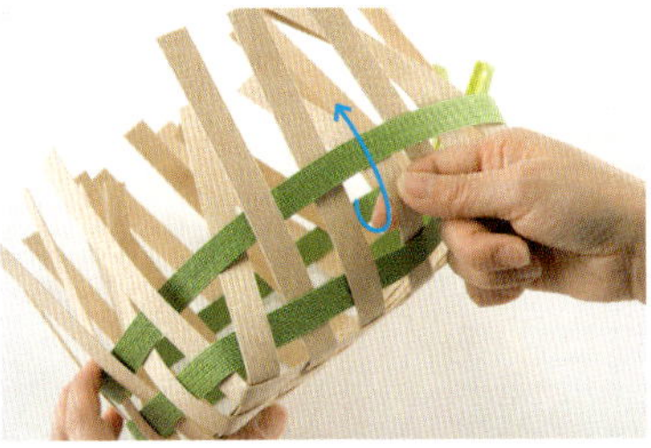

5 编织时，注意相邻2行错开编织，并拉出相应的竖绳。

6 第2行编织完成。注意竖绳的间距均匀，重复步骤**4**、**5**即可。

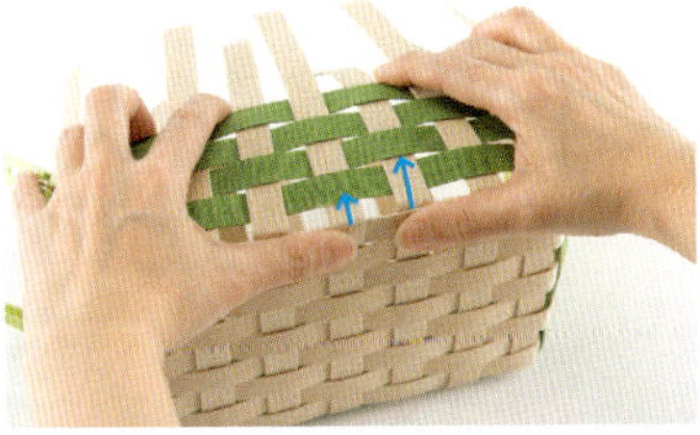

7 每编织3~4行后，如箭头所示往上摁压底部的竖绳，使环形编绳间隔均匀。

8 为了避免环形编绳上移、松动，编织过程中可用洗晒夹固定。继续编织直到完成所需要的行数。

编绳连接处放到横侧面（短的一边）的竖绳的背面。因为编织过程中不会上移，所以步骤**3**中做成的环形编绳长度不用改变。

编织开始和编织结束的处理方法

此处理方法基本上在所有编织方法中都可通用。一般没有特别说明的情况下，在横侧面不显眼的地方处理编织开始和编织结束的部分。

※ 环形编法、盔甲编法除外。另外，有特殊要求的请参照作品制作页的解说。

编织1行侧面的情况

为了使编目美观整齐，需要处理好编织开始、编织结束时的编绳末端，对齐、粘贴、裁剪等。
这种方法也可用于改变编织花样时，编织竖绳的末端等。

编织开始

编绳2根以上时，一根一根错开，用洗晒夹固定到指定位置竖绳的背面。此时，编绳的端头与竖绳右侧的边缘对齐。

※ 上图为了解说清晰，没有用洗晒夹固定。

编织结束

→

1圈编织完成之后，如图所示在竖绳的左边一根一根进行裁剪，与编织开始的端头处重叠粘贴。

编织2行及以上侧面的情况

对齐底部或者前一行的编绳，再开始编织。
像盔甲编时，编绳不容易固定的情况下采用这样的方法。

编织开始

编绳2根以上时，一根一根错开，粘贴固定到指定位置竖绳背面、底部或者前一行的编绳上。此时，编绳的端头对接到右边1根竖绳上。

编织结束

→

指定行数编织完成之后，把编绳对齐粘贴到编织开始时左边1根竖绳背面的编绳上。

基础部件和边缘编织

接下来介绍一下很多作品中会用到的底部、提手的制作方法和边缘编织的方法等。
为了清晰可见，编绳的颜色有所改变，但是实际作品制作中请参照作品材料的要求。

编织底部

方形底部

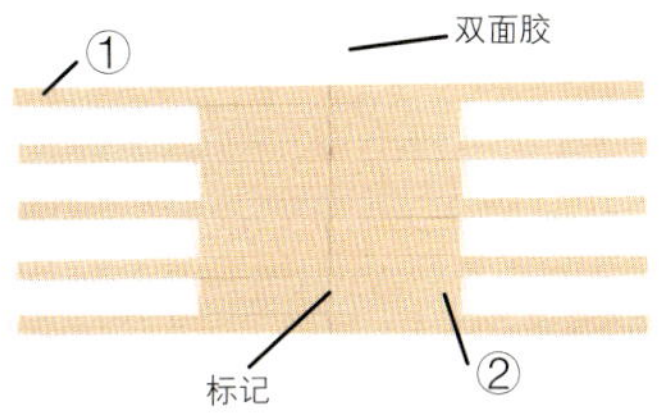

1 把双面胶粘贴到作业台上。然后把①横绳和②横绳交替摆放上去，使中心处在一条线上，注意不留缝隙。

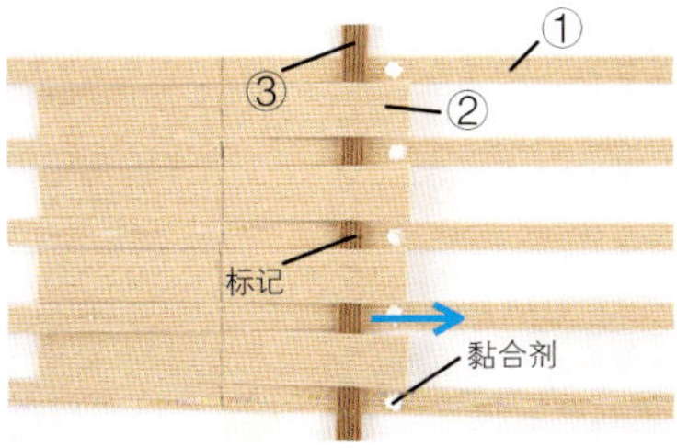

2 把1根③竖绳交错摆放到②横绳的下方。在①横绳的正面和②横绳的背面涂少量黏合剂，把竖绳的标记和横绳的上下中心处对齐之后粘贴固定。

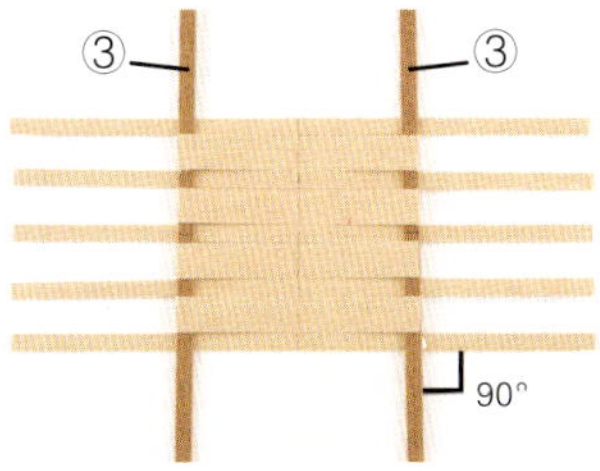

注意竖绳和横绳呈90°，垂直交错摆放。另一侧也按照上述方法粘贴1根③竖绳。

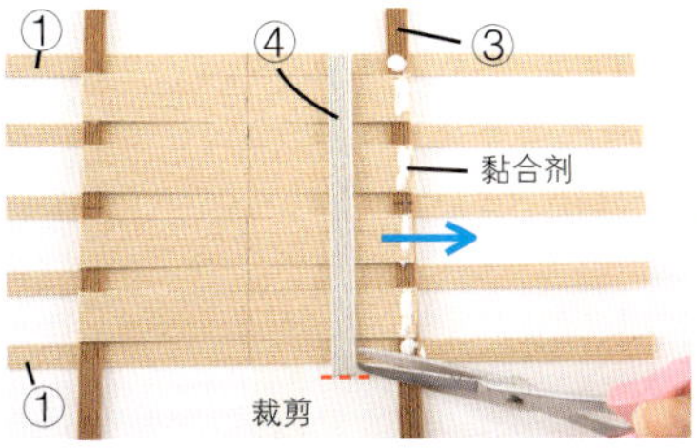

3 把1根④收尾绳如图所示与①横绳上下对齐，裁剪，然后将其粘贴到③竖绳上。

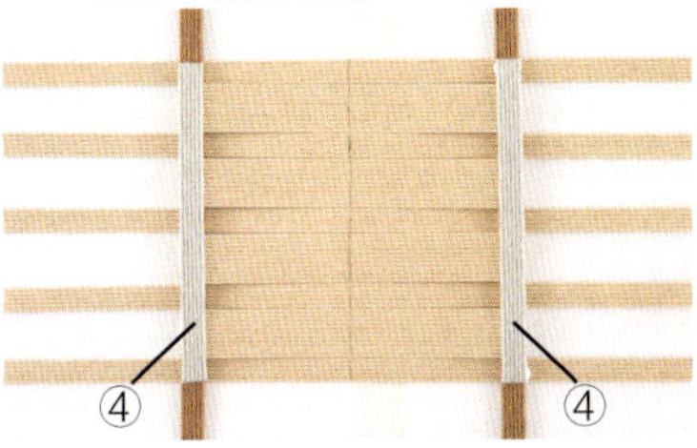

另一侧也按照上述方法粘贴1根④收尾绳。

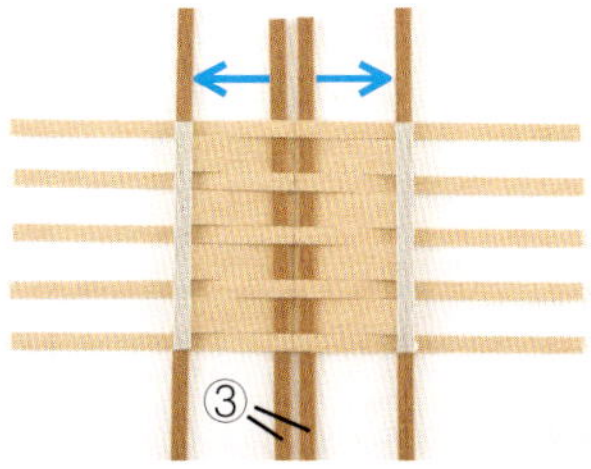

4 把2根③竖绳如图所示一起和横绳交错摆放到中心处(和步骤**2**放入的③竖绳交错摆放)，然后左右分开。

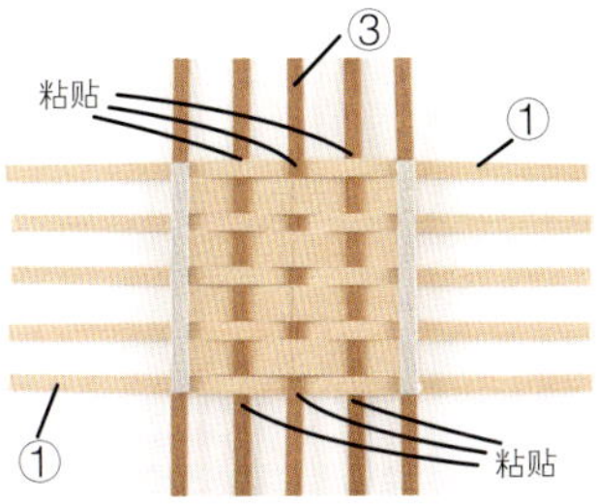

5 把最后1根③竖绳放入中间的位置。注意竖绳的间距要均匀。把①横绳和③竖绳对齐粘贴固定。方形底部编织完成。

椭圆形底部

※前面和方形底部的步骤**1**~**5**一样。

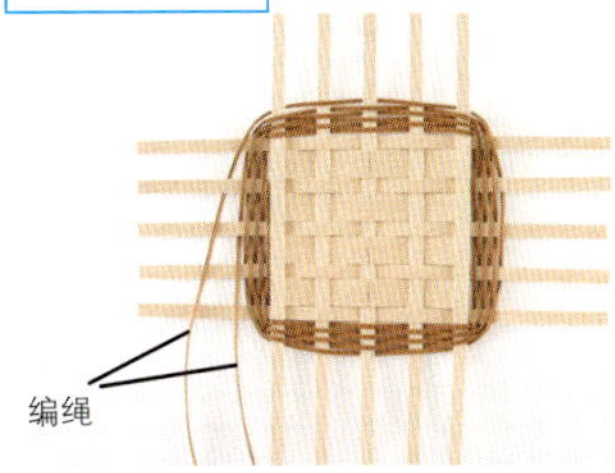

1 把2根编绳插到指定位置，使用直编法(p.37)编织指定的行数。这时的编绳暂不裁剪。

注意在编织时转角不要有缝隙，要编织紧凑。

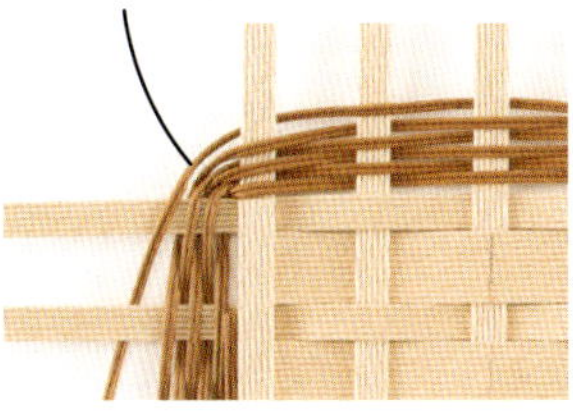

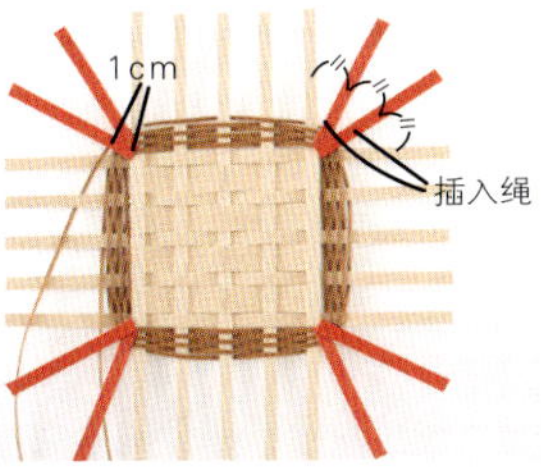

2 如图所示，在插入绳的一端1cm处涂上黏合剂，然后在4个角处(编绳的上方)分别均衡地粘贴上2根插入绳，注意编绳的间距均匀。

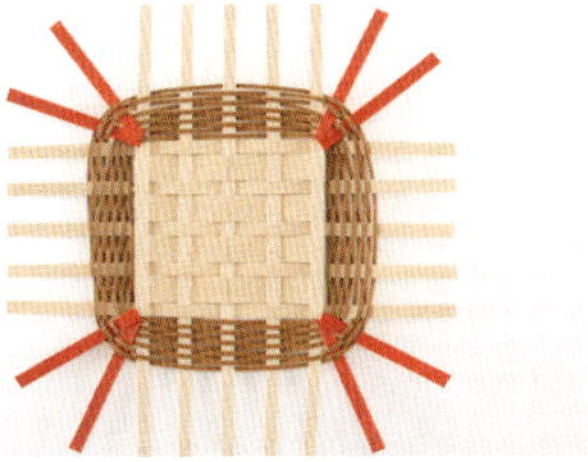

3 使用步骤**1**中的编绳继续进行指定行数的直编。插入绳部分也分别如图所示依次交错编织进去。

裁掉多余的部分，末端粘贴固定到编绳上，椭圆形底部编织完成。

圆形底部

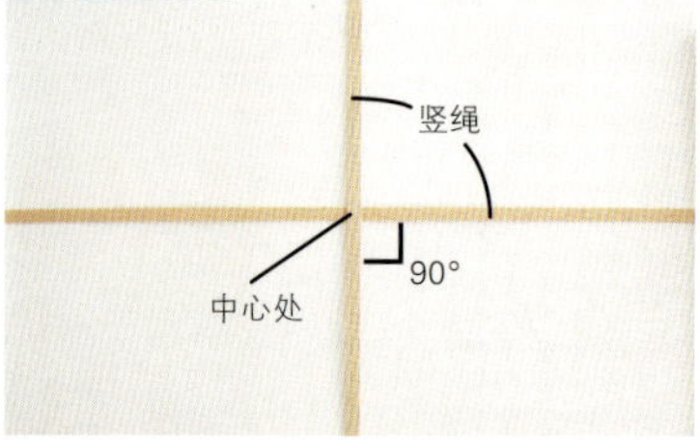

1 把 2 根竖绳十字交叉摆放。把剩余的竖绳也按照同样的方法摆放。一共制作 4 组这样的部件。

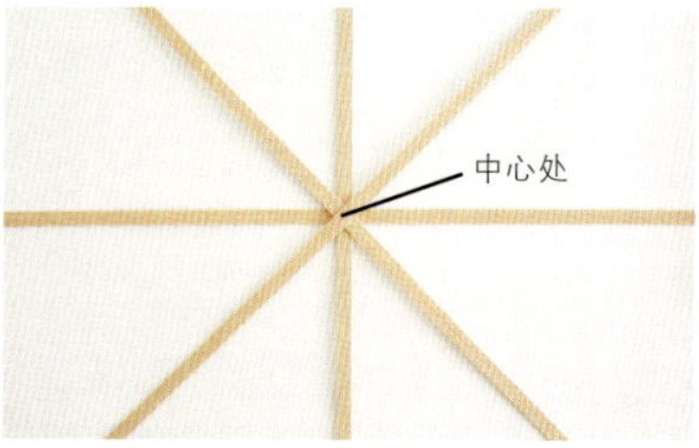

2 把2组十字交叉的编绳如图所示摆放并粘贴固定，注意使编绳之间的空距均匀。

3 再把2组十字交叉的编绳如图所示摆放并粘贴固定，也要注意使编绳之间的空距均匀。

4 在相邻的2根竖绳上涂上黏合剂，把2根编绳分别从一端粘贴。其中1根粘贴到最上面的竖绳上，在该竖绳的最顶端贴上遮蔽胶带（参照步骤**6**），成为编织开始的标记。

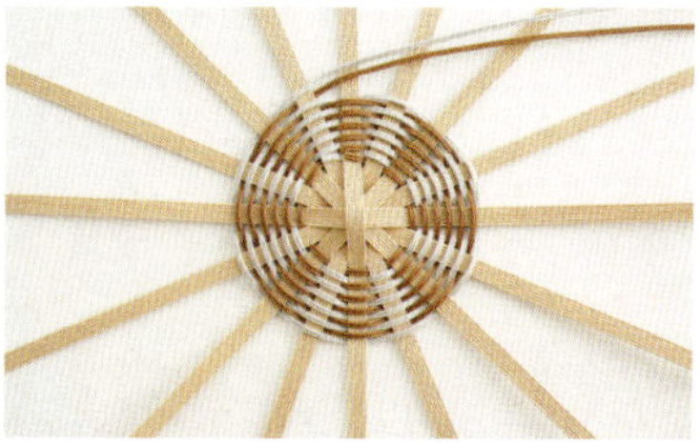

5 使用直编法（p.37）编织指定行数，编绳暂不裁剪。

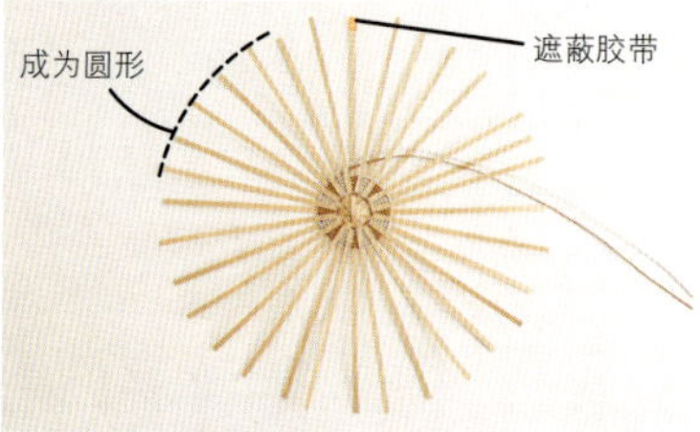

6 在插入绳上涂上黏合剂，将其插到竖绳之间的缝隙里，黏合剂要涂在编绳的背面。此时，竖绳和插入绳外侧顶端连成线，使之成为圆形。

7 把1根茶色的内侧编绳返回，从左边相邻的插入绳的上方（★）拉出。

使用步骤**5**的未裁剪的编绳，进行指定行数的直编。

8 裁掉多余的部分，末端粘贴到竖绳上。圆形底部编织完成。

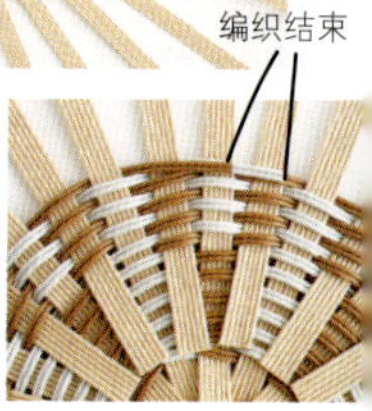

竖起编绳 ※此后竖起的编绳称为“竖绳”。

■直立竖起

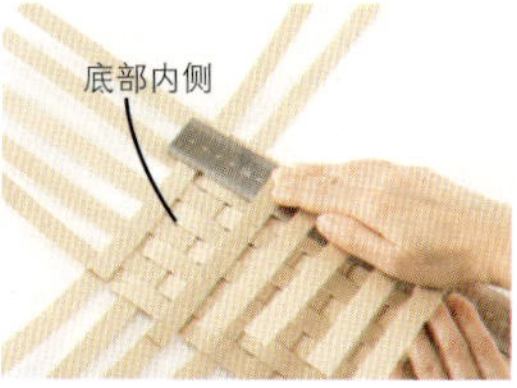

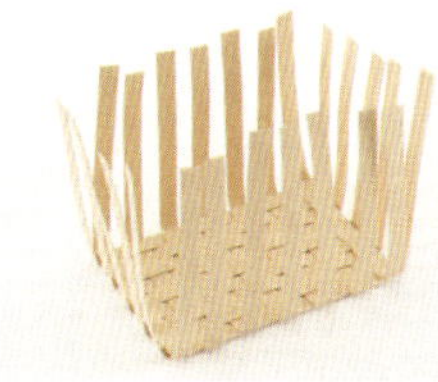

相对于提篮底部而言，尽量垂直竖起。借助尺子把四周的编绳直立竖起。

■缓缓竖起

如图所示用手掌摁压，使编绳朝内侧处于弧形竖起状态。

制作提手

提手A　提手制作完成之后，安装到提篮上。　※不用圆环的作品，可直接跳过该步骤进行制作。

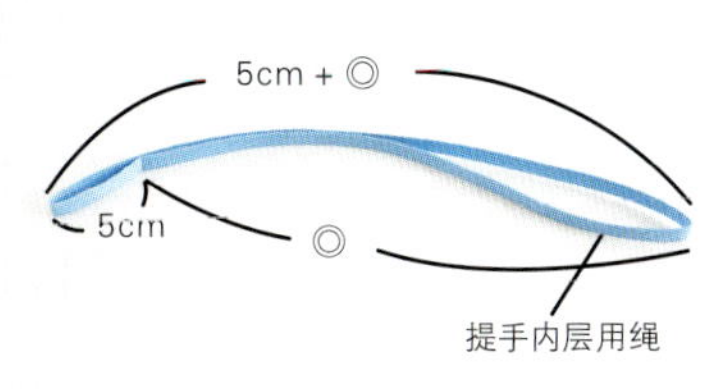

1　如图所示在提手内层用绳的两处进行折叠。

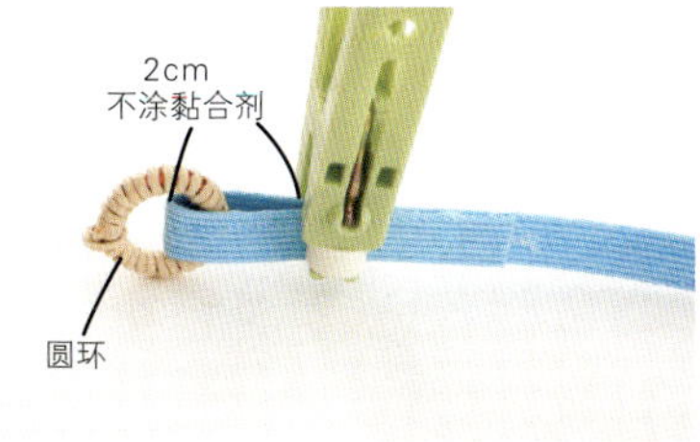

2　在提手内层用绳5cm的一端穿一个圆环（p.44），然后粘贴上。

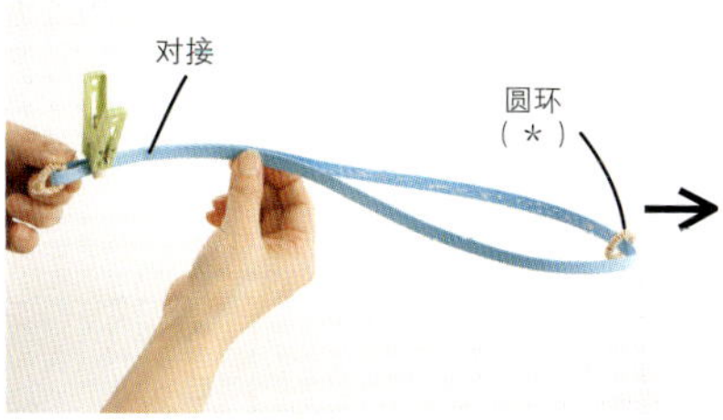

3　另一端再穿上一个圆环，把编绳两端对接上，用黏合剂粘贴。

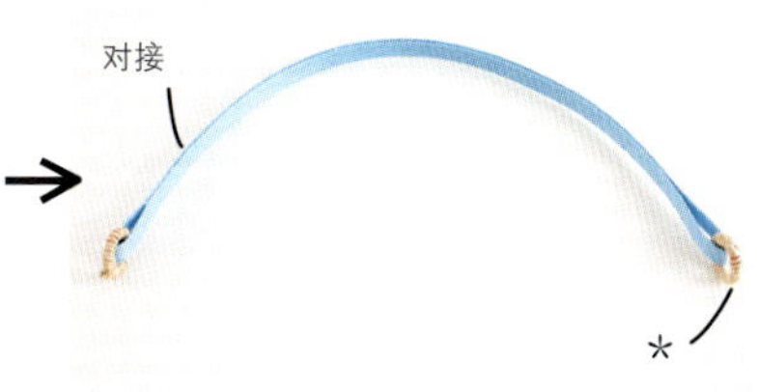

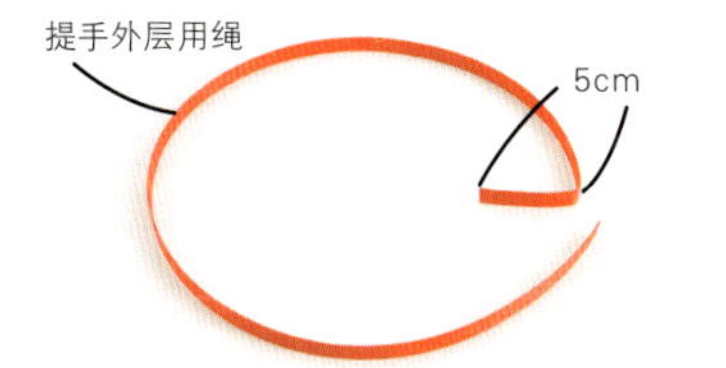

4　折叠提手外层用绳的一端。

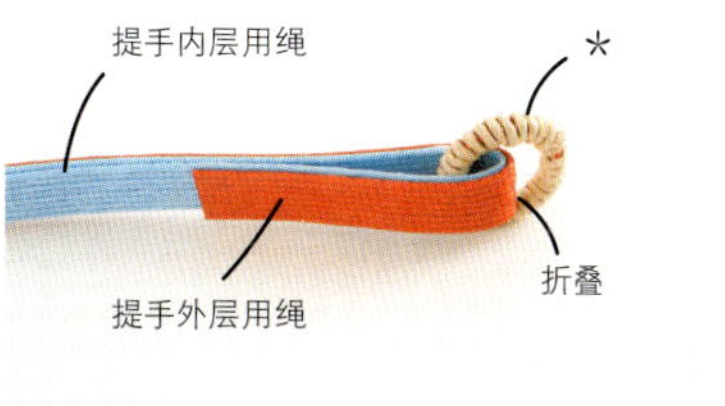

5　把提手外层用绳的5cm的一端穿过步骤**3**穿过的圆环（＊），粘贴到提手内层用绳上。

6　把提手外层用绳的背面都涂上黏合剂，夹住提手内层用绳粘贴到一起。

编绳的两端对接后，裁掉多余的部分。

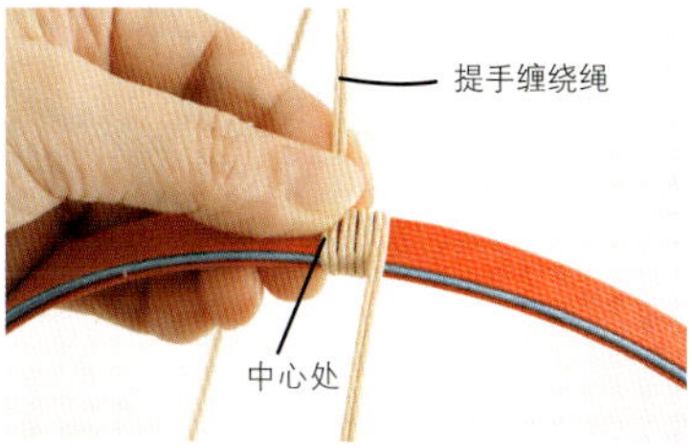

7　把提手缠绕绳和提手的中心处对齐，朝向一端紧紧地缠绕下去。

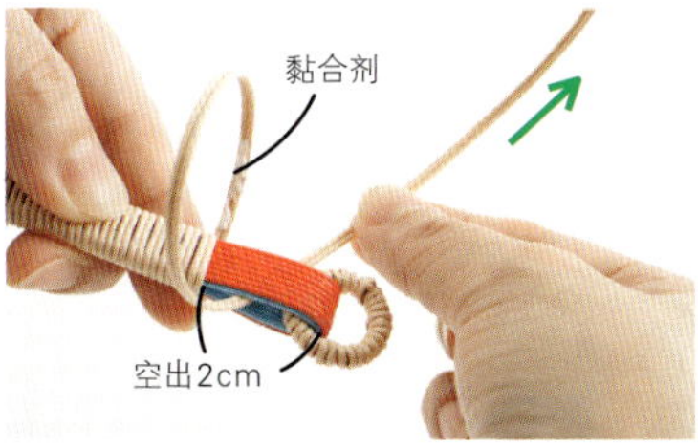

8　缠绕结束后，在提手缠绕绳的背面涂上黏合剂，然后如图所示从提手一端穿圆环的位置穿过拉出。

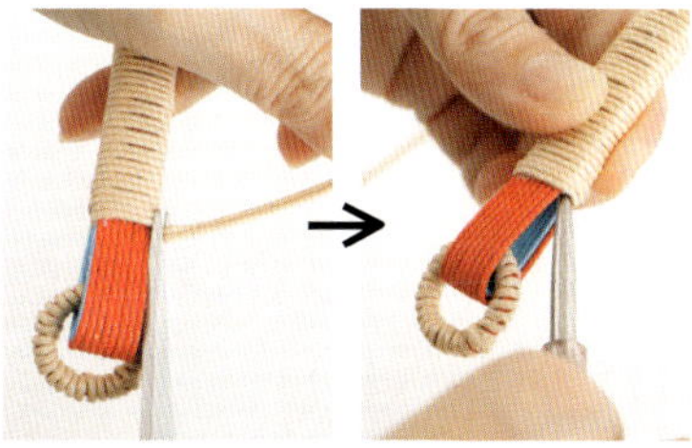

9　拉紧提手缠绕绳的同时，在如图所示提手处裁剪。然后用锥子把编绳的末端插入到提手里面。

10　另一侧也按照步骤**7**~**9**进行编织。

提手B 一边把提手安装到提篮上，一边制作提手。

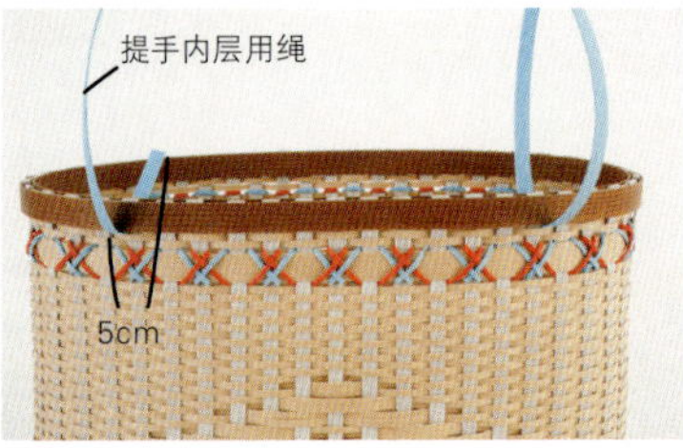

1 折叠提手内层用绳和提手外层用绳（参照p.43步骤**1**、**4**）。

2 把提手内层用绳的两端从外侧穿到提篮指定的位置上，从内侧拉出。

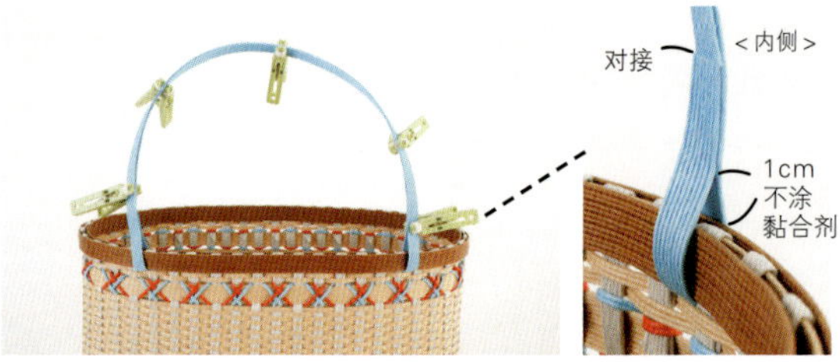

3 如图所示，边缘上方1cm处以上提手内层用绳的背面全涂上黏合剂，两端对接，粘贴固定。

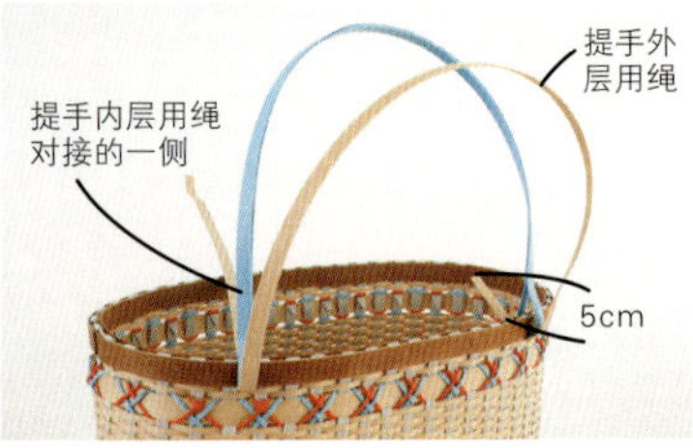

4 把提手外层用绳按照步骤**2**的方法，从外侧穿到提篮相同的位置上。

5 提手外层用绳的背面全涂上黏合剂，把提手内层用绳夹到里面，对齐粘贴固定（参照p.43步骤**6**）。

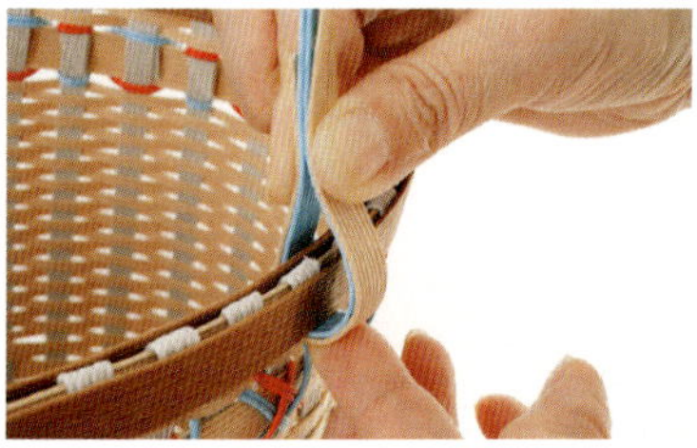

6 如图所示把提手底部折叠处压平，这样方便拉动提手。

7 把提手缠绕绳紧紧地缠绕到提手上（参照p.43步骤**7**~**10**）。

圆环

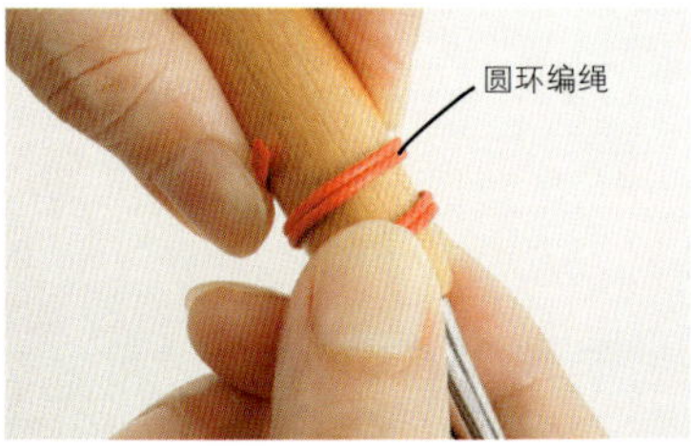

1 把圆环编绳缠绕到直径1.5~2cm的小棒上，做成圆形。

2 缠绕指定圈数后，把圆环编绳的两端对接，粘贴做成圆环。

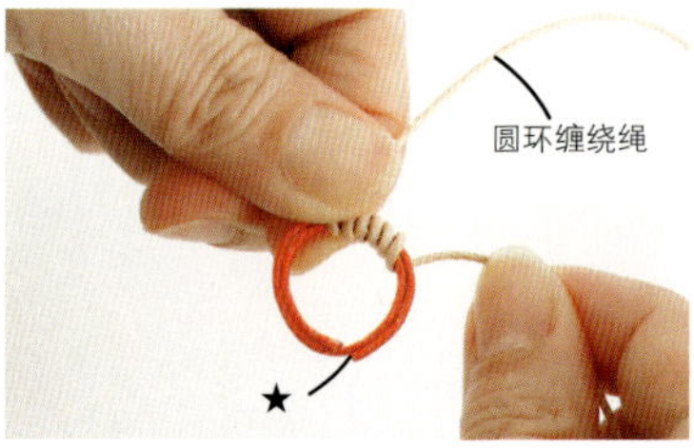

3 把圆环缠绕绳与两端对接的另一侧的中心处对齐，半圈半圈地紧紧缠绕。

4 缠绕结束后，先打一次结，在打结处涂上黏合剂，然后裁掉多余的部分。

花结纽扣

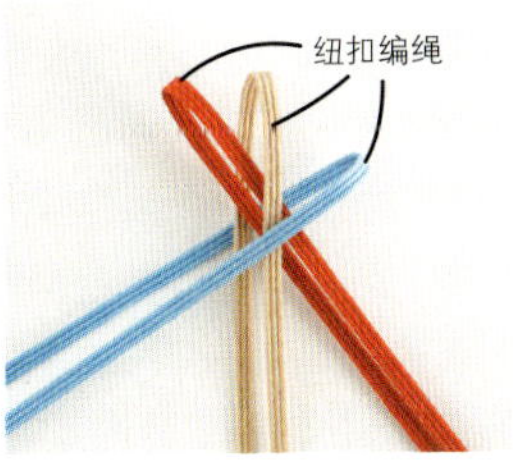

1 把3根纽扣编绳对折，但不要有折痕。如图所示将其插入般重叠到一起，然后每根编绳的下侧分别朝左错开。

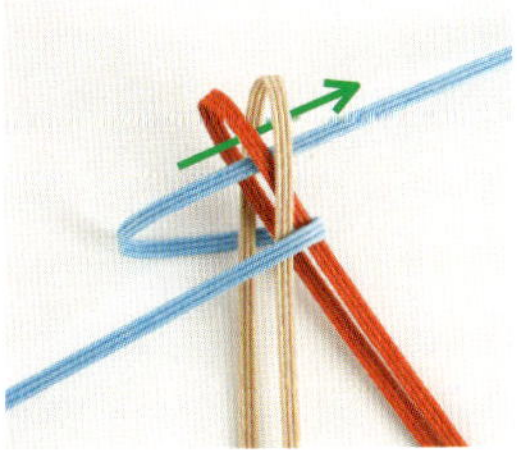

2 把左边编绳下侧的一端往上折，如图所示穿过另外2根编绳的环。

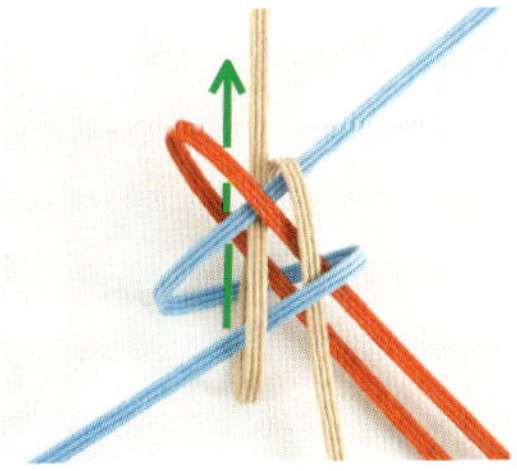

3 把中间编绳下侧的一端往上折，如图所示穿过另外2根编绳的环。

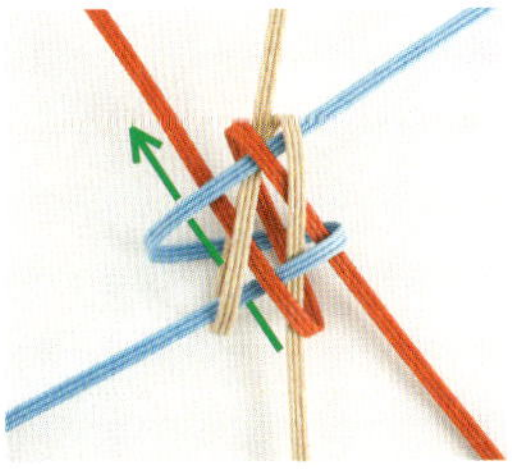

4 把右边编绳下侧的一端往上折，如图所示穿过另外2根编绳的环。

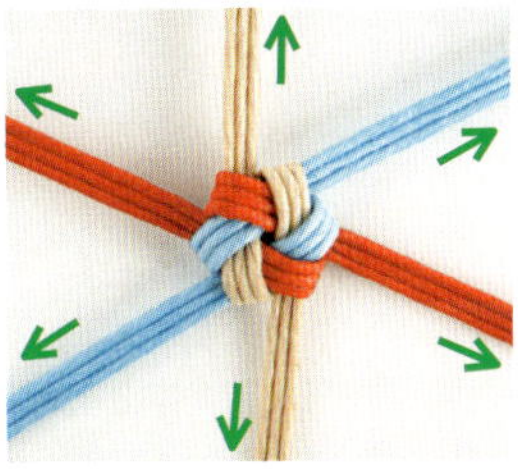

5 把所有的编绳拉紧。

6 翻过来，把纽扣安装绳穿到从上面数第2根编绳的下面。

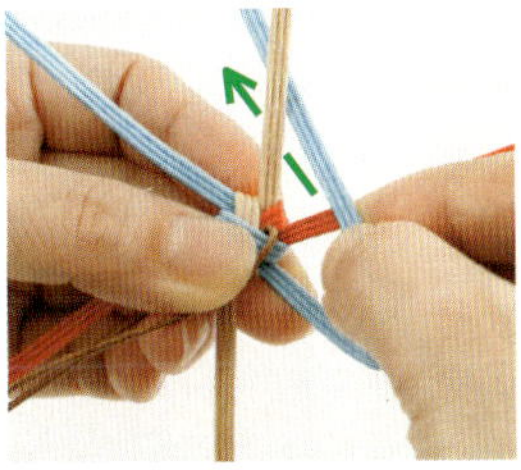

7 把蓝色编绳插入右边米色编绳的下方。

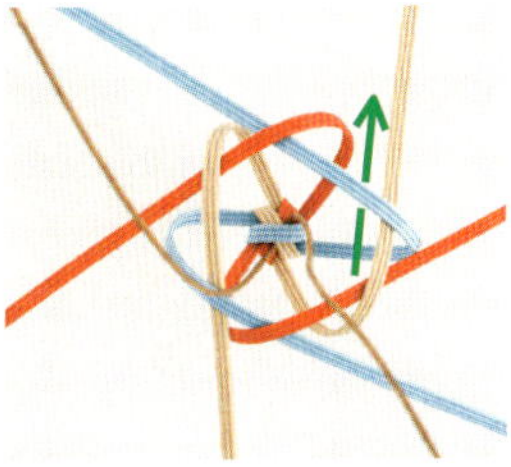

8 剩余的编绳按照逆时针方向进行上述操作，最后的1根编绳，穿过步骤**7**中往上折的编绳的圆环里。

9 把所有的编绳拉紧。翻到正面，按照顺时针方向重复步骤**7**~**9**进行编织。

10 翻到背面、正面、背面，重复步骤**7**~**9**进行编织。

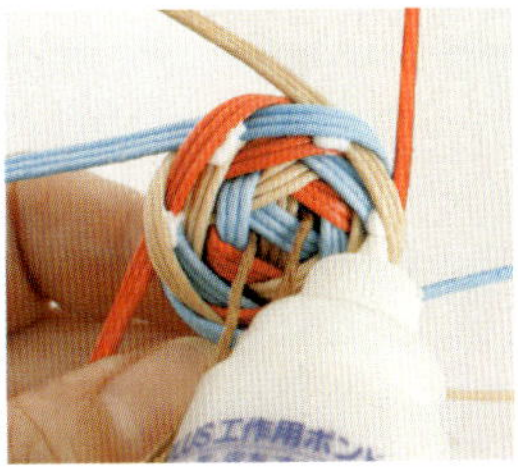

11 整理形状，在外侧编绳重叠的位置涂上黏合剂。

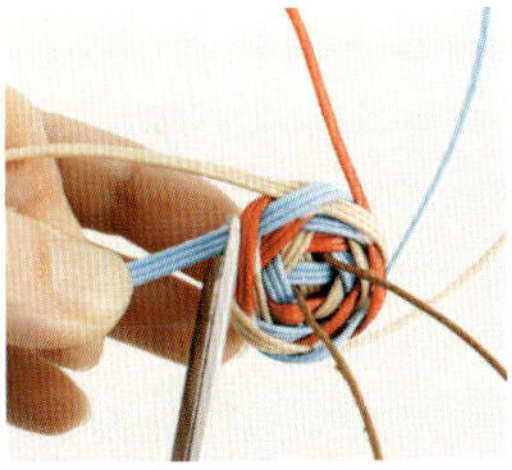

12 在黏合剂完全晾干之前，轻轻拉编绳的末端，并裁掉多余的部分。

纽扣环

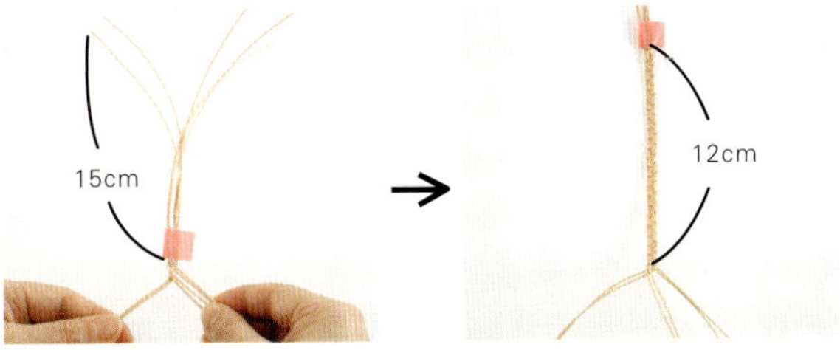

1 把6根纽扣环编绳预留出15cm后用遮蔽胶带固定。然后2根1股，进行3股绳编织(p.72)，编织12cm左右。

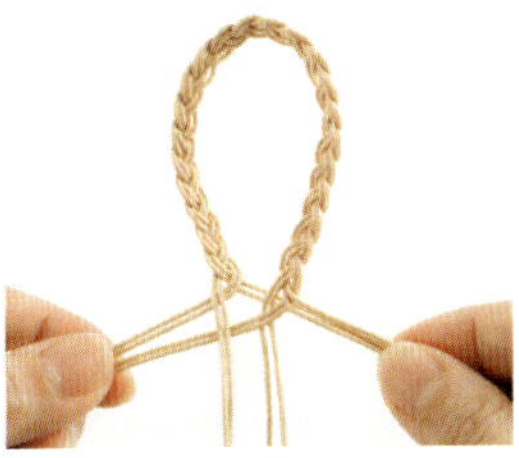

2 把步骤**1**的部件两端对齐，然后如图所示把两端的每2股（共4根）放到一起，进行指定长度的3股绳编织。

3 对齐最短的编绳，裁掉多余的部分。

边缘编织

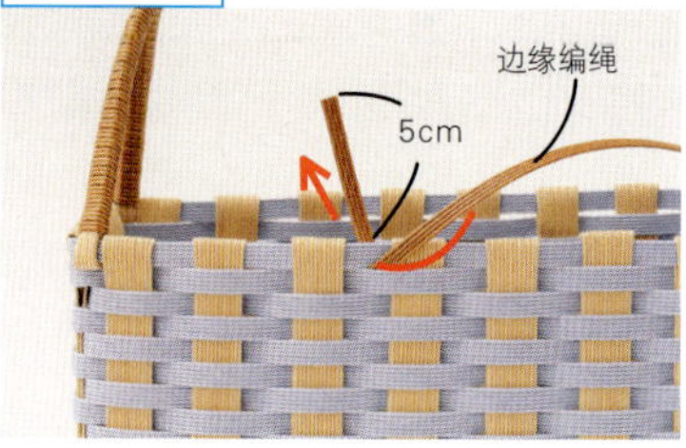

1 把边缘编绳从最上面一行编绳的下方由外侧穿向内侧，拉出长5cm左右的边缘编绳。

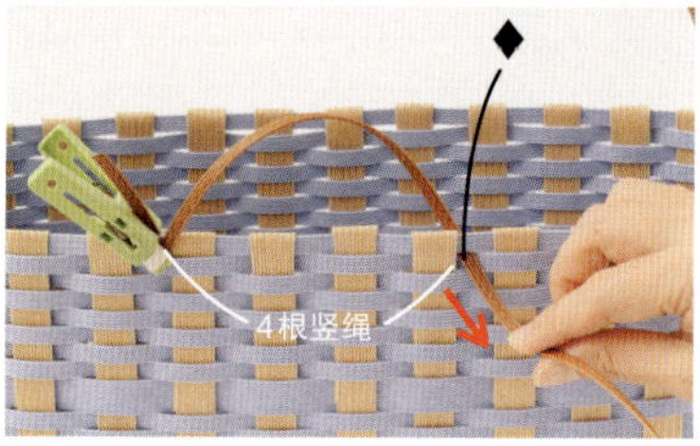

2 把边缘编绳的另一端跳过4根竖绳，从最上面一行编绳的下方由内侧穿向外侧。

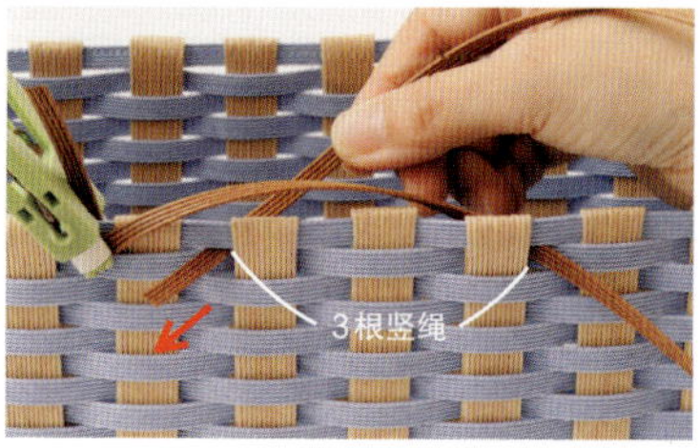

3 然后如图所示把边缘编绳往回跳过3根竖绳，从最上面一行编绳的下方由内侧穿向外侧。

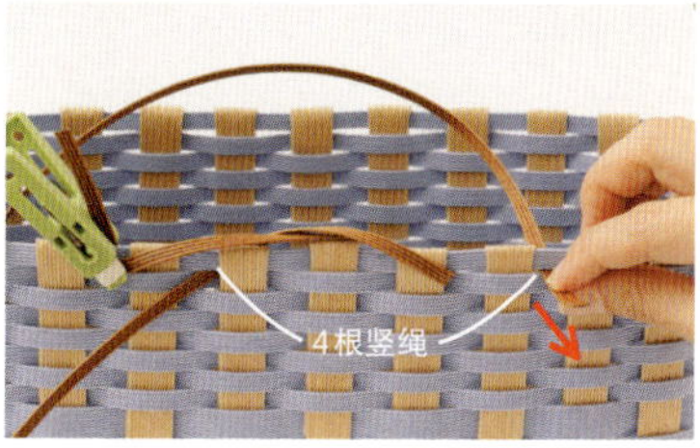

4 继续往前跳过4根竖绳，从最上面一行编绳的下方由内侧穿向外侧。

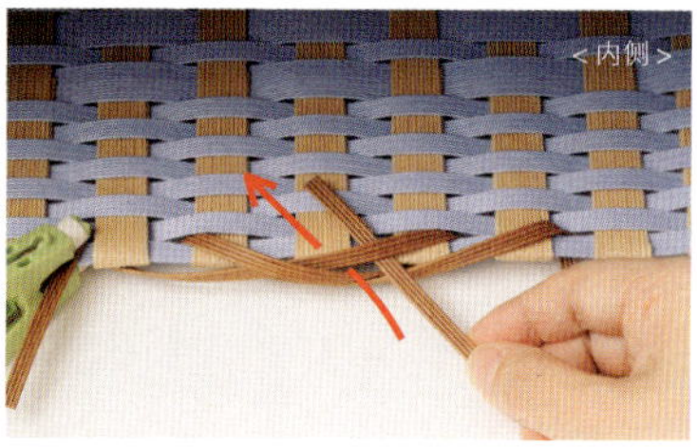

5 如图所示从内侧第2根斜渡绳的下方穿过编绳。

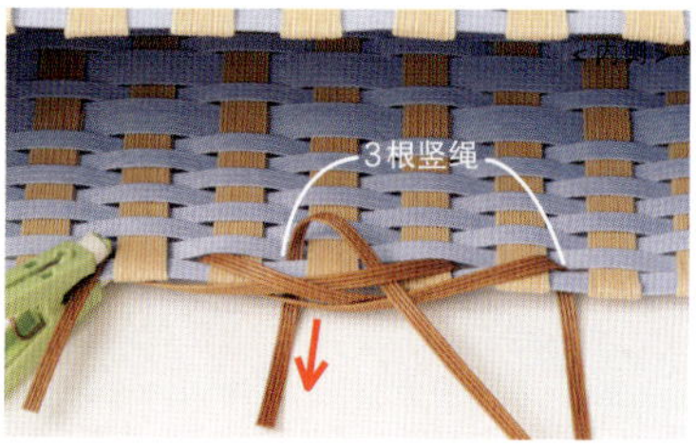

6 如图所示把边缘编绳往回跳过3根竖绳，从最上面一行编绳的下方（图中篮子放平，显示为最下面一行编绳的上方）由内侧穿向外侧。

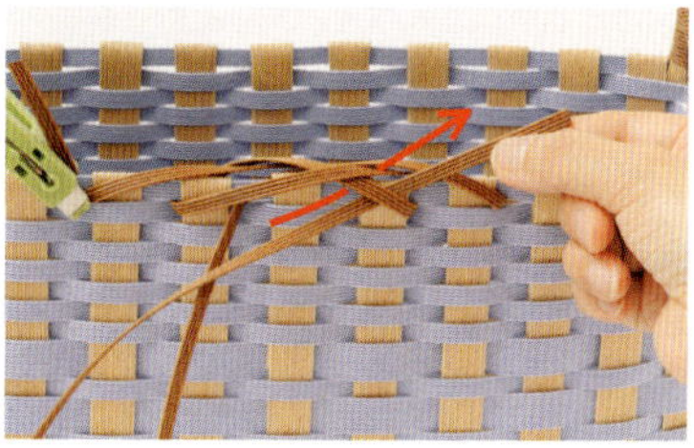

7 把编绳从外侧右边第2根斜渡绳的下方穿过。

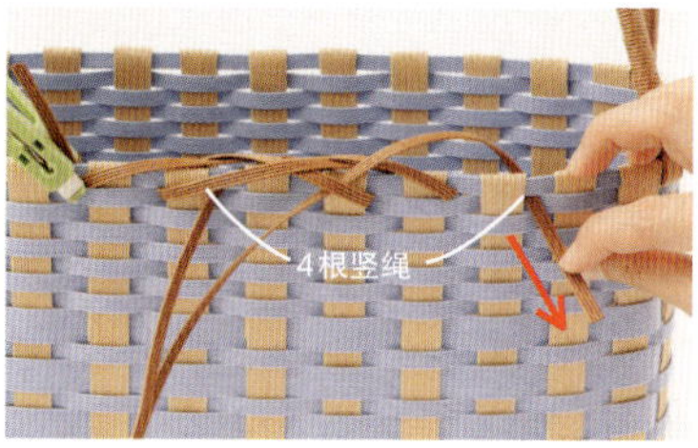

8 如图所示继续往前跳过4根竖绳，从最上面一行编绳的下方由内侧穿向外侧。

9 重复步骤**5**~**8**。

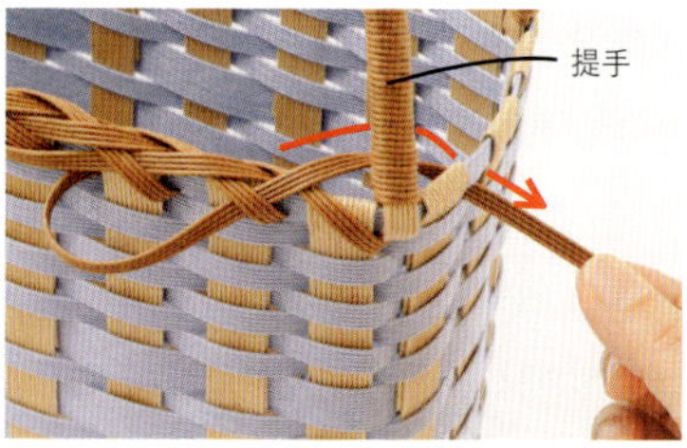

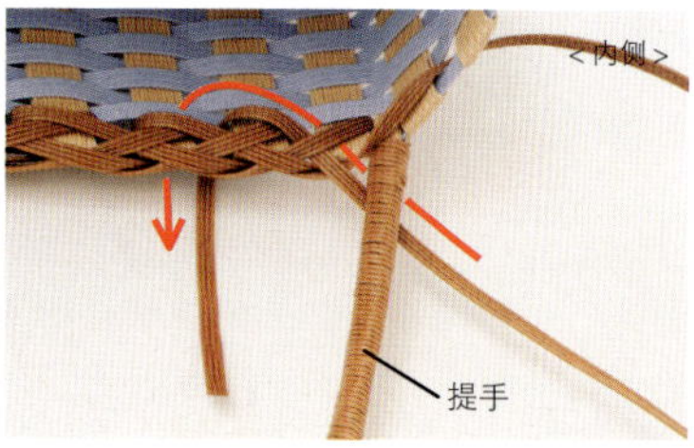

10 提手旁边也重复步骤**5**~**8**，编绳穿过提手的内侧拉出，然后绕过外侧后返回。

11 绕过提手外侧，穿到内侧返回。

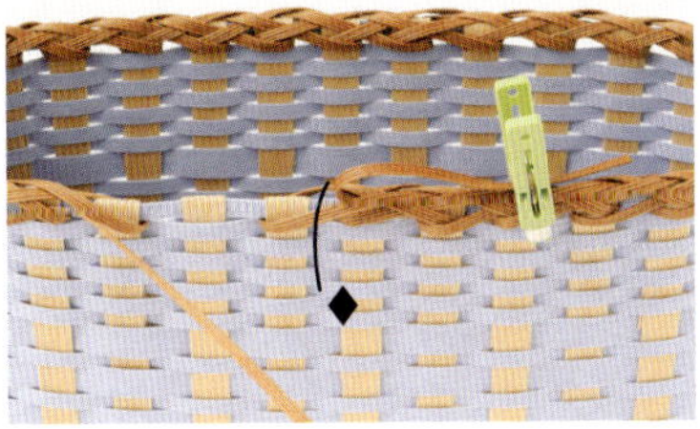

12 编织到接近编织开始处时，把开始保留的长5cm左右的编绳一端拉到外侧，和编织开始处的编织部分重叠起来，用洗晒夹固定。重复步骤**5**～**8**，一直编织到编织开始处。

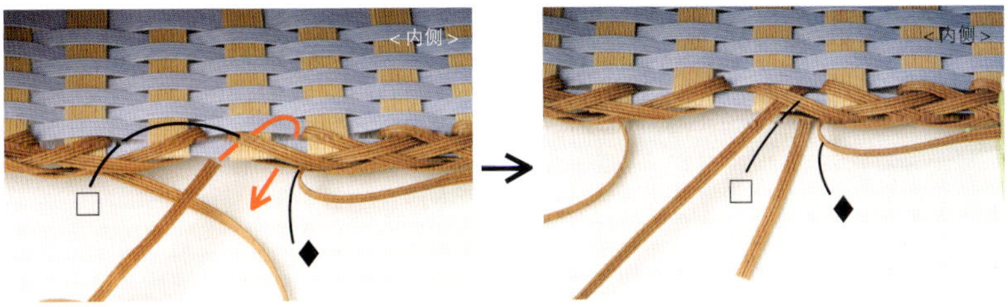

13 如图所示从内侧斜渡编织开始的编绳（□）下方由内侧穿向外侧。

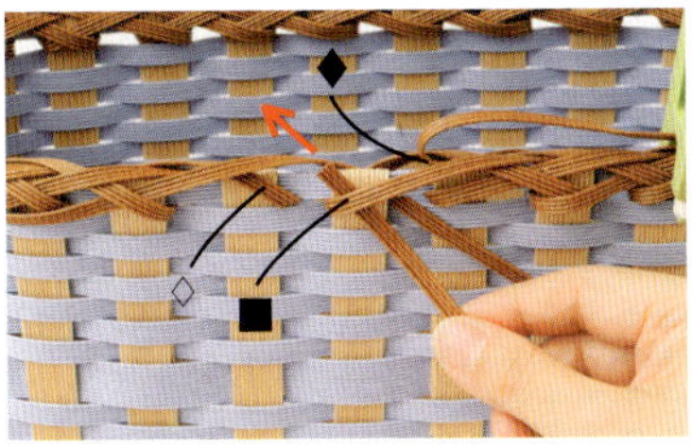

14 如图所示从外侧斜渡编织开始的编绳（■）的下方穿过。

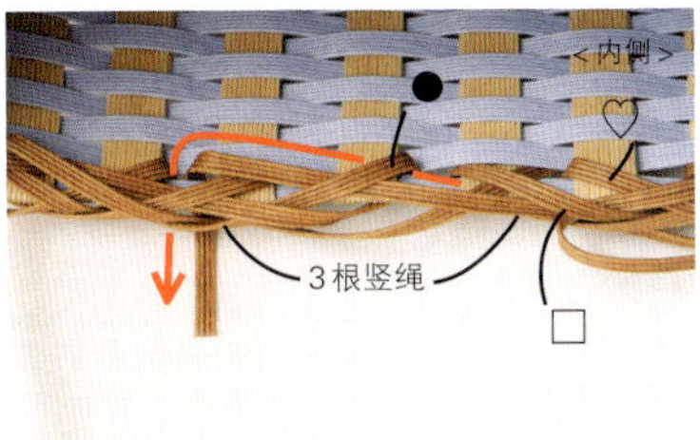

15 如图所示从内侧斜渡绳的顶端（●）穿过编绳。往回跳过3根竖绳，从内侧穿向外侧。然后从外侧斜渡绳的顶端（步骤**14**♢）穿过编绳。

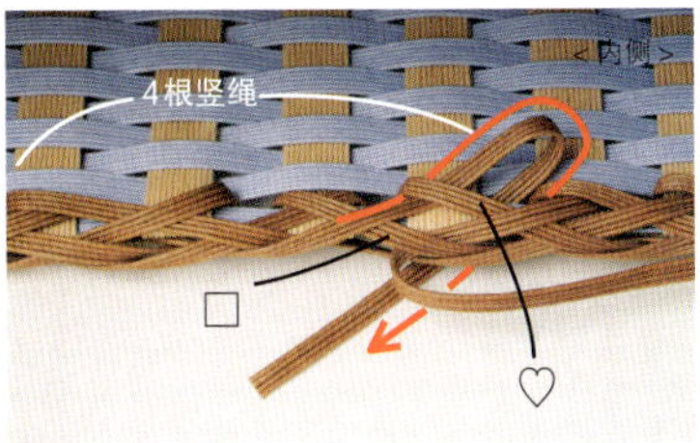

16 如图所示往前跳过4根竖绳，从内侧斜渡绳（♡）的下方穿过，穿向外侧。

17 如图所示从外侧斜渡绳（♥）的下方穿过。

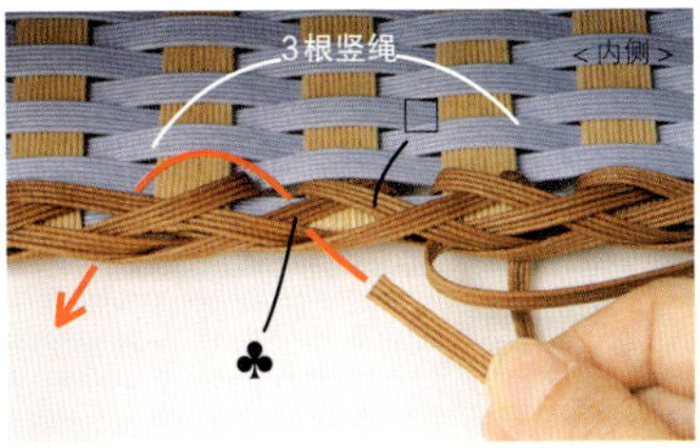

18 如图所示穿过内侧斜渡绳（♣）的下方，跳过3根竖绳之后穿向外侧。

19 如图所示穿过外侧斜渡绳（♠）的下方，拉紧编绳。

20 和斜渡绳（◎）的顶端进行平行裁剪。

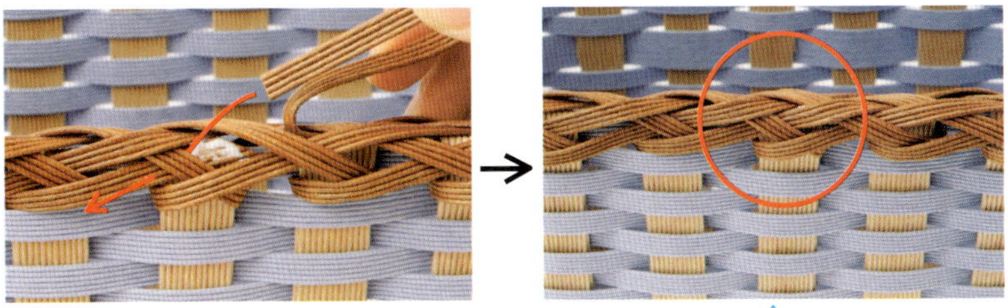

21 如图所示涂上黏合剂，把编织开始处的编绳一端穿过编织部分下方，和编织结束处的编绳粘贴固定，裁剪掉多余的编绳。

编绳连接时，按照步骤**20**、**21**的方法进行编织。

六边形华丽提篮 彩图：p.6、p.7

a

b

■材料

纸藤（a 白色 /No.2、b 天蓝色 /No.10）5m 卷……3卷、纸藤（a 蓝靛色 /No.18、b 杏色 /No.34）30m 卷……1卷

■完成尺寸

约35.5cm×10cm×18.5cm（不含提手）

※ 由于拍摄角度等原因，制作方法部分的作品图与彩图颜色有差异。

■需要准备的纸藤的股数和根数

※ 指定颜色以外a为蓝靛色、b为杏色。

①斜向编绳……6股宽 12根 长76cm
②斜向编绳……6股宽 8根 长90m
③横绳……6股宽 4根 长80cm
④编绳……6股宽 4根 长100cm
⑤边缘编绳……6股宽 2根 长20cm
⑥插入绳……3股宽 12根 长120cm
⑦插入绳……3股宽 9根 长60cm
⑧插入绳……3股宽 10根 长80cm（a白色、b天蓝色）
⑨插入绳……3股宽 8根 长90cm（a白色、b天蓝色）
⑩插入绳……3股宽 3根 长80cm（a白色、b天蓝色）
⑪插入绳……3股宽 4根 长50cm
⑫插入绳……3股宽 2根 长80cm
⑬插入绳……3股宽 4根 长30cm
⑭插入绳……3股宽 8根 长40cm（a白色、b天蓝色）
⑮插入绳……3股宽 4根 长102cm（a白色、b天蓝色）
⑯边缘外用绳……12股宽 1根 长75cm
⑰边缘内用绳……12股宽 1根 长71cm
⑱边缘锁边绳……1股宽 1根 长300cm
⑲提手内层用绳……6股宽 2根 长75cm
⑳提手外层用绳……6股宽 2根 长76cm
㉑提手缠绕绳……2股宽 2根 长330cm（b天蓝色）

■平面裁剪图 多余的部分＝

参照平面裁剪图，裁剪、分割指定长度的纸藤。在①、③～⑮的中心处做上标记。≫参照p.23裁剪、分割纸藤

a 蓝靛色、b 杏色 30m 卷

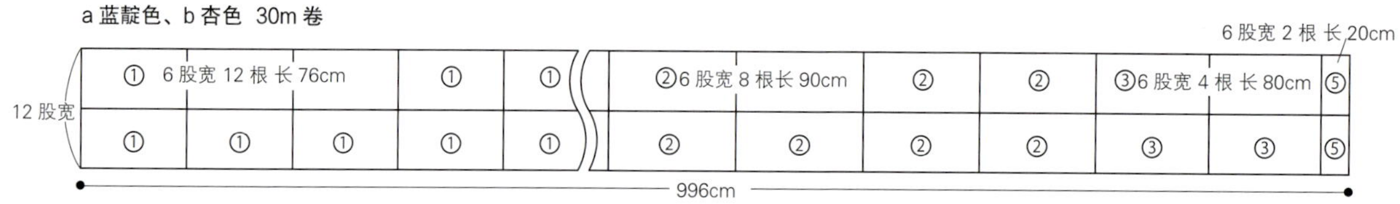

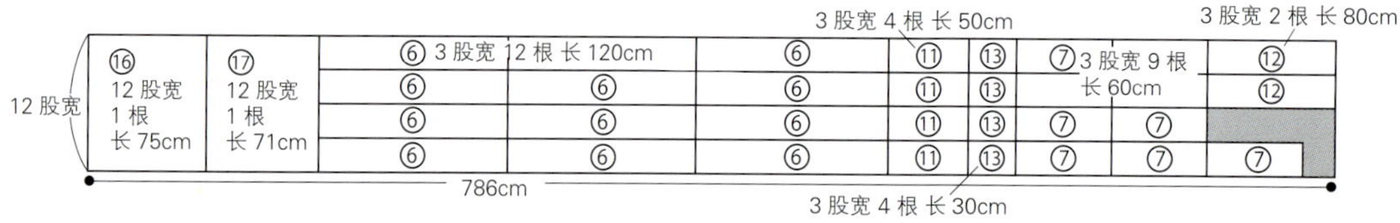

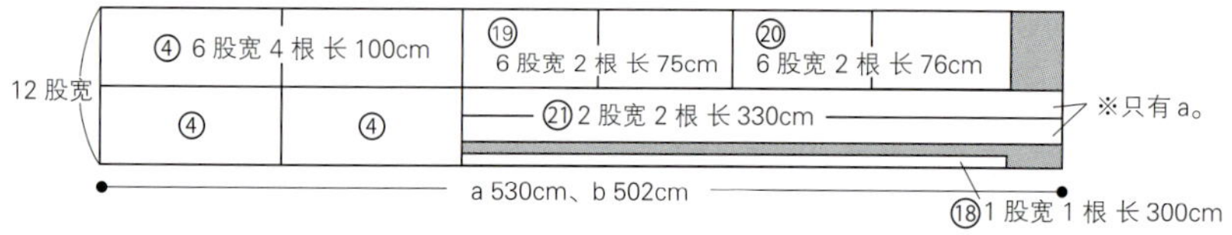

a 白色、b 天蓝色 5m 卷

a、b 通用

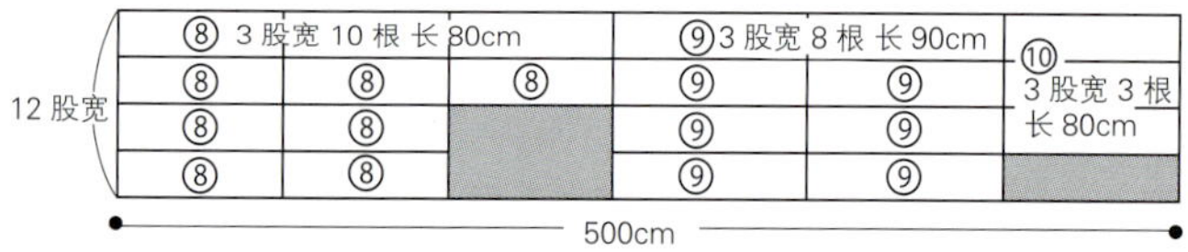

只有 a

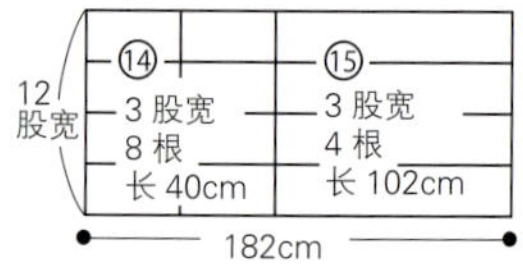

只有 b

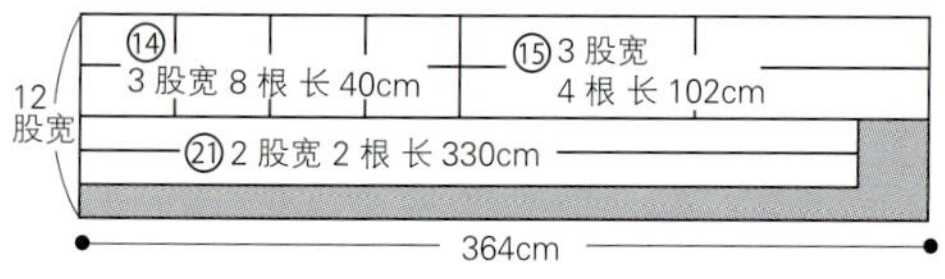

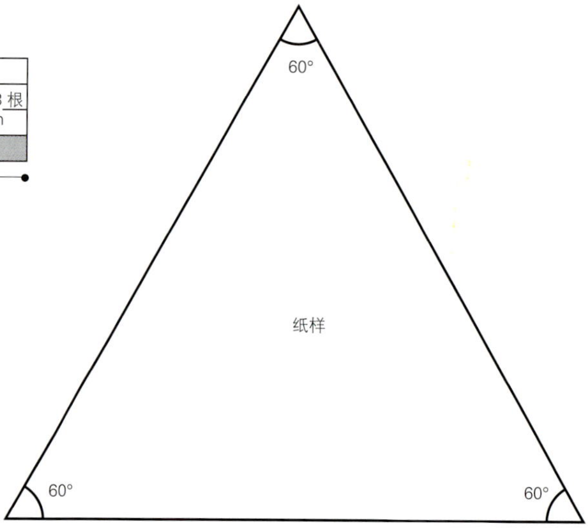

■制作方法

≫参照 p.36 华丽花纹编法　※ 为了清晰可见，纸藤的颜色有所改变。

◇编织底部

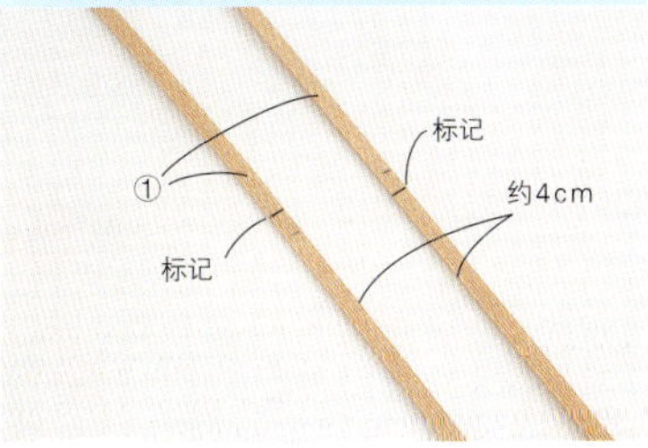

1 把2根①斜向编绳的中心标记对齐，间隔约4cm，如图所示斜着摆放。编绳的两端用重一点的工具压着，或者用遮蔽胶带固定，这样比较容易进行编织。

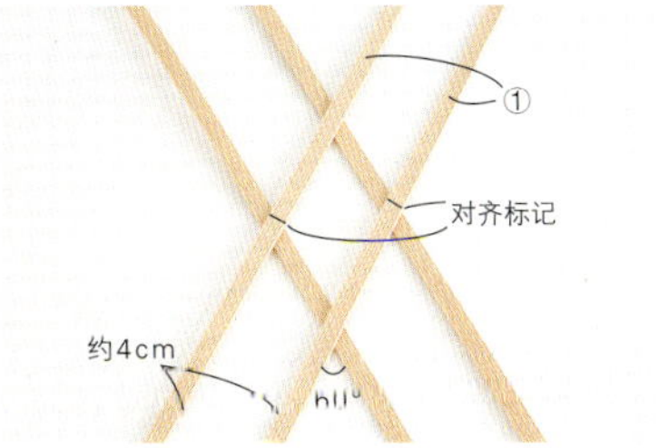

2 按照上述方法，在步骤**1**的编绳上斜着呈60° 再交叉摆放2根①斜向编绳（60° 纸样参照p.48）。

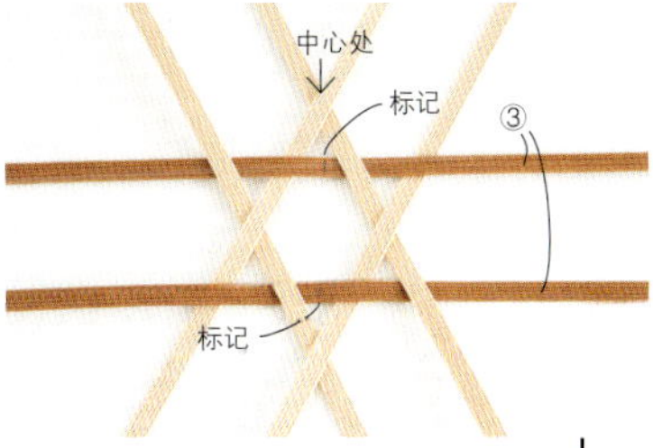

3 如图所示穿过2根③横绳，编织成六边形。此时，横绳的中心处和步骤**2**的编绳的中心处对齐。

•把纸样如图所示放上去，保持60°，编织时，必须把每根编绳往内侧压紧，整理其形状。
•编织成六边形时，把横绳从所有朝左上方向编绳的下面、所有朝右上方向编绳的上面穿过。

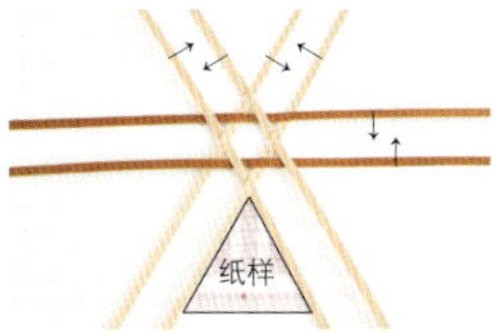

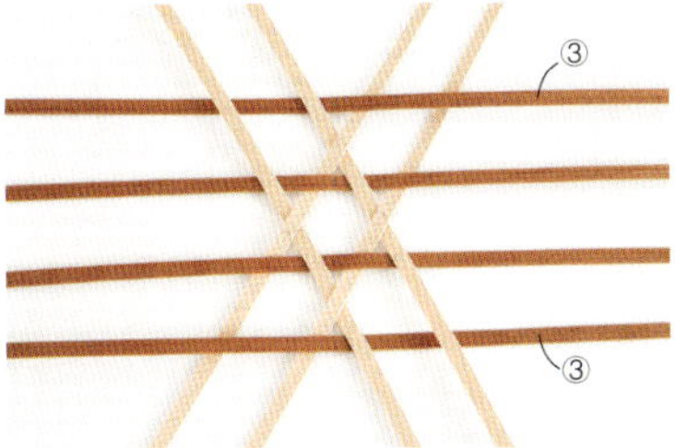

4 按照上述方法，把2根③横绳，在步骤**3**的基础上，上下各穿过1根。

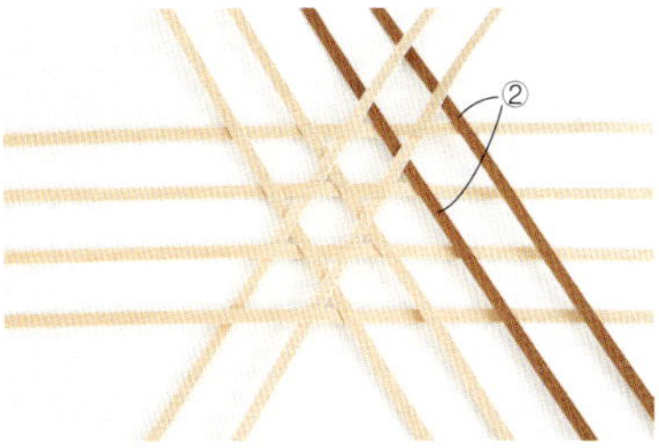

5 把2根②斜向编绳如图所示在右侧朝左上方向穿过，并把编绳的上端对齐（参照步骤**6**）。

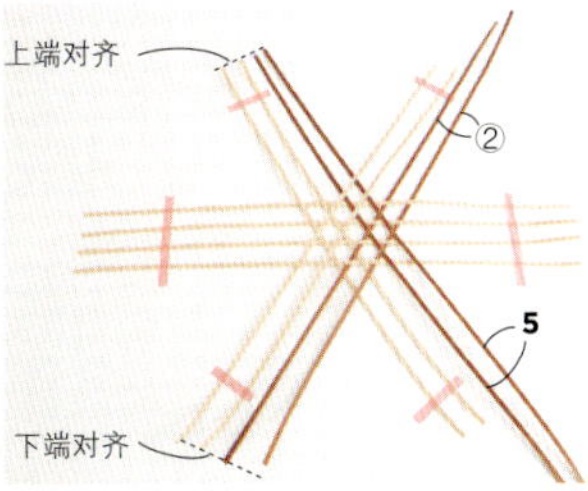

6 把2根②斜向编绳如图所示在右侧朝右上方向穿过，并把编绳的下端对齐。

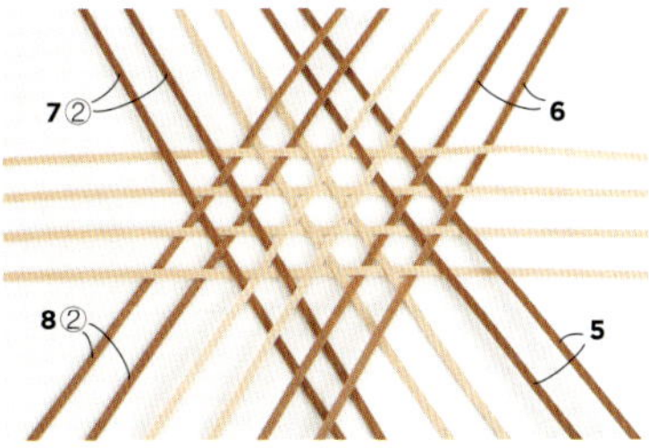

7 把2根②斜向编绳如图所示在左侧朝左上方向穿过，并把编绳的下端对齐。

8 把2根②斜向编绳如图所示在左侧朝右上方向穿过，并把编绳的上端对齐。

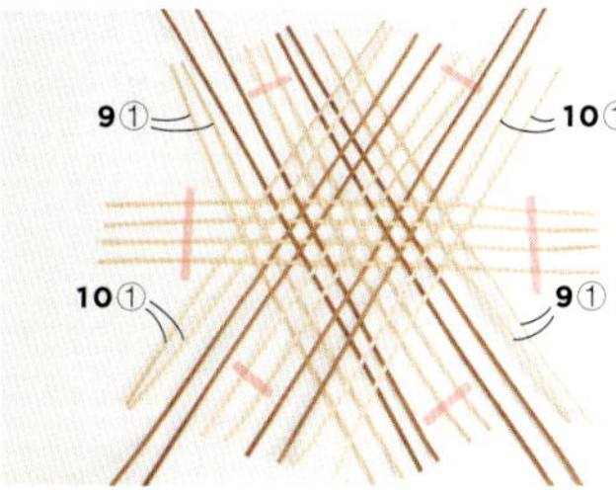

9 把4根①斜向编绳，如图所示两根两根地摆放在两边，中心处对齐，朝左上方向穿过。

10 把4根①斜向编绳，如图所示两根两根地摆放在两边，中心处对齐，朝右上方向穿过。

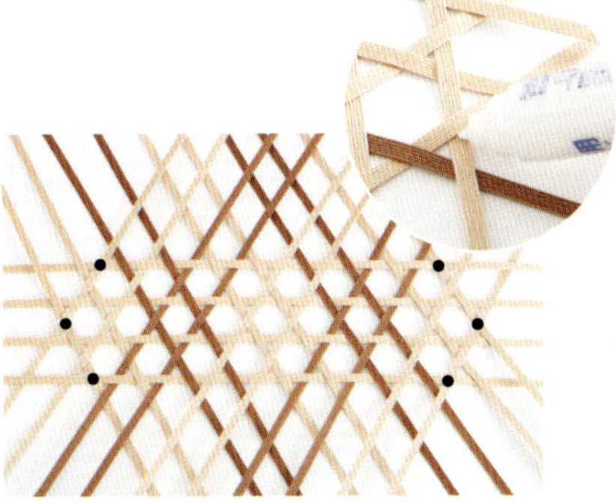

11 如图所示粘贴编目成为六边形的角（●）。

12 把四边出来的侧面（长的一边），即跟前的和对面的编绳，直立竖起。

≫参照 p.42 竖起编绳。

◇编织侧面

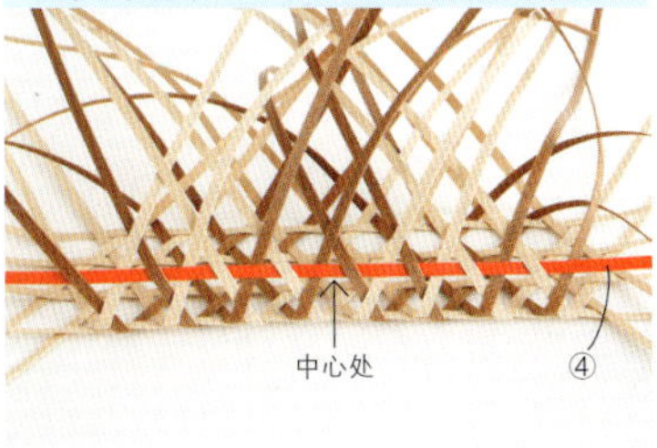

13 把1根④编绳如图所示插入侧面里，中心处对齐，编织成六边形网眼。

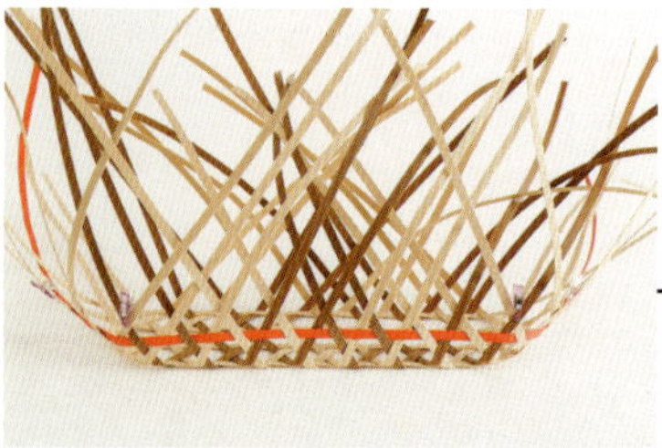

14 把横侧面（短的一边）的编绳缓缓竖起，通过编成六边形网眼的方法，一直编织到横侧面的中心处。

此时，只有底部的角部是五边形网眼。

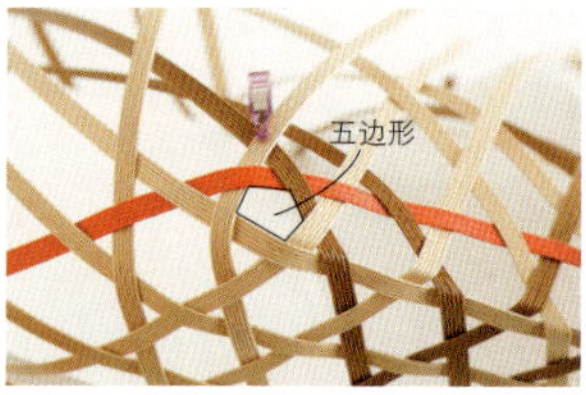

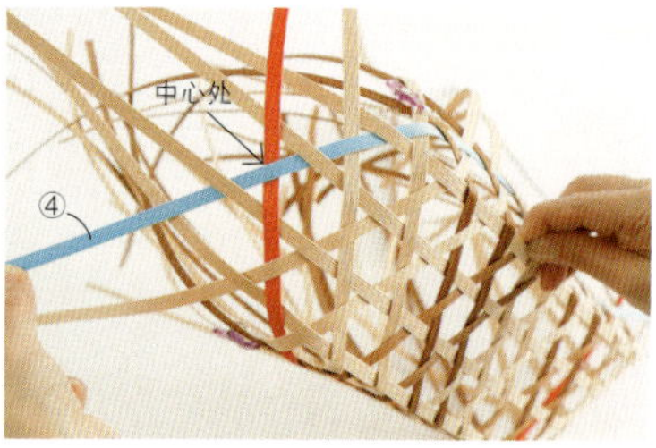

15 把1根④编绳在另一侧按照步骤**13**、**14**的方法进行编织，在横侧面的中心处和编绳进行交叉。第1行编织完成。

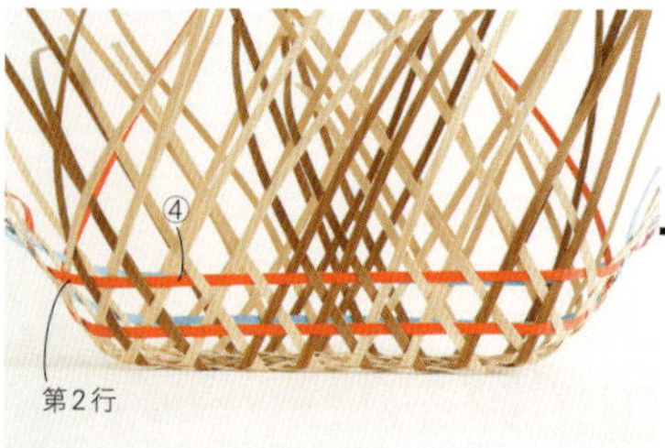

16 按照步骤**13**~**15**的方法，编织第2行。同样编织成六边形网眼（角部是六边形网眼）。

把横着编织的编绳压紧到能够往下压的地方，竖绳之间呈平行状态，保持一定的间隔。

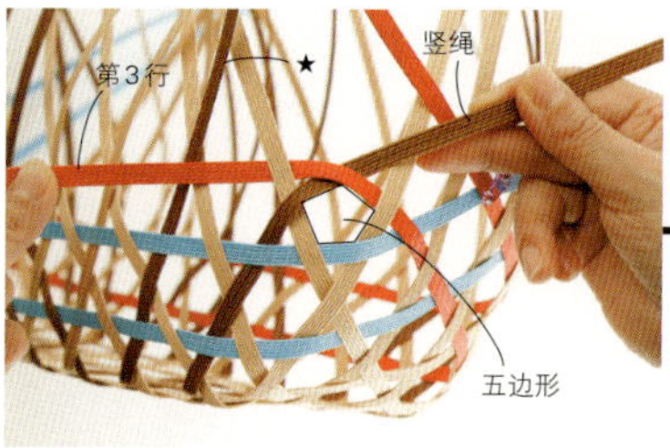

17 用编织第1行横侧面的编绳和竖绳在角处编成五边形网眼，然后第3行编织到侧面中心处，编织成六边形网眼。

18 另一侧也进行上述编织。把所有编绳的端头在侧面中心处重叠保留。

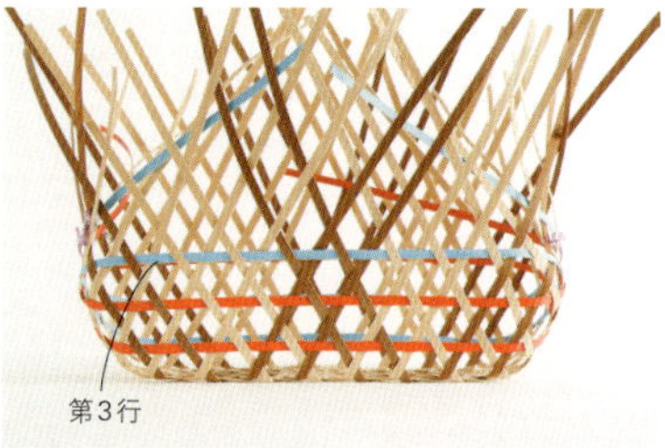

19 另一侧也按照步骤**17**、**18**的方法进行编织，图中为第3行编织完成后的状态。

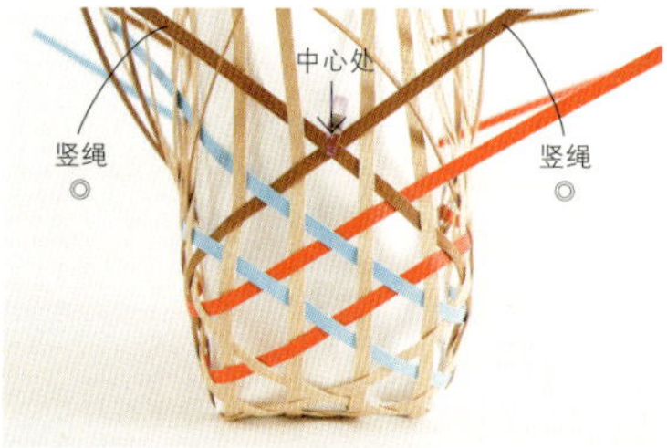

20 用步骤**17**~**19**中编织成五边形网眼的2根竖绳，编织到横侧面的中心处，编织成六边形网眼。

※接下来直到步骤**23**，另一侧都是按照同样的方法进行编织。

21 用编织第2行横侧面的编绳，把第4行编织成六边形网眼（角部是六边形网眼）。

22 用与步骤**20**的竖绳相邻的竖绳（步骤**17**的★）一根一根地编织到横侧面的中心处，编织成六边形网眼。

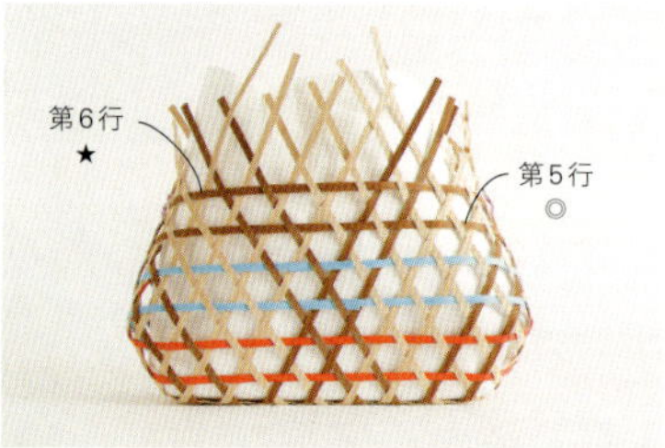

23 用步骤**20**的竖绳（◎）编织第5行，用步骤**22**的竖绳（★）编织第6行，均编织成六边形网眼。

24 把侧面重叠保留的第3~6行的编绳的端头分别沿着竖绳裁剪，对齐粘贴。

25 把第6行的编绳和竖绳对齐粘贴固定。

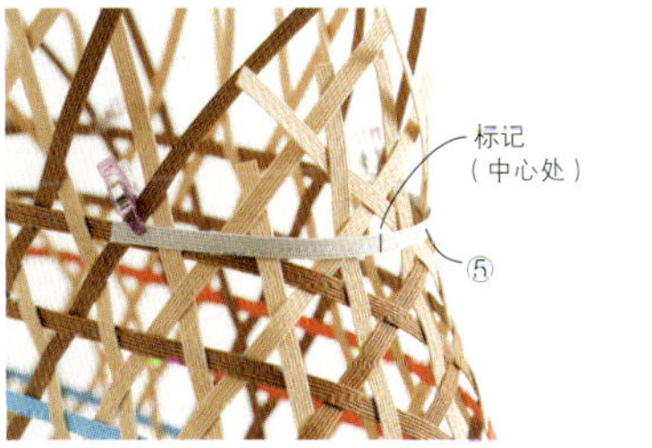

26 把1根⑤边缘编绳在横侧面和编绳中心处对齐，和第6行侧面编绳呈水平状态粘贴固定。另一侧也如此。

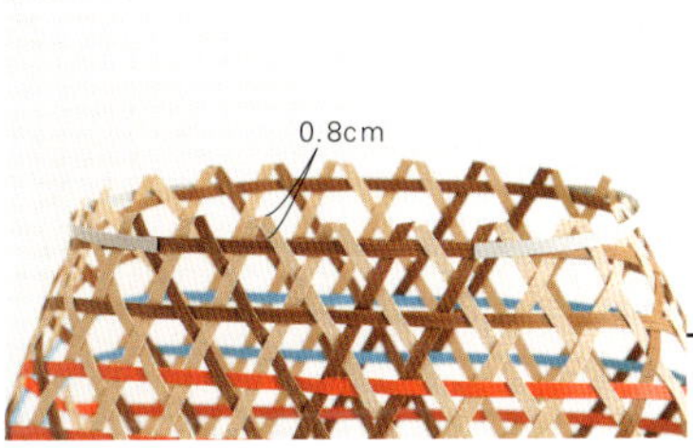

27 把竖绳顶端留出0.8cm，然后裁掉多余的部分。

边缘处重叠的横侧面的2根竖绳，沿着外侧⑤边缘编绳的上端进行裁剪。

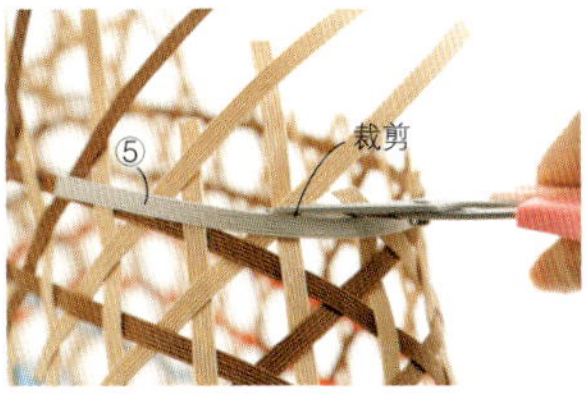

28 把第6行的编绳以及包裹着⑤边缘编绳的竖绳折叠，粘贴固定。

※ 一般没有特别要求的情况下，插入绳和底部中心处对齐，穿过。如若作品解说图看不清楚，可参照 p.53的A。

◇插入绳穿过底部

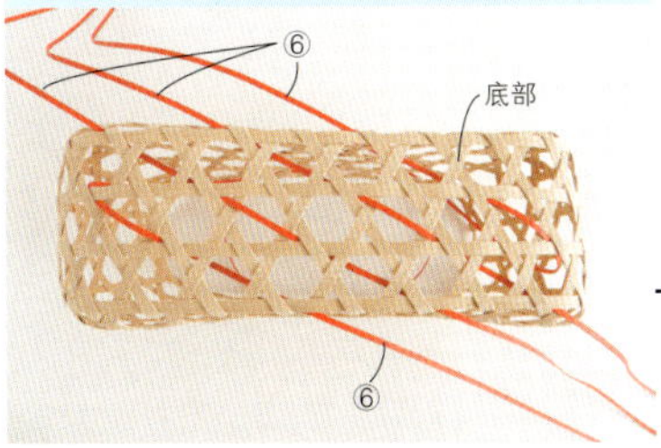

29 把4根⑥插入绳如图所示朝左上方向穿过。此时，左上、右下编绳的顶端收到提篮主体中的状态。

在步骤**29**~**37**中，把编绳穿过六边形外侧的三角形中心处。

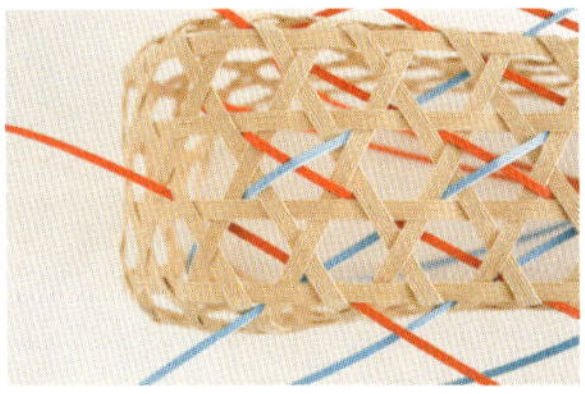

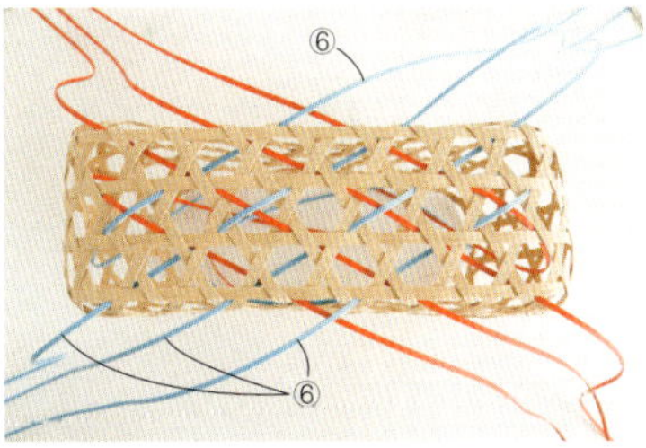

30 按照步骤**29**的方法，把4根⑥插入绳如图所示朝右上方向穿过。此时，右上、左下编绳的顶端收到提篮主体中的状态。

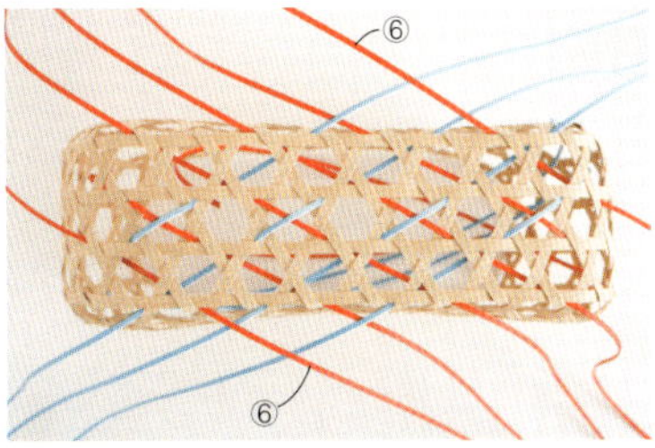

31 在步骤**29**穿过的编绳的两侧，朝左上方向各穿过1根⑥插入绳。

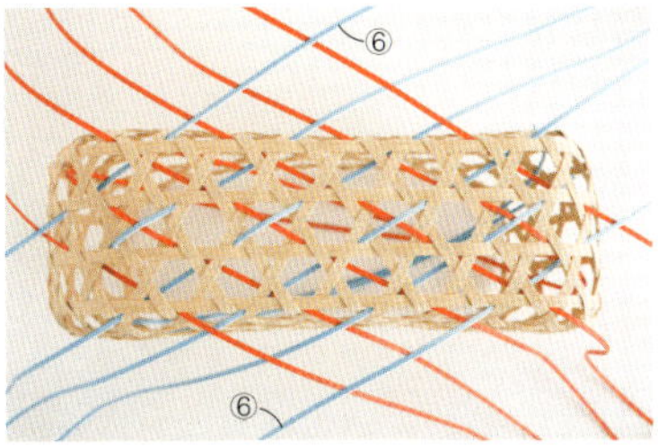

32 在步骤**30**穿过的编绳的两侧，朝右上方向各穿过1根⑥插入绳。

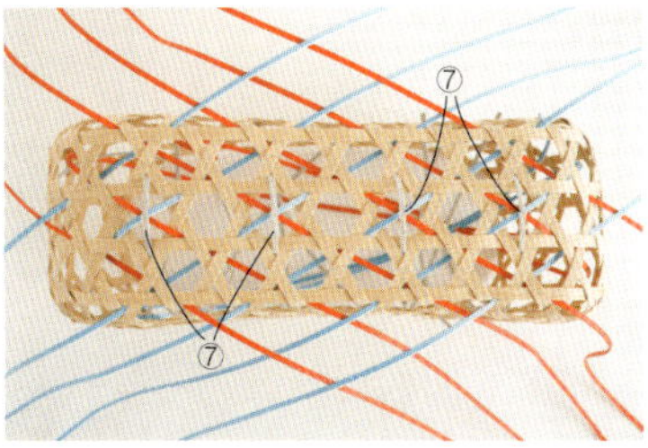

33 把4根⑦插入绳竖着如图所示穿过。然后把所有编绳的顶端收到提篮主体中。

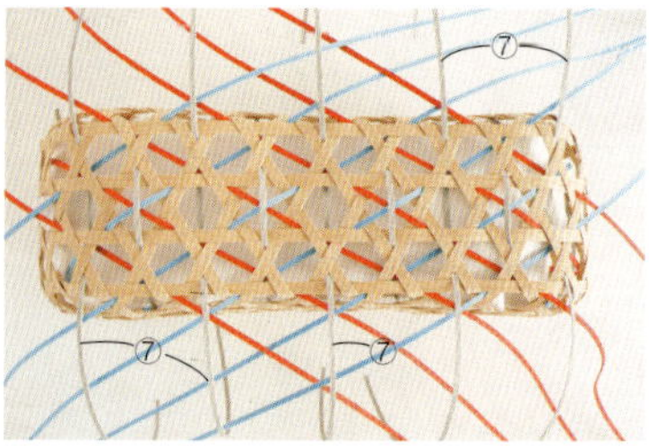

34 把5根⑦插入绳分别如图所示竖着穿过，位置分别是步骤**33**穿过编绳的之间和两侧。

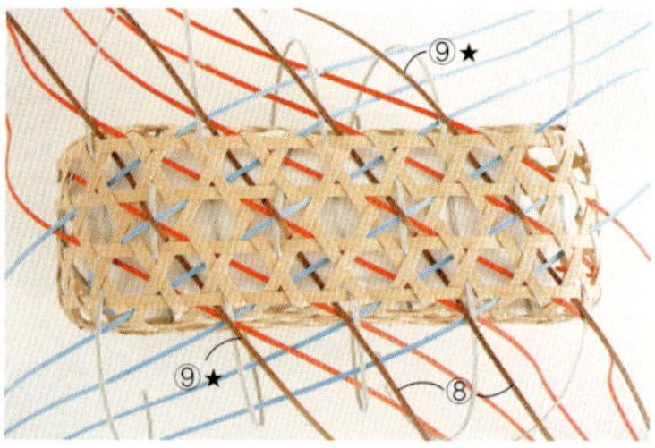

35 把2根⑧插入绳、⑨插入绳如图所示朝左上方向穿过。

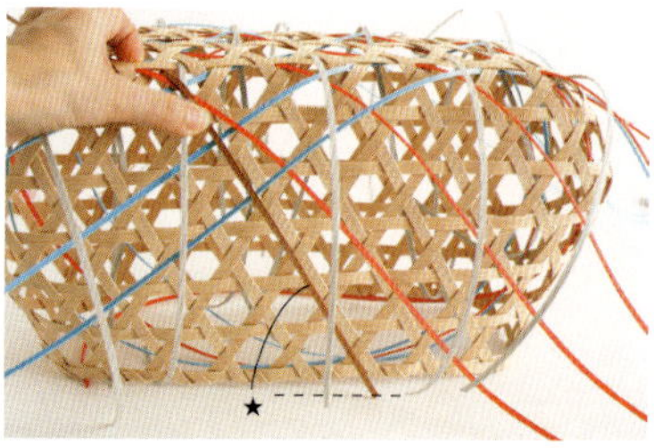

36 把2根⑨插入绳一侧的顶端（参照步骤**35**的★）和侧面的边缘顶端对齐。

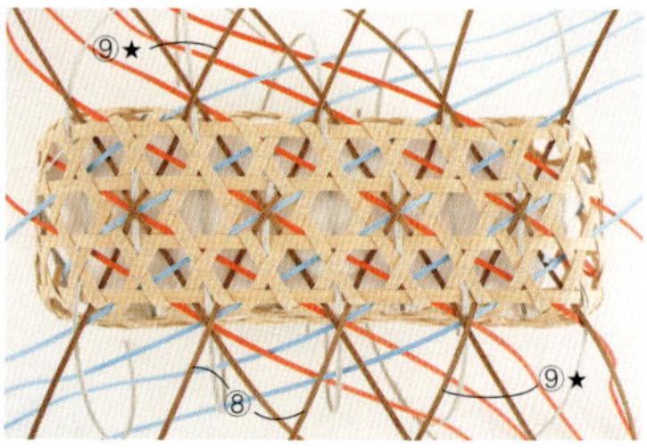

37 按照步骤**35**、**36**的方法，把⑧插入绳、⑨插入绳各2根如图所示朝右上方向穿过。

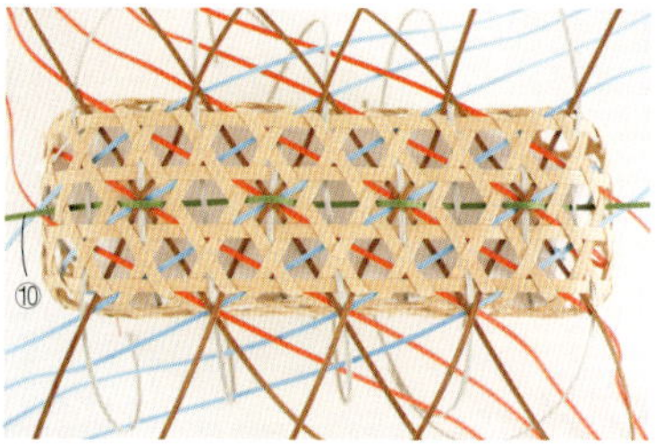

38 把1根⑩插入绳如图所示横着穿过。

在步骤**39**~**42**中，如图所示把编绳挑着穿过六边形中间编绳交叉的部分。

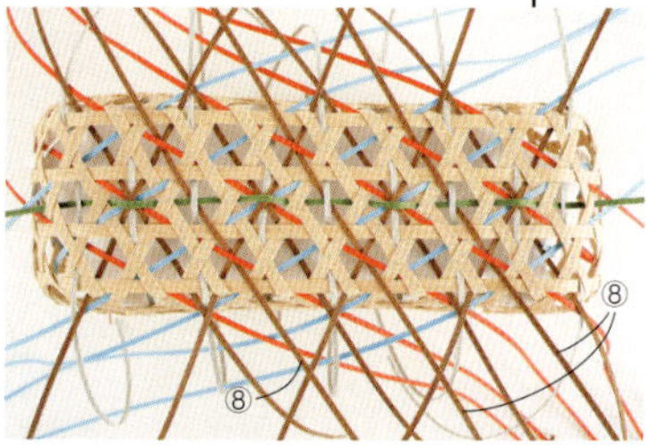

39 把3根⑧插入绳一根一根地穿过步骤**35**中穿过的⑧插入绳和⑨插入绳之间，朝左上方向穿过。

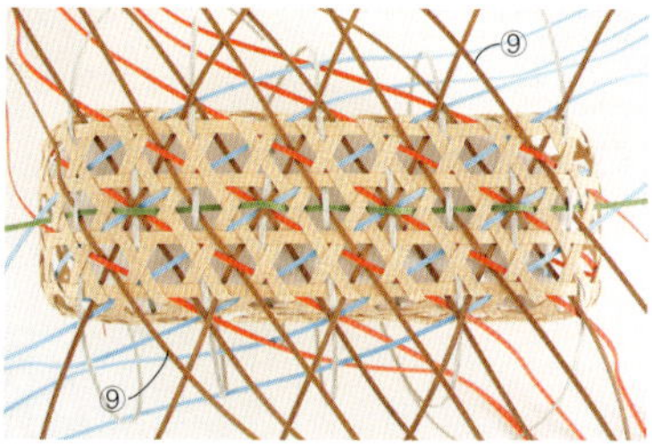

40 把2根⑨插入绳在如图所示的两侧，一根一根地朝左上方向穿过。

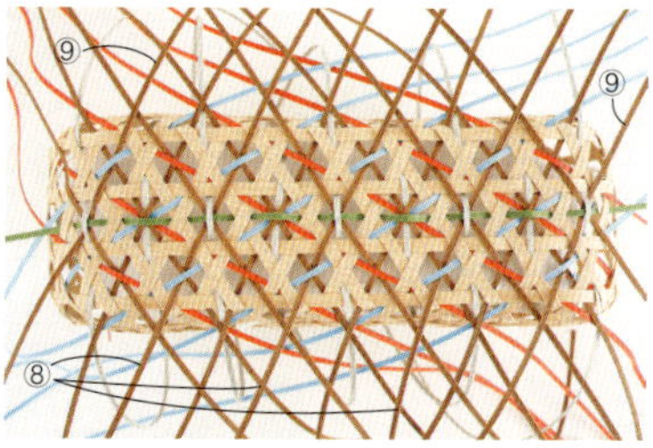

41 按照步骤**39**、**40**的方法，把3根⑧插入绳和2根⑨插入绳如图所示朝右上方向穿过。

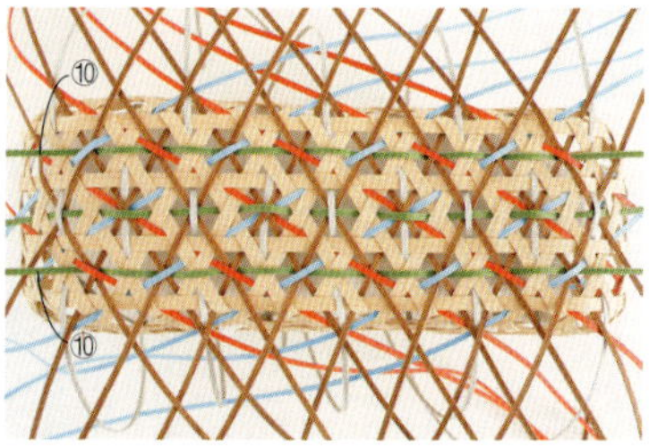

42 把2根⑩插入绳在步骤**38**穿过的⑩插入绳的上下两边，横着各穿过1根。

◇插入绳穿过侧面

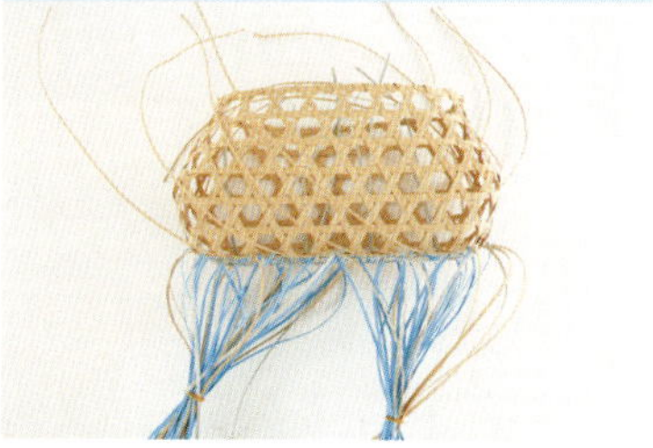

43 用橡皮筋捆扎穿过的插入绳，编织时根据所需拿出编绳即可。

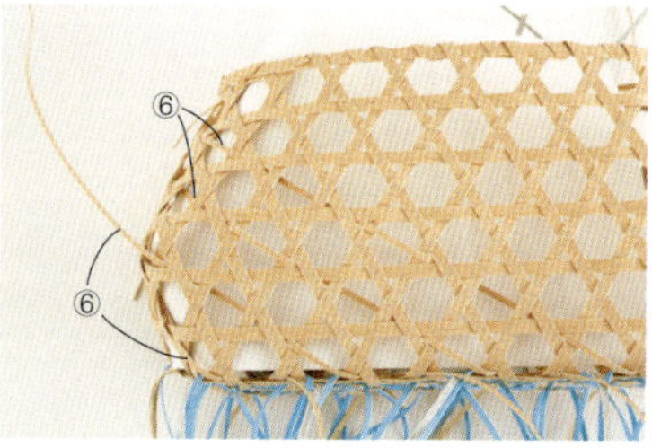

44 把朝底部的左上方向穿过的右边的4根⑥插入绳（p.53的A中的★），朝侧面的左上方向穿过。从下数第2行以外的编绳的顶端都收到提篮主体当中。

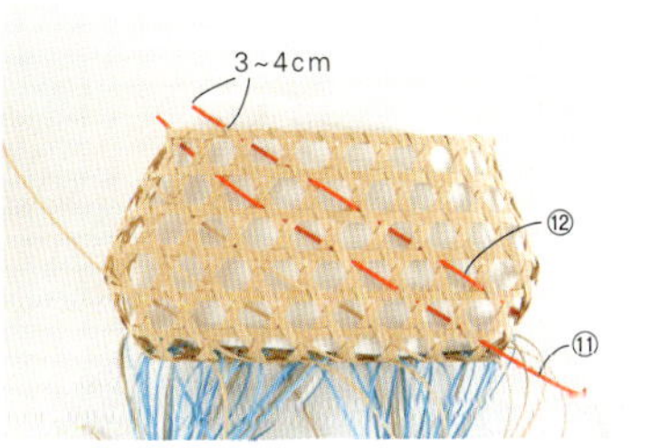

45 在步骤**44**的编绳右侧插入1根⑪插入绳，在右侧再插入1根⑫插入绳，均朝左上方向穿过。上端分别留出3～4cm，把⑫插入绳的下端收到提篮主体当中。

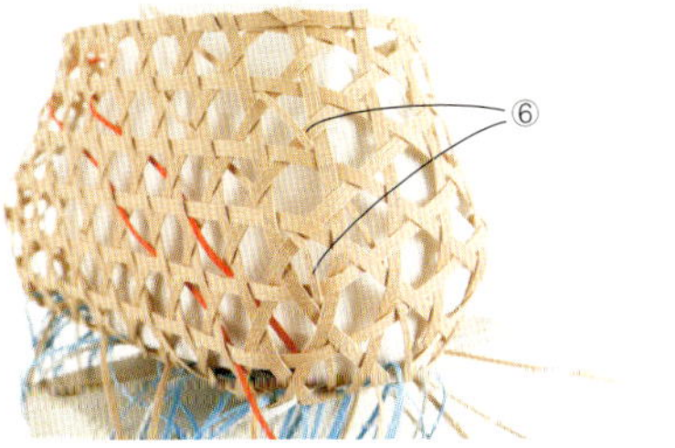

46 把朝底部的右上方向穿过的右边的2根⑥插入绳（A中的♥）的一端，从横侧面朝侧面的左上方向穿过。

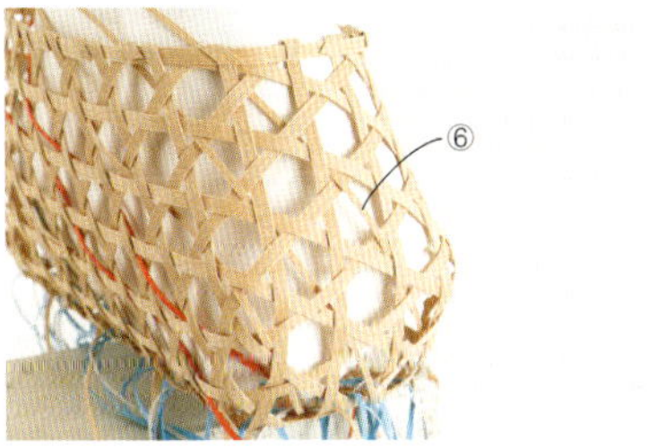

47 在步骤**44**中穿过的左端的1根⑥插入绳在横侧面朝左上方向穿过。和步骤**44**～**47**一样，各自的另一侧的编绳也朝左上方向穿过。

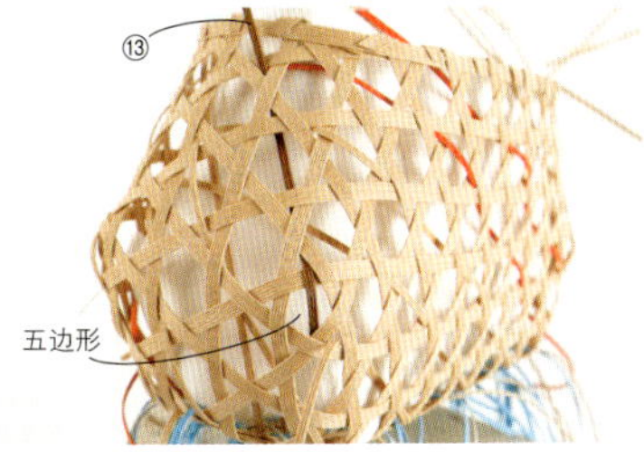

48 如图所示把1根⑬插入绳的一端粘贴到横侧面五边形（参照步骤**17**）下边的背面，然后朝左上方向穿过。另一侧也如此。

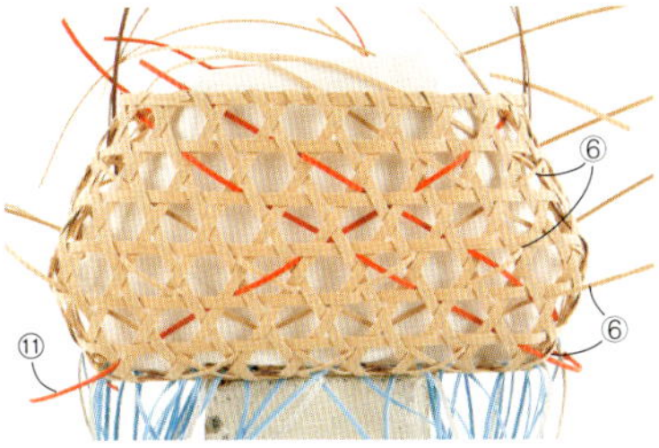

49 按照步骤**44**～**47**的方法，把朝底部的右上方向穿过的左边的4根⑥插入绳（A中的☆）和朝左上方向穿过的左边的2根⑥插入绳（A中的♡）、2根⑪插入绳（两侧面各1根），分别朝右上方向穿过。

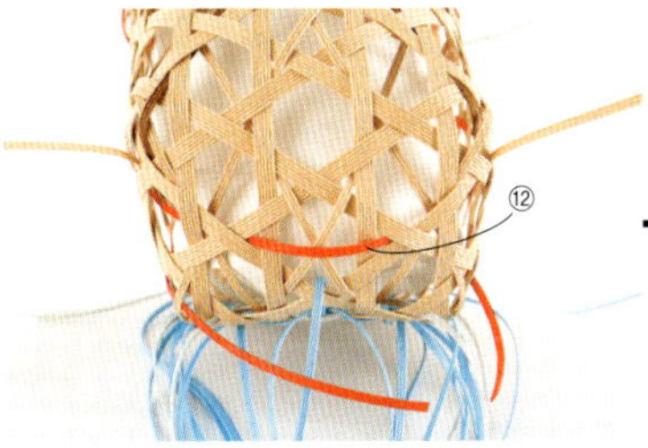

50 把⑫插入绳下侧的顶端在横侧面横着穿过，然后在侧面朝右上方向穿过。

→

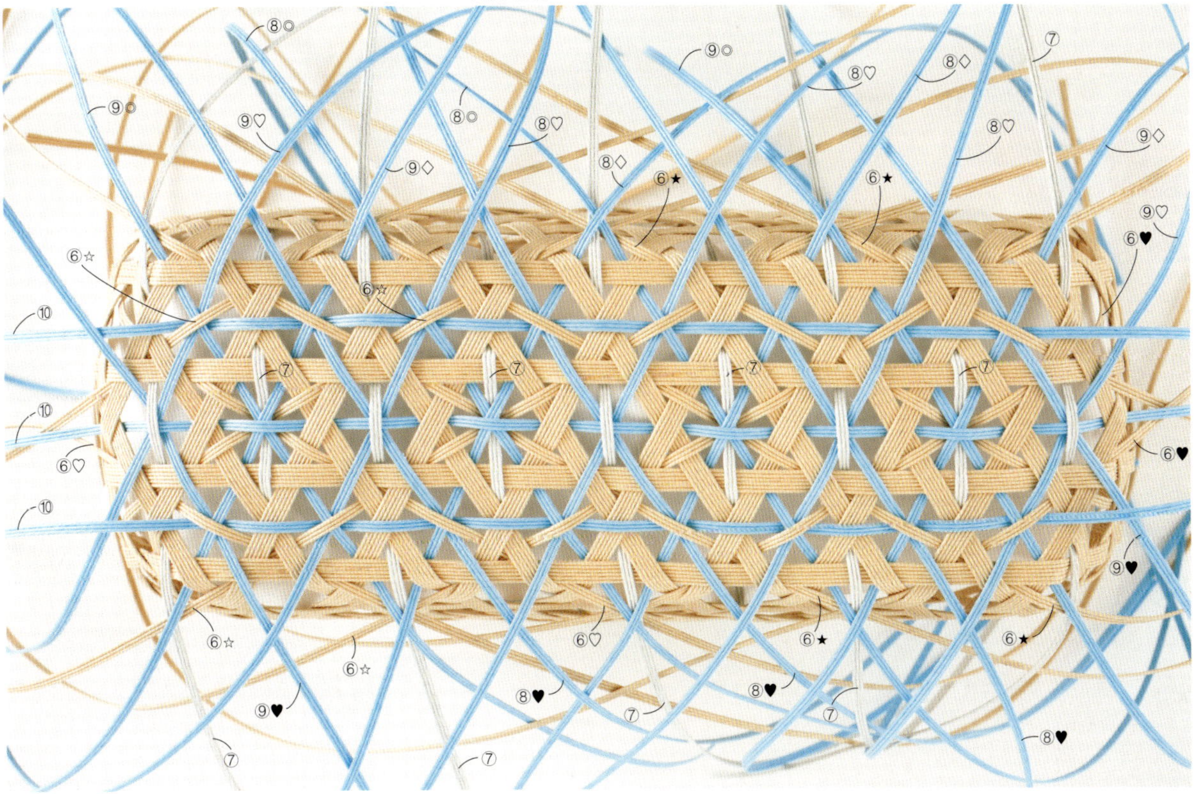

A：插入绳穿过底部后的状态

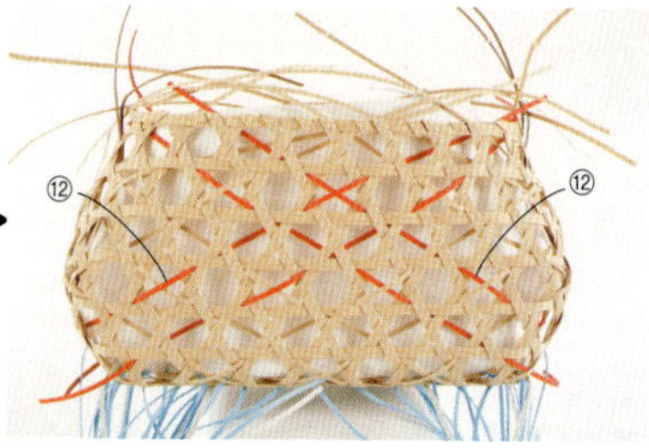

另一侧也如此。

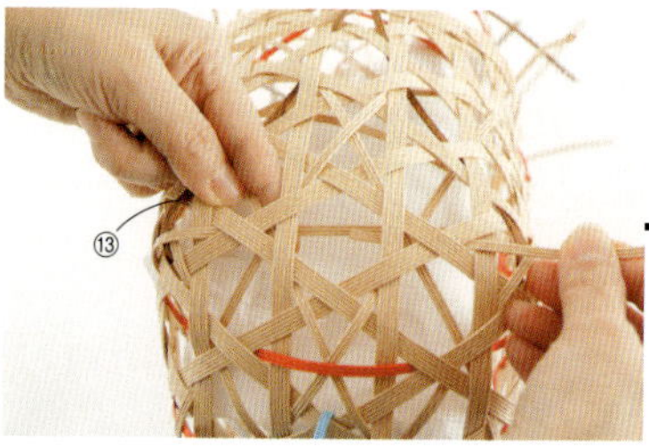

51 按照步骤**48**的编织方法，把1根⑬插入绳朝右上方向穿过。把每3根⑥插入绳和⑪插入绳上侧的编绳顶端，在各行的横侧面，分别横着穿过，在竖绳背面不显

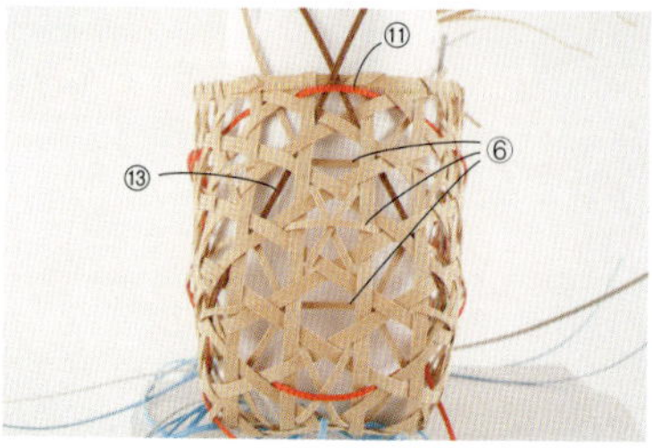

眼的位置裁剪，对齐粘贴。另一侧也如此。

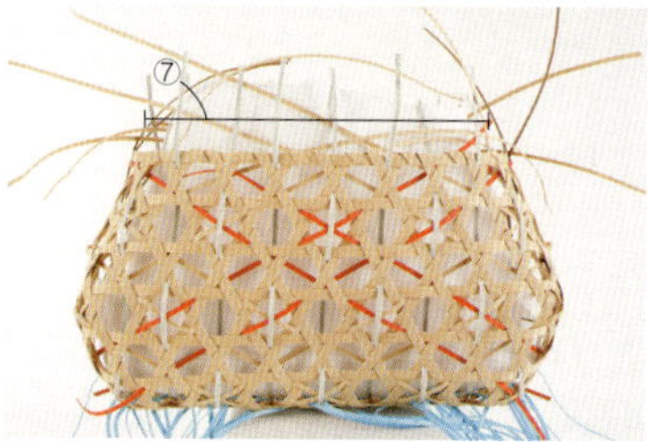

52 把9根穿过底部的⑦插入绳竖着穿过侧面。另一侧也如此。

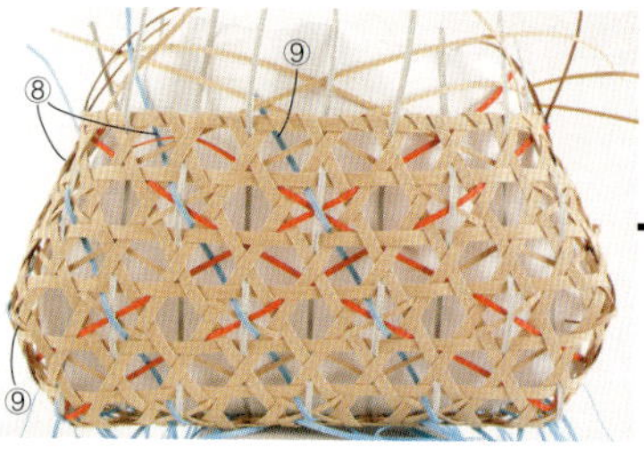

53 把朝左上方向穿过底部的⑧插入绳和⑨插入绳（p.53的A中的◎）各2根分别朝左上方向穿过侧面。

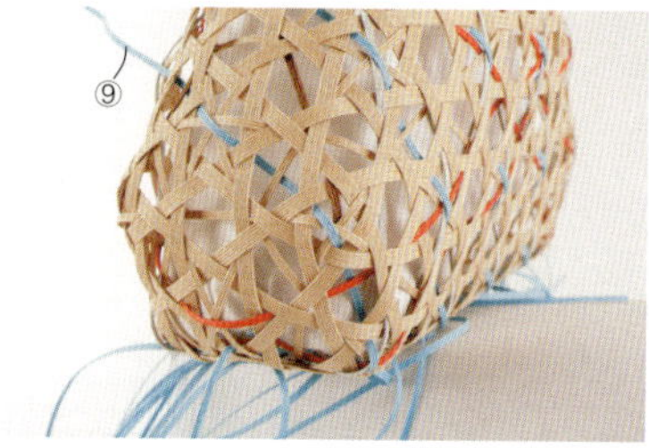

左端的⑨插入绳继续穿过横侧面。

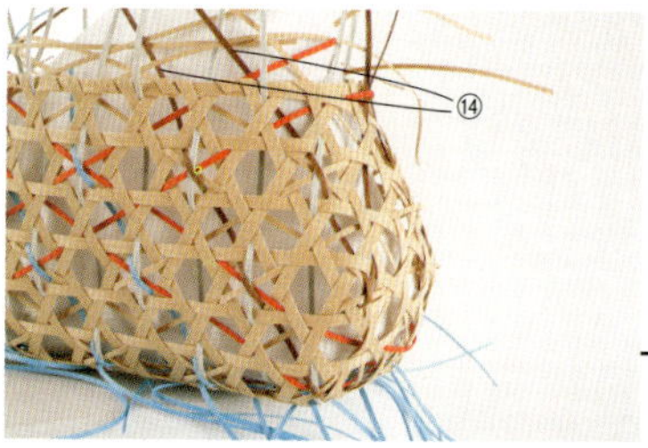

54 把2根⑭插入绳朝左上方向穿过侧面的右侧。按照步骤**53**、**54**的方法，穿过各自的另一侧。

把左下侧编绳的一端粘贴到第1行五边形的竖绳的背面，把右下侧编绳的一端粘贴到第3行五边形的竖绳的背面，然后穿过去。

55 把1根⑮插入绳朝左上方向穿过左侧面。此时把上侧编绳的顶端对齐第3行侧面的中心处。

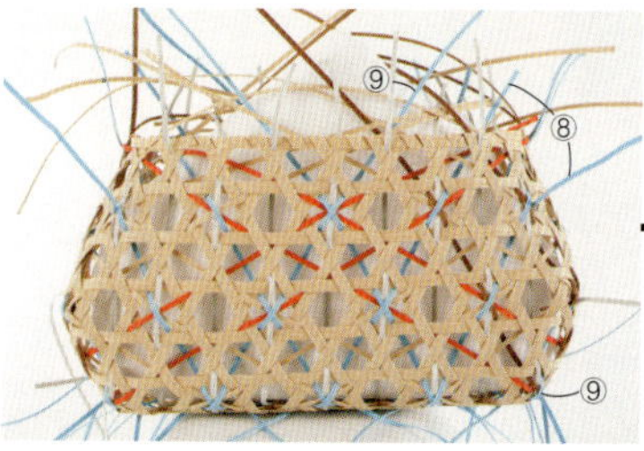

56 按照步骤**53**、**54**的方法，处理朝右上方向穿过底部的⑧插入绳和⑨插入绳（p.53的A中的◇）各2根，然后把2根⑭插入绳朝右上方向穿过左侧（⑭插入绳参照步骤**58**）。

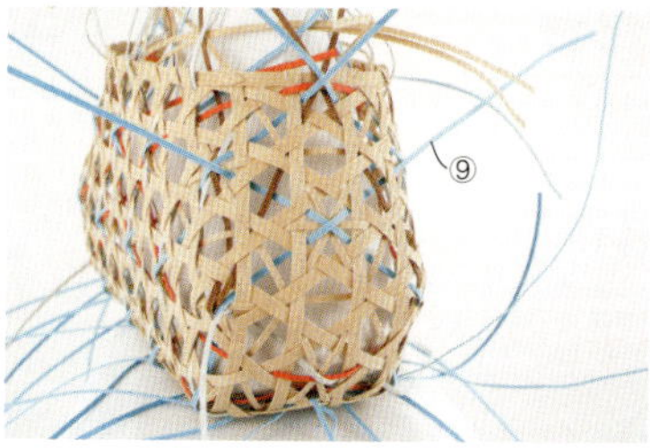

57 把步骤**55**中穿过的⑮插入绳的上侧编绳的顶端穿过侧面第3行。

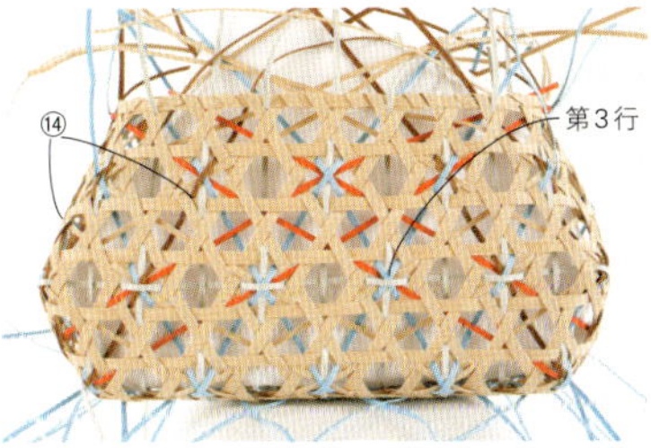

58 把⑮插入绳的下侧编绳的顶端按照以下顺序穿过：侧面的第1行→右侧面的右上方向→另一侧的第3行。编绳连接处在竖绳的背面不显眼处裁剪，然后和步骤**57**的编绳顶端对齐粘贴固定。

59 按照步骤**55**、**57**、**58**的方法，把1根⑮插入绳朝右上方向穿过左侧面，然后穿过侧面的第1行、第3行（参照步骤**60**）。

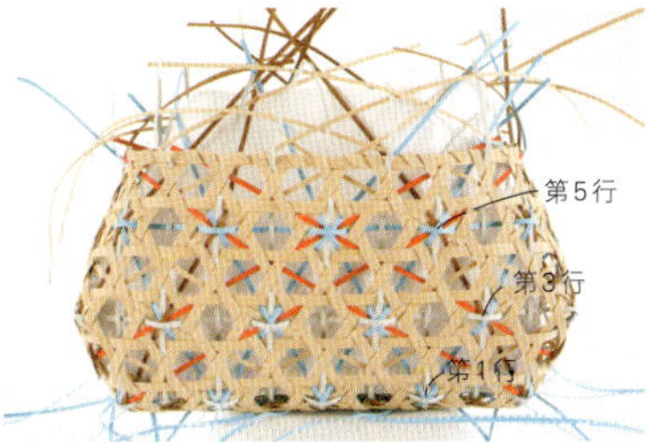

60 把步骤**53**、**56**中穿过横侧面的⑨插入绳，分别穿过侧面的第5行，然后对齐粘贴固定。

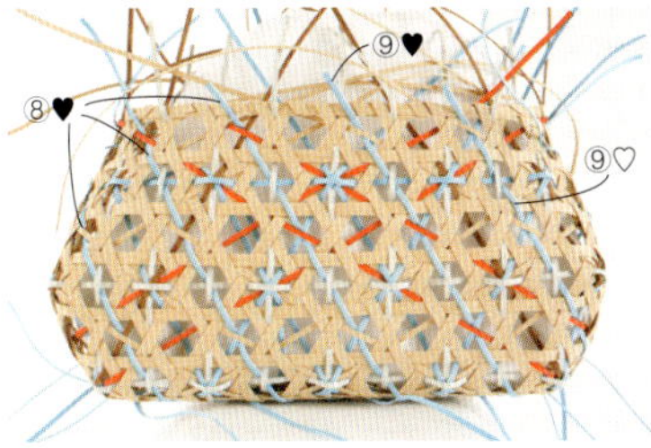

61 把朝左上方向穿过底部的3根⑧插入绳和右端的1根⑨插入绳（p.53的A中的♥）、朝右上方向穿过右端的1根⑨插入绳（p.53的A中的♡），分别朝左上方向穿过侧面。左端的1根⑧插入绳继续朝横侧面穿过（参照步骤**62**）。另一侧也如此。

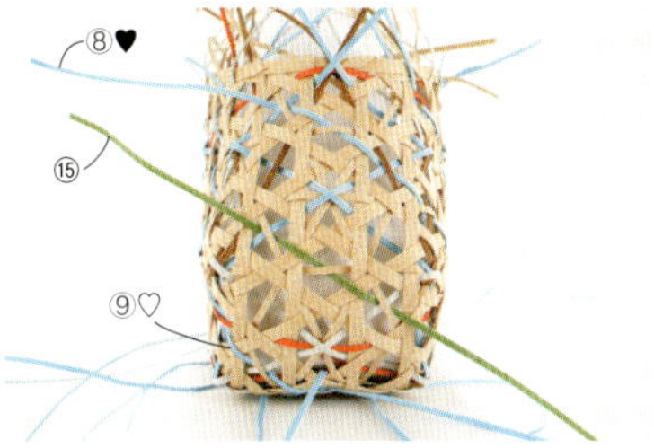

62 把1根⑮插入绳朝左上方向穿过左侧面。此时，把上侧编绳的顶端和第4行的侧面中心处对齐。

63 按照步骤**61**的方法，把朝右上方向穿过底部的3根⑧插入绳和左端的1根⑨插入绳（p.53的A中的♡）、朝左上方向穿过左端的1根⑨插入绳（p.53的A中的♥），分别朝右上方向穿过。

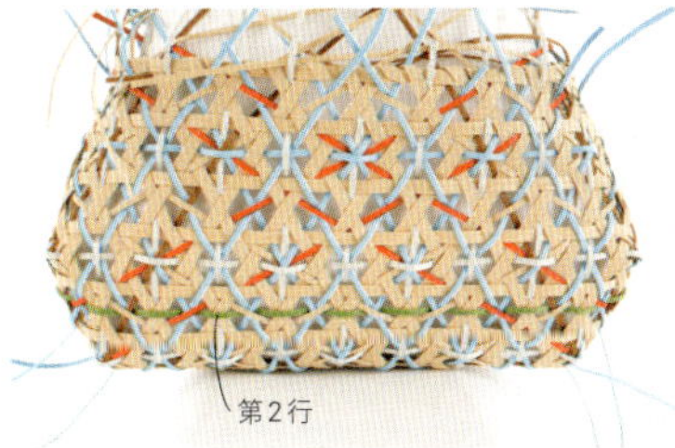

→

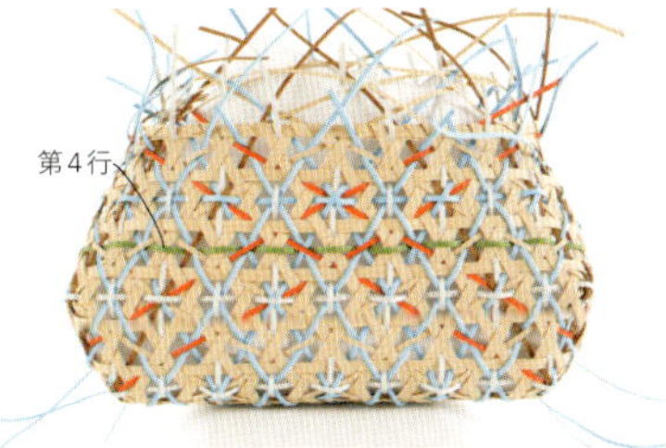

64 步骤**62**中穿过的⑮插入绳的上侧编绳的顶端穿过侧面的第4行。把下侧编绳的顶端按照以下顺序穿过：侧面的第2行→右侧面的右上方向→另一侧的第4行。

编绳连接处在竖绳的背面不显眼处裁剪，然后编绳顶端对齐粘贴固定。

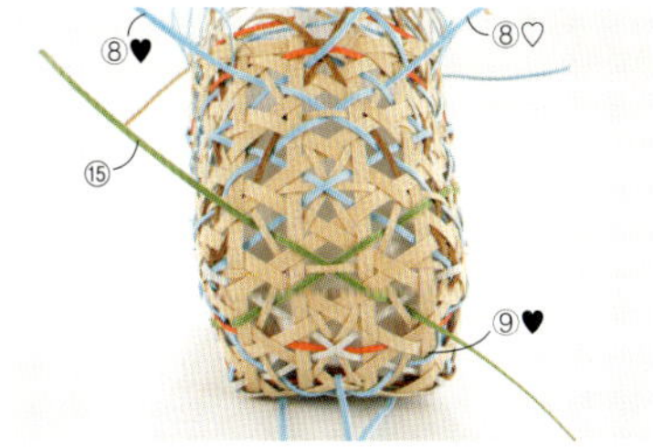

65 把1根⑮插入绳朝左上方向穿过右侧面，按照步骤**64**的方法穿过侧面的第2行和第4行。

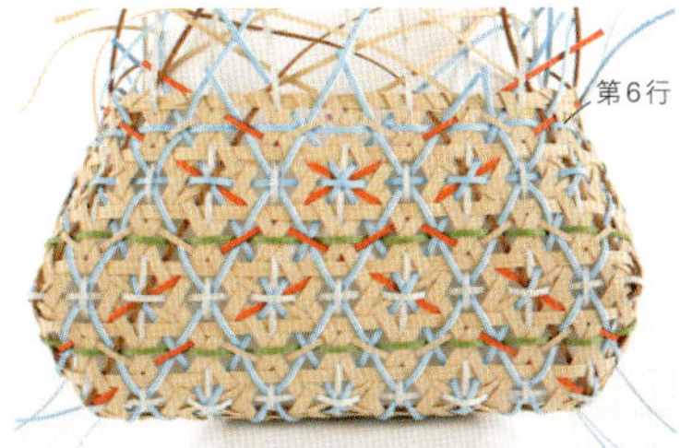

66 把步骤**61**、**63**中穿过横侧面的⑧♡和⑧♥（参照步骤**65**），分别穿过侧面的第6行，然后对齐粘贴固定。

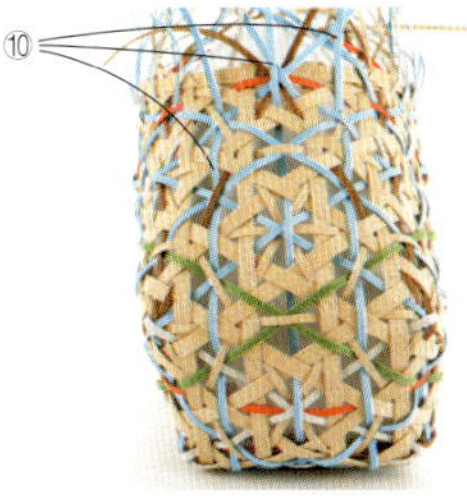

67 把穿过底部的3根⑩插入绳竖着穿过横侧面。另一侧也如此。

◇**处理边缘**

68 对齐边缘上端，裁剪插入绳，粘贴到六边形网眼的第6行的编绳上。

69 把⑪插入绳的下侧编绳的顶端和内侧黏合剂没有固定的编绳顶端，都在竖绳背面不显眼的位置裁掉多余的部分，然后粘贴固定。

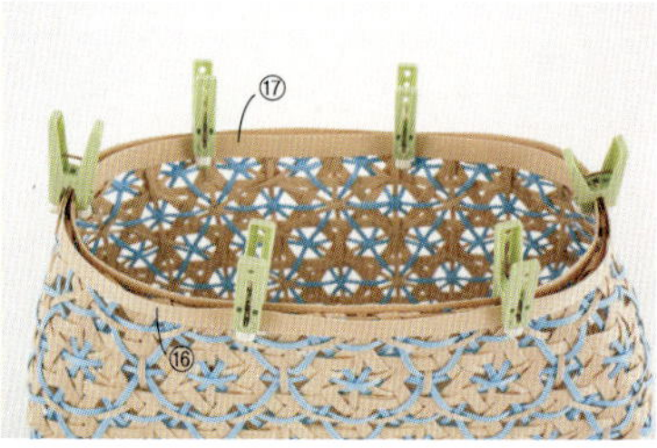

70 把⑯边缘外用绳放到边缘的外侧，把⑰边缘内用绳放到边缘的内侧，编绳的下端对齐，用洗晒夹固定。

71 用⑱边缘锁边绳进行边缘锁边。

边缘锁边

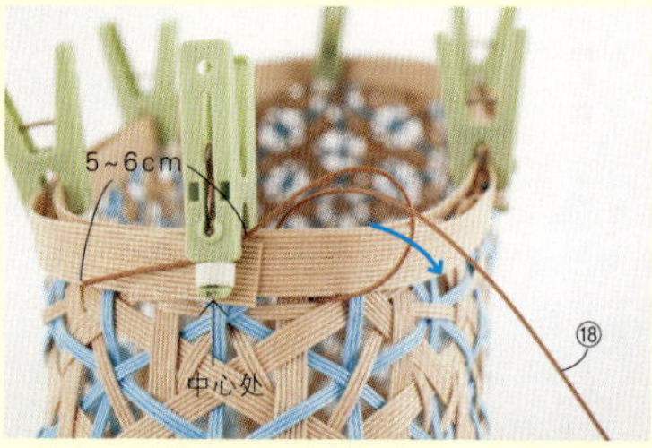

71-1 把⑱边缘锁边绳从外侧穿过横侧面边缘下方，从内侧拉出。编绳的顶端留出5~6cm，用洗晒夹固定。然后把编绳的另一端如图所示交叉拉出。

71-2 按照步骤**71-1**的方法，穿过相邻三角形的中心处交错拉出。

71-3 然后继续在侧面的边缘处，穿过竖绳和插入绳之间，进行边缘锁边。

71-4 1圈锁边完成后，把步骤**71-1**中洗晒夹固定的编绳顶端穿过最后的圆环。

71-5 在边缘的内侧打2次结，在打结处涂上黏合剂，裁掉多余的部分。

◇安装提手

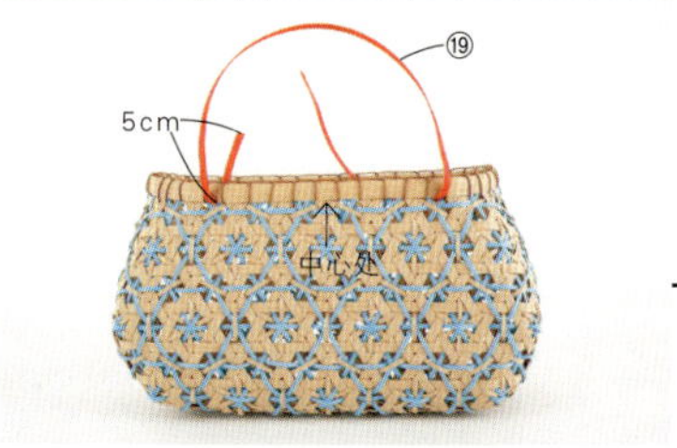

72 把1根⑲提手内层用绳如图所示在2处折叠，把其两端从外侧穿向内侧，对齐粘贴固定。

≫参照 p.44 提手 B

提手穿过的位置，在从中心处数第3个六边形网眼的边缘下方，从插入绳之间穿过。

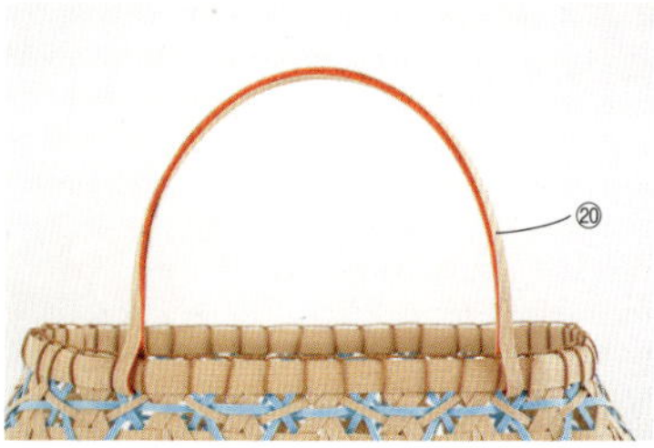

73 把1根⑳提手外层用绳在刚才的位置穿过，把⑲提手内层用绳夹到里面，两端对齐粘贴固定。

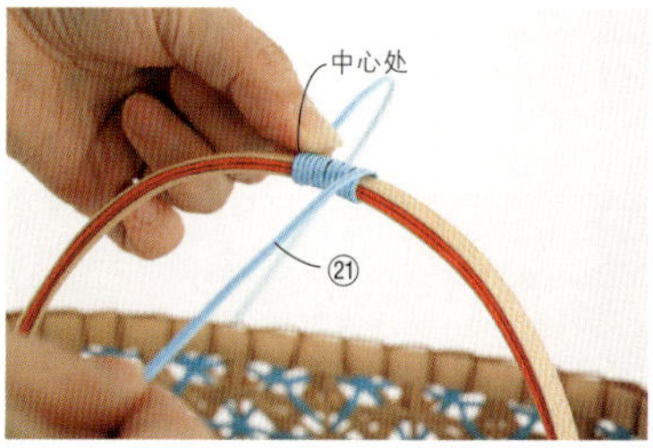

74 把1根㉑提手缠绕绳和提手的中心处对齐，紧紧缠绕上。

75 另一侧按照步骤**74**进行编织。然后按照步骤**72~75**的方法编织另一只提手。

盔甲编双色提篮　彩图：p.9

■材料

纸藤
（灰色 /No.17、白色 /No.2）
30m 卷……各1卷

■完成尺寸

约20cm×15.8cm×17cm
（不含提手）

■需要准备的纸藤的股数和根数　※指定颜色以外为白色。

①横绳……6股宽 5根 长70cm
②横绳……8股宽 4根 长18cm
③竖绳……6股宽 11根 长60cm
④收尾绳……6股宽 2根 长7.5cm
⑤编绳……2股宽 2根 长500cm
⑥插入绳……6股宽 8根 长27cm
⑦编绳……4股宽 6根 长450cm（灰色）
⑧编绳……3股宽 2根 长480cm
⑨编绳……6股宽 1根 长80cm
⑩提手内层用绳……8股宽 2根 长76cm
⑪提手外层用绳……8股宽 2根 长77cm
⑫提手缠绕绳……2股宽 2根 长420cm（灰色）
⑬边缘编绳……4股宽 2根 长300cm

■平面裁剪图　多余的部分 =

参照平面裁剪图，裁剪、分割指定长度的纸藤。在①～③的中心处做上标记。≫参照 p.23 裁剪、分割纸藤

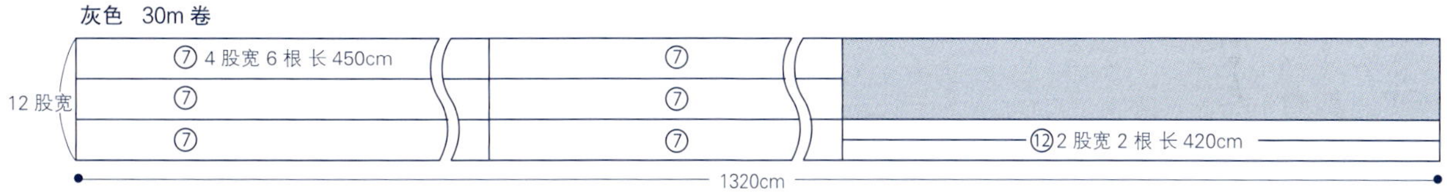

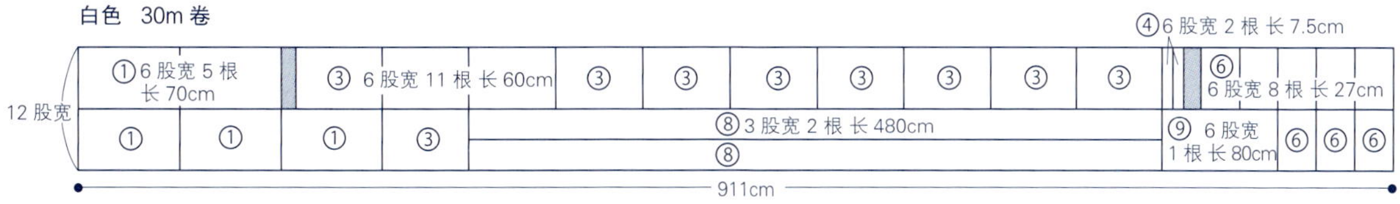

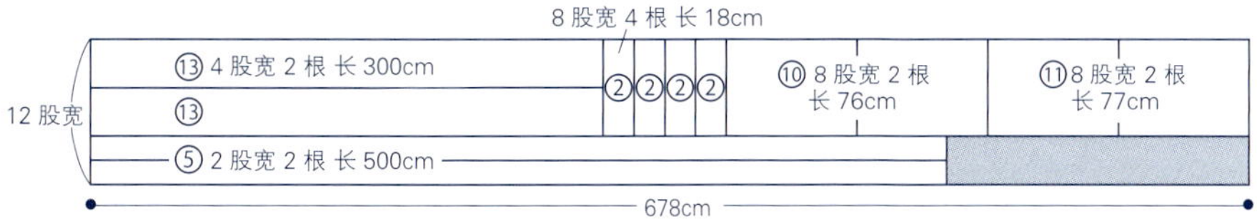

■制作方法　※ 为了清晰可见，纸藤的颜色有所改变。

◇编织底部

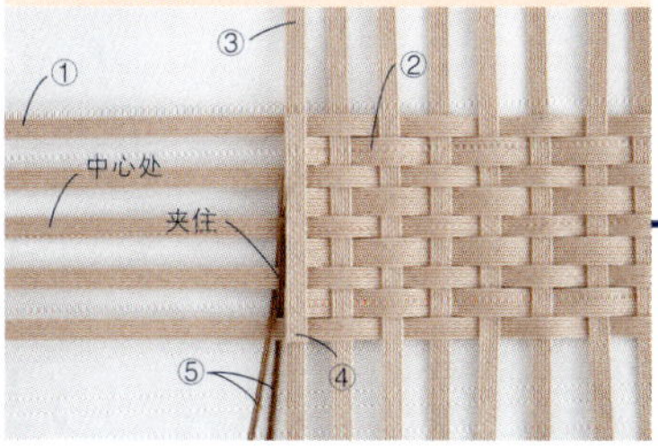

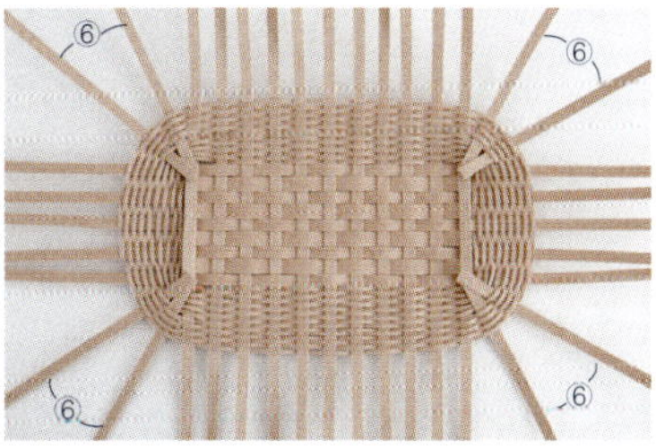

1　使用①～⑥编绳编织椭圆形底部。把 2 根⑤编绳如图所示夹着左侧面的横绳摆放。进行 4 圈（8 行）直编，然后粘贴上⑥插入绳，再进行 4 圈（8 行）直编。

≫参照 p.37 直编法、p.41 椭圆形底部

◇编织侧面

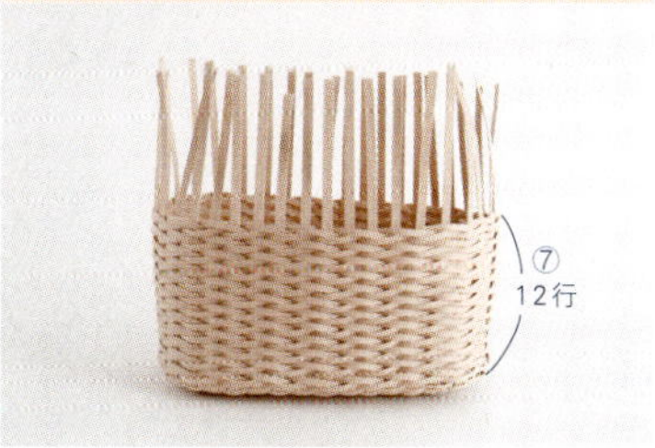

2　把 3 根⑦编绳中途连接，一端粘到左侧面中心处背面的编绳上，把四周的编绳直立竖起。进行 12 行盔甲编，然后裁掉多余的编绳，末端粘在编绳上。

≫参照 p.28 盔甲编法、p.42 竖起编绳

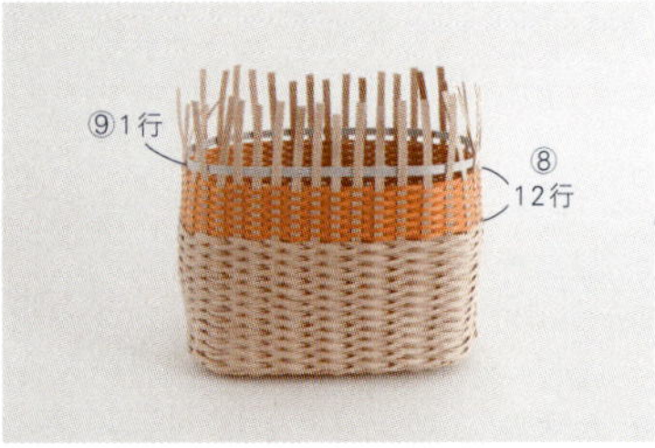

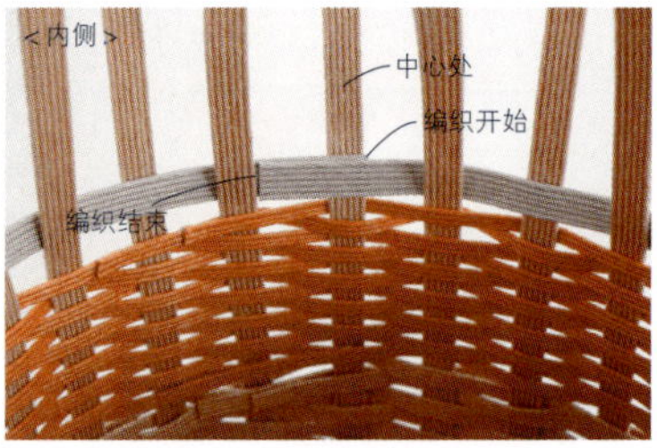

3 使用 2 根⑧编绳进行 6 圈（12 行）直编。用⑨编绳进行 1 行素编。

≫参照 p.26 素编法

⑧编绳的处理：裁掉多余的部分，末端粘在编绳上。⑨编绳的编织开始处用洗晒夹固定到左侧面中心竖绳的背面，编织结束处如图所示对接粘贴到相邻竖绳处。

◇处理边缘、安装提手

4 把竖绳依次交替折向内侧、外侧，然后插入编目里。

5 把 1 根⑩提手内层用绳和 1 根⑪提手外层用绳穿到提篮上，对齐粘贴固定。另一侧也如此。

≫参照 p.44 提手 B

6 把 2 根⑬边缘编绳中途连接上，进行边缘编织。

≫参照 p.46 边缘编织

7 把 1 根⑫提手缠绕绳缠绕到提手上，紧紧缠绕。另一只提手用相同方法制作。

圆鼓鼓的单提手提篮 彩图：p.20

■材料

纸藤（白色/No.2）5m 卷、纸藤（杏色/No.34）30m 卷……各 1 卷

■完成尺寸

约25cm×19cm×18cm（不含提手）

■需要准备的纸藤的股数和根数

※指定颜色以外为杏色。

①横绳……6股宽 7根 长64cm
②横绳……8股宽 6根 长16cm
③竖绳……6股宽 9根 长57cm
④收尾绳……6股宽 2根 长11cm
⑤编绳……2股宽 2根 长530cm
⑥插入绳……6股宽 8根 长23cm
⑦编绳……2股宽 3根 长90cm
⑧编绳……6股宽 2根 长730cm
⑨编绳……2股宽 3根 长250cm（白色）
⑩提手内层用绳……6股宽 2根 长54cm
⑪提手缝隙绳……6股宽 2根 长18cm
⑫提手外层用绳……6股宽 2根 长55cm
⑬提手中心绳……6股宽 2根 长23cm
⑭提手缠绕绳……2股宽 1根 长240cm
⑮引返编绳……2股宽 2根 长80cm

■平面裁剪图

多余的部分＝

参照平面裁剪图，裁剪、分割指定长度的纸藤。在①~③的中心处做上标记。≫参照 p.23 裁剪、分割纸藤

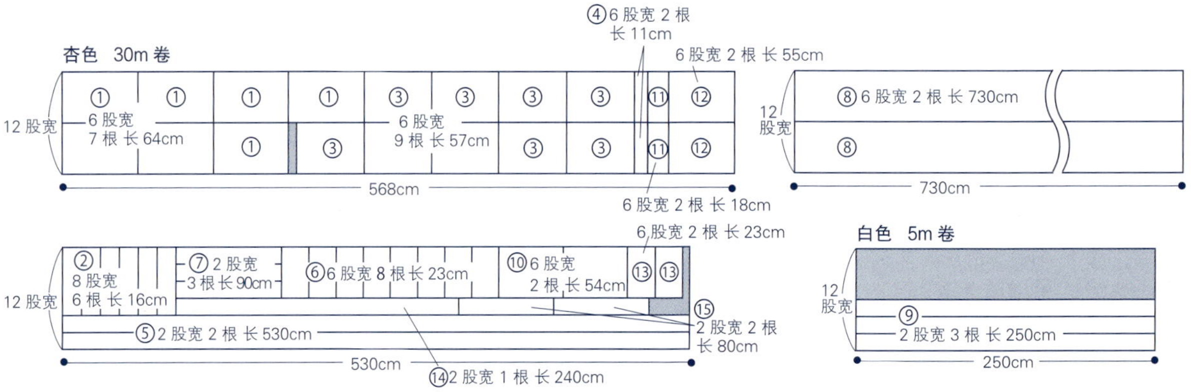

■制作方法 ※为了清晰可见，纸藤的颜色有所改变。

◇编织底部

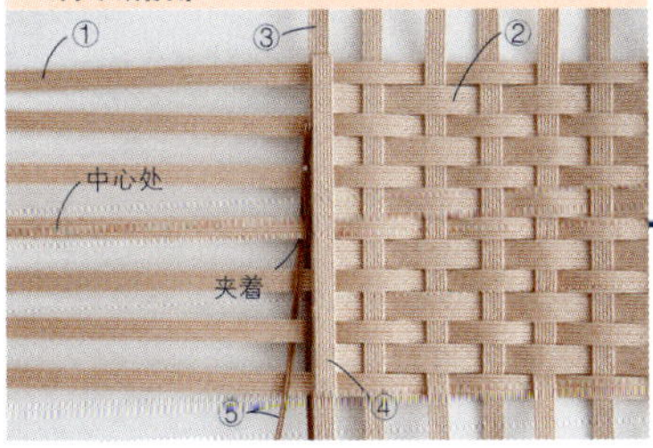

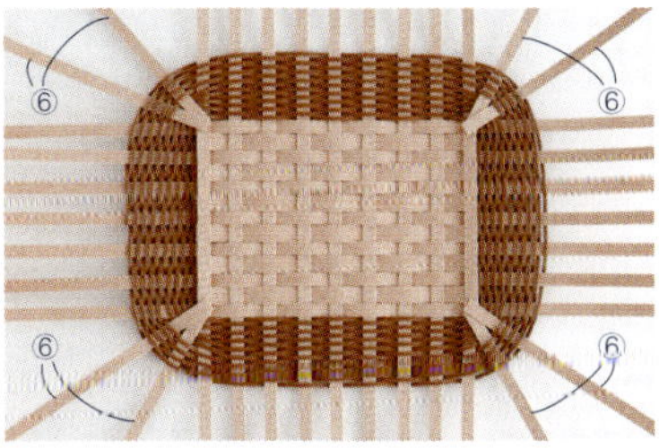

1 使用①～⑥编绳编织椭圆形底部。把2根⑤编绳如图所示夹着左侧面中心的横绳摆放。进行4圈（8行）直编，然后粘贴上⑥插入绳，再进行4圈（8行）直编。

≫参照p.37直编法、p.41椭圆形底部

◇编织侧面

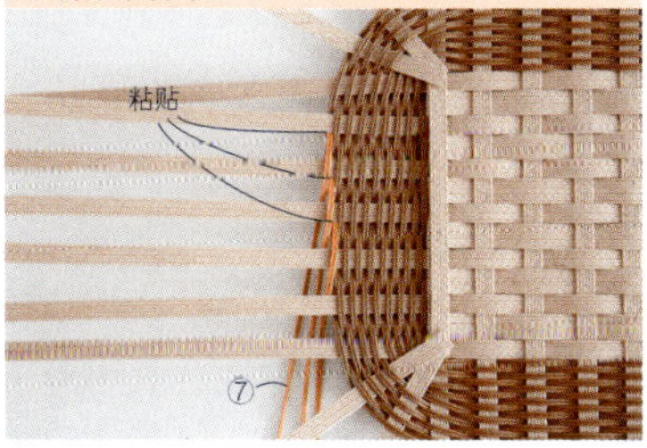

2 把3根⑦编绳粘贴到左侧面背面的编绳上，把四周的编绳缓缓竖起。

≫参照p.42竖起编绳

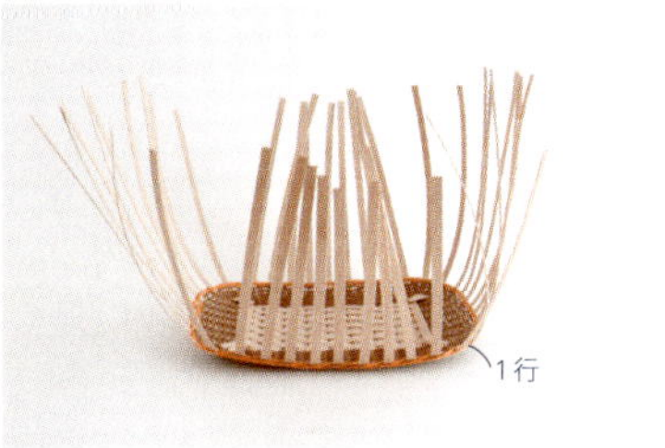

3 进行1行3根绳编，裁掉多余的部分，末端粘贴到编绳上。

≫参照p.31的3根绳编法

4 把1根⑧编绳用洗晒夹固定到左侧面中心处竖绳的背面，然后素编到右侧面中心处竖绳位置。

≫参照p.26素编法

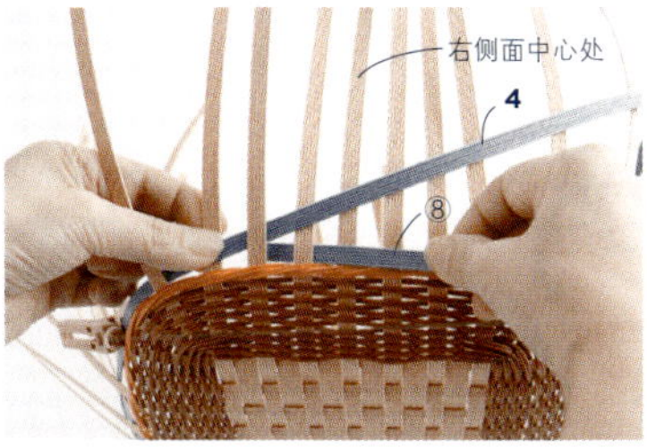

5 在步骤**4**的编绳下方，把另一根⑧编绳用洗晒夹固定到中心处左边相邻竖绳的背面。

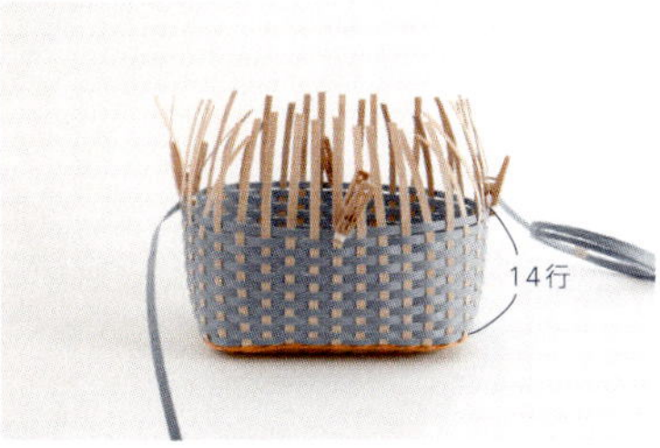

6 用直编法各编织7圈（14行）。

7 用⑧编绳进行引返编织，引返编织到另一侧横侧面的中心处往前数第2根竖绳处。另一侧也如此。

≫参照p.38引返编织法

8 如图所示继续通过第2根竖绳前面的竖绳进行引返编织。另一侧也如此。

9 按照上述方法，引返编织开始位置，两根两根地错开，再进行2次引返编织，一共编织4行。裁掉多余的部分，末端折叠粘贴到竖绳的背面。

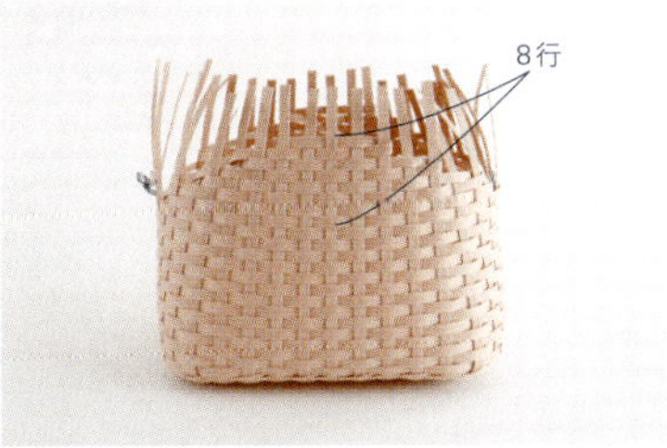

10 用另一根⑧编绳，在另一侧按照步骤**7**～**9**的方法引返编织8行。

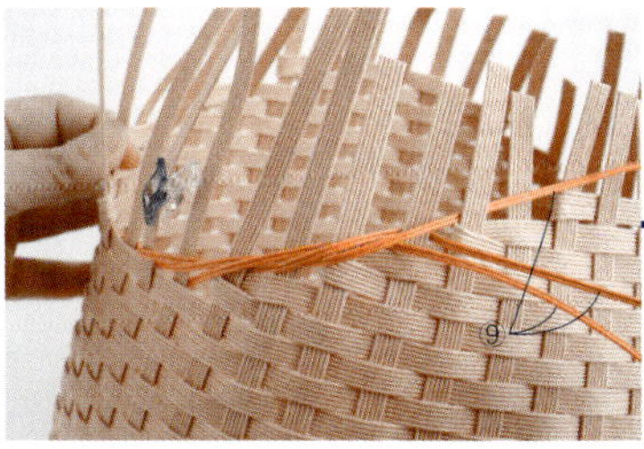

11 用3根⑨编绳进行3行3根绳编。第1行编织时，宛如覆盖着引返编织的缝隙般进行编织。最后裁掉多余的部分，末端粘贴到编绳的背面。

◇处理边缘

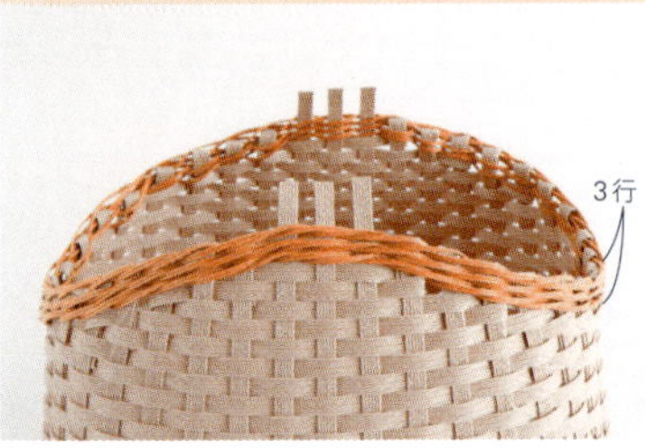

12 侧面中心处分别留有 3 根竖绳，如图所示把其他竖绳往内侧折叠，插入编目里。

◇安装提手

13 如图所示把 2 根⑩提手内层用绳，分别插进留出的 3 根竖绳中外边 2 根竖绳的内侧。提手的长度约为 21cm，调整插入的长度。

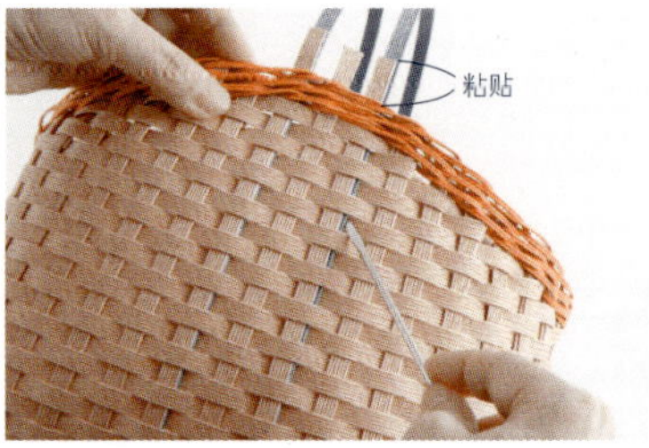

14 把边缘上方的竖绳和⑩提手内层用绳对齐粘贴。然后用一字螺丝刀把刚才插入时的错位部分调整一下。

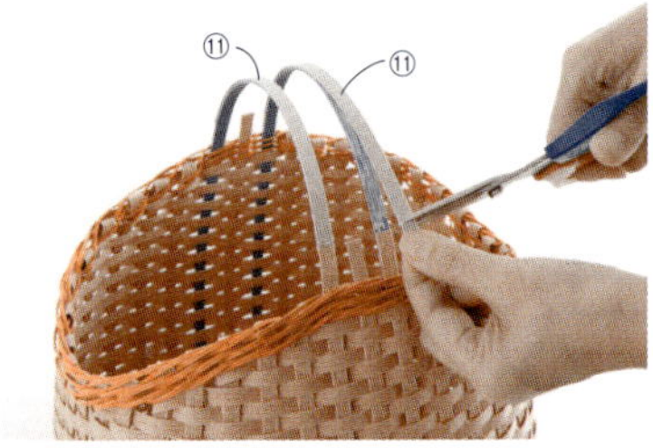

15 如图所示在竖绳和竖绳之间的⑩提手内层用绳上，各粘贴 1 根⑪提手缝隙绳，把⑪提手缝隙绳与竖绳对接后，裁掉多余的部分。

16 按照步骤 **13**、**14** 的方法，把 1 根⑬提手中心绳插入中间竖绳的内侧，长度约为 20.5cm，然后和竖绳对齐粘贴固定。

17 在提手外侧涂上黏合剂，把另一根⑬提手中心绳对齐粘贴到中心处，把 2 根⑫提手外层用绳分别粘贴到两侧编绳上。

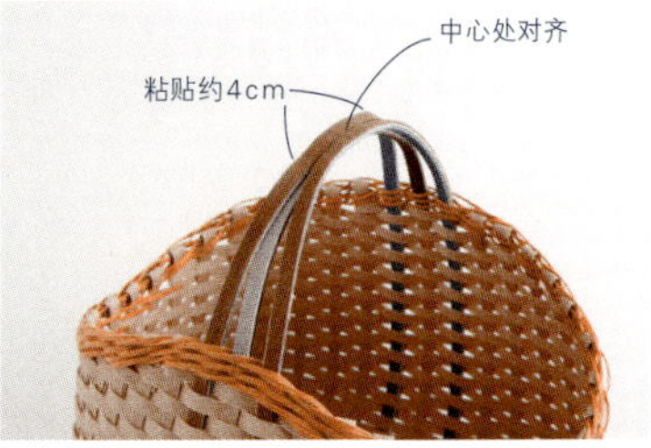

18 在 3 根提手的中心处做上标记，两侧提手的侧面和中间提手的上面涂上黏合剂，粘贴固定。

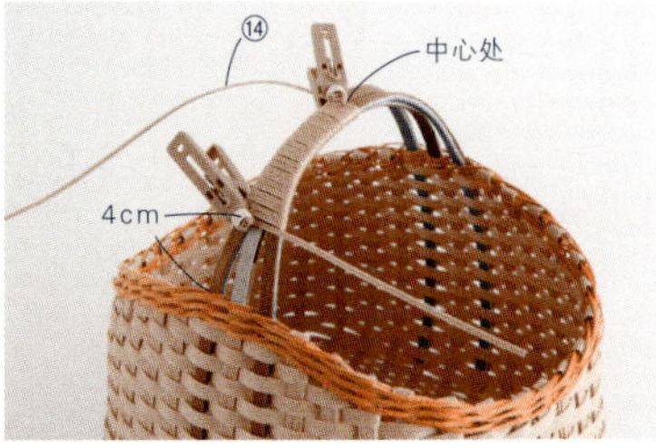

19 把⑭提手缠绕绳和提手的中心处对齐，紧紧缠绕到距下端 4cm 处。⑭提手缠绕绳暂不裁剪。

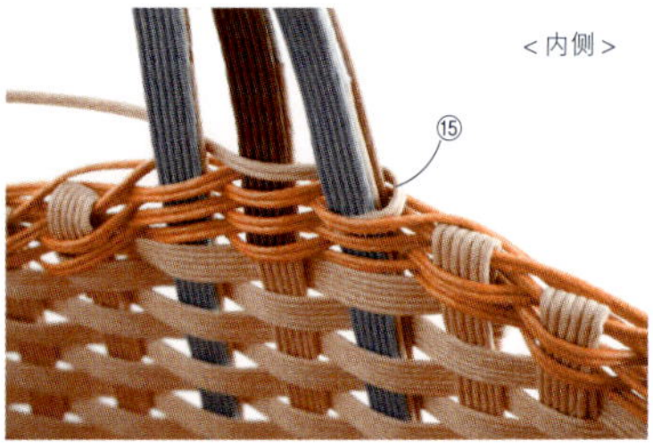

20 把 1 根⑮引返编绳的一端折叠约 1cm，插入并粘贴到提手背面的编目里。

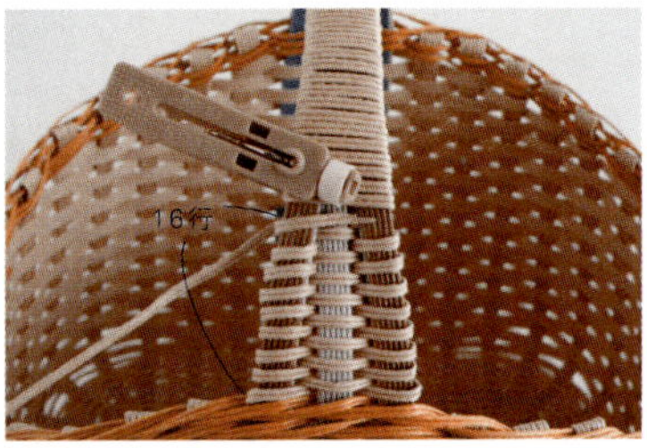

21 进行 16 行引返编织，然后把多余的部分裁掉，末端粘贴固定到提手的外侧。

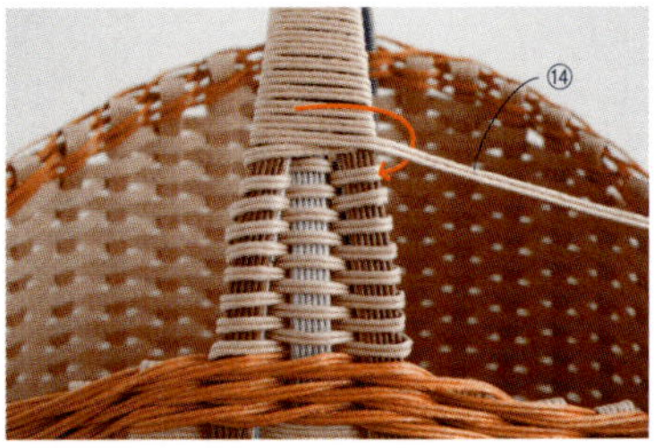

22 用步骤 **19** 的⑭提手缠绕绳，宛如覆盖着⑮引返编绳的末端一样缠绕 1 圈。然后裁掉多余的部分，把末端插入提手背面的提手缠绕绳里，并粘贴固定。

23 另一侧也按照步骤 **19**~**22** 的方法进行编织。

刺绣花纹提篮 彩图：p.5

■材料

纸藤（特染 漆黑色 /No.44）

5m 卷……2卷、30m 卷……1卷

■完成尺寸

约30.5cm × 15.5cm × 30cm

（不含提手）

■需要准备的纸藤的股数和根数

①横绳……6股宽 5根 长105cm
②横绳……8股宽 4根 长18cm
③竖绳……6股宽 11根 长96cm
④收尾绳……6股宽 2根 长7.5cm
⑤编绳……2股宽 2根 长500cm
⑥插入绳……6股宽 8根 长46cm
⑦编绳……2股宽 3根 长85cm
⑧编绳……6股宽 1根 长650cm
⑨编绳……2股宽 1根 长610cm
⑩编绳……4股宽 3根 长85cm
⑪编绳……4股宽 2根 长510cm
⑫编绳……2股宽 12根 长85cm
⑬编绳……3股宽 23根 长73cm
⑭编绳……2股宽 2根 长530cm
⑮编绳……6股宽 1根 长73cm
⑯纽扣编绳……3股宽 3根 长30cm
⑰纽扣安装绳……1股宽 1根 长30cm
⑱纽扣环编绳……1股宽 6根 长50cm
⑲边缘编绳……4股宽 1根 长550cm
⑳提手内层用绳……8股宽 2根 长102cm
㉑提手外层用绳……8股宽 2根 长103cm
㉒提手缠绕绳……2股宽 2根 长530cm

■平面裁剪图 多余的部分＝

参照平面裁剪图，裁剪、分割指定长度的纸藤。在①～③的中心处做上标记。≫参照p.23裁剪、分割纸藤

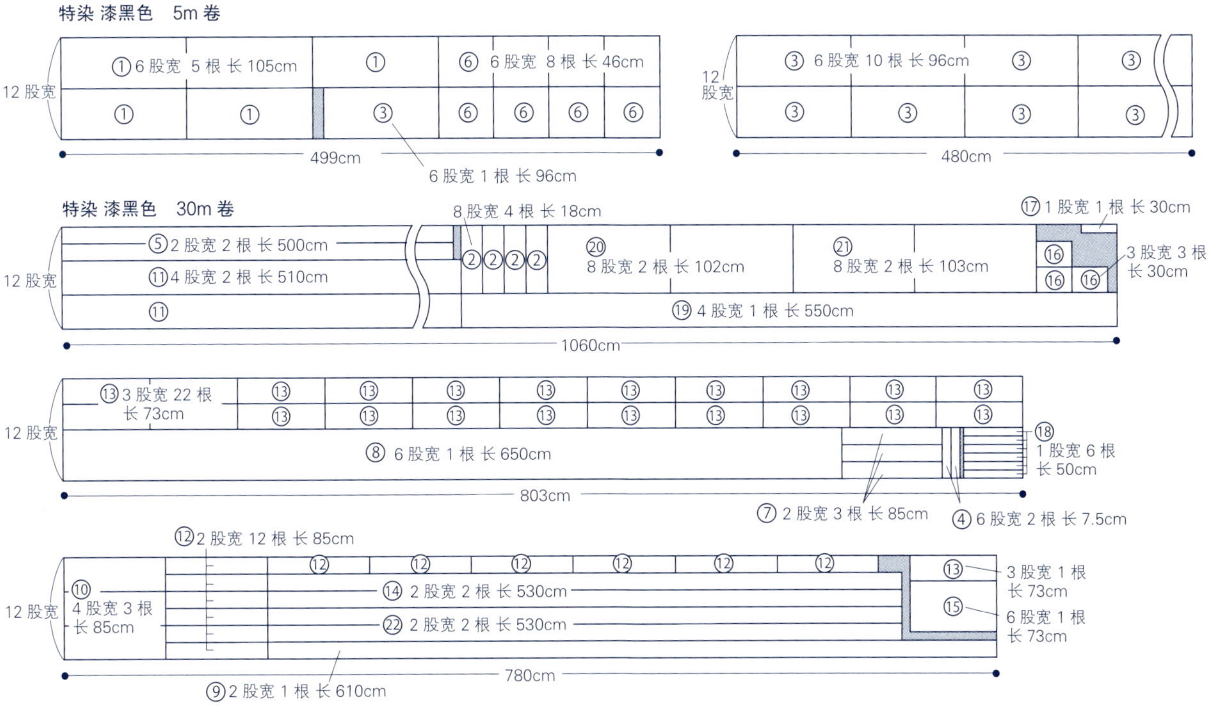

■制作方法 ※为了清晰可见，纸藤的颜色有所改变。

◇编织底部

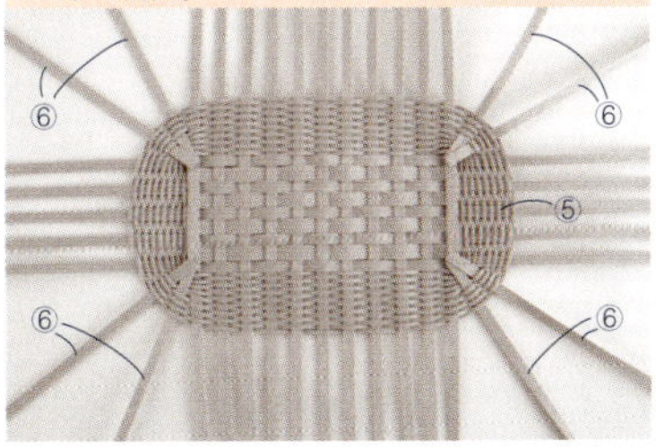

1 同 p.57 的步骤**1**，使用①～⑥编绳编织椭圆形底部。

≫参照 p.37 直编法、p.41 椭圆形底部

◇编织侧面

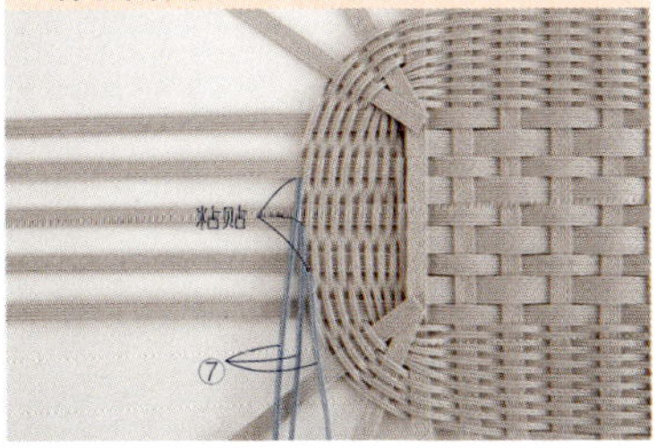

2 把3根⑦编绳粘贴到左侧面背面的编绳上，把四周的编绳直立竖起。

≫参照 p.42 竖起编绳

3 进行1行3根绳编，裁掉多余的部分，末端粘贴到编绳上。

≫参照 p.31 的 3 根绳编法

在编绳⑧的每71.5cm、⑪的每71cm、⑭的每71.5cm分别做上标记。为了使标记竖着对齐，紧紧地朝上编织。

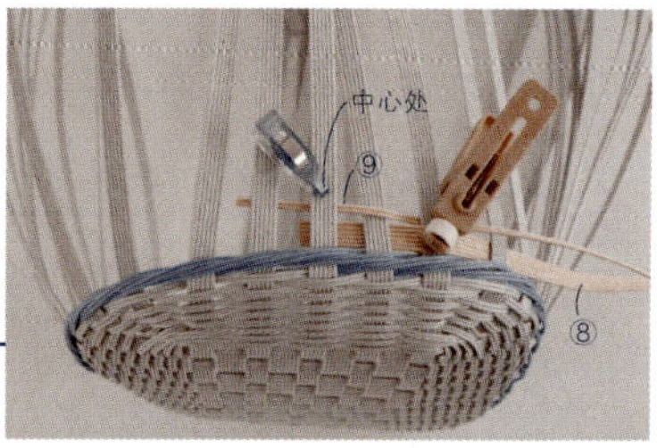

4 把⑧编绳、⑨编绳用洗晒夹固定到左侧面中心处竖绳的右侧，其中⑧编绳在竖绳的背面，⑨编绳在竖绳的正面。

≫参照 p.27 棱纹编法

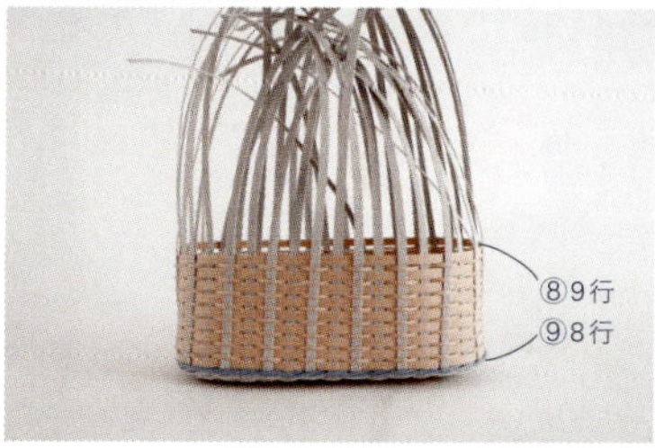

5 用⑧编绳进行 9 行棱纹编，用⑨编绳进行 8 行棱纹编。裁掉多余的部分，末端粘贴到编绳上。

6 把 3 根⑩编绳用 3 个洗晒夹分别固定到左侧面的竖绳的背面，进行 1 行盔甲编。裁掉多余的部分，末端粘贴到编绳上。

≫参照 p.28 盔甲编法

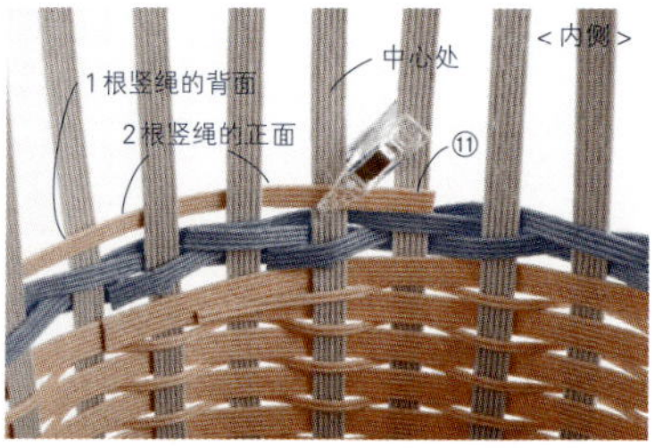

7 把 1 根⑪编绳用洗晒夹固定到左侧面中心处的竖绳的背面，按照跳过 2 根竖绳的正面、1 根竖绳的背面的顺序，跳编 14 行。

≫参照 p.26 跳编法

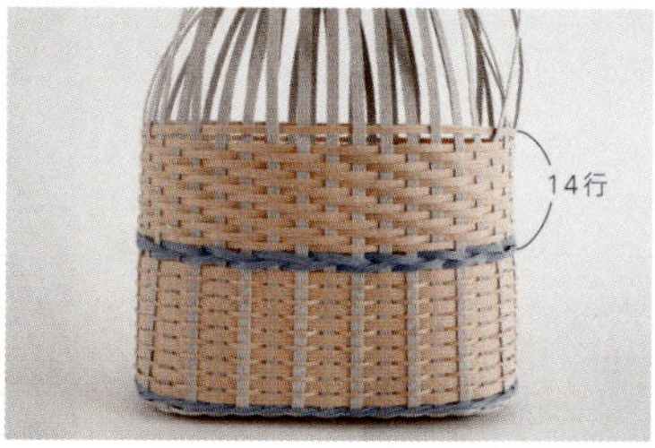

8 编织过程中需要连接编绳，图中为 14 行编织完成的状态。裁掉多余的部分，末端粘贴到编绳上。

9 使用 6 根⑫编绳进行 1 行 3 根绳编的箭羽编。裁掉多余的部分，末端粘贴到编绳上。

≫参照 p.30 箭羽编法

10 使用 23 根⑬编绳，参照编织图（p.100），通过环形编法在两个侧面编织出菱形花纹。

≫参照 p.37 菱形花纹编法、p.39 环形编法

11 用 6 根⑫编绳进行 1 行 3 根绳编的箭羽编。裁掉多余的部分，末端粘贴到编绳上。

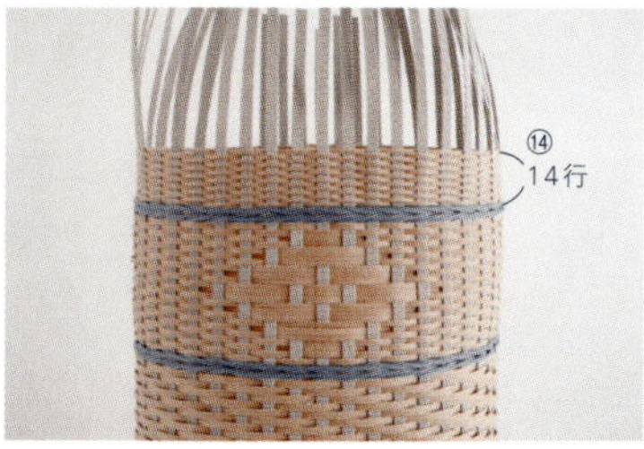

12 用 2 根⑭编绳进行 7 圈（14 行）直编。裁掉多余的部分，末端粘贴到编绳上。

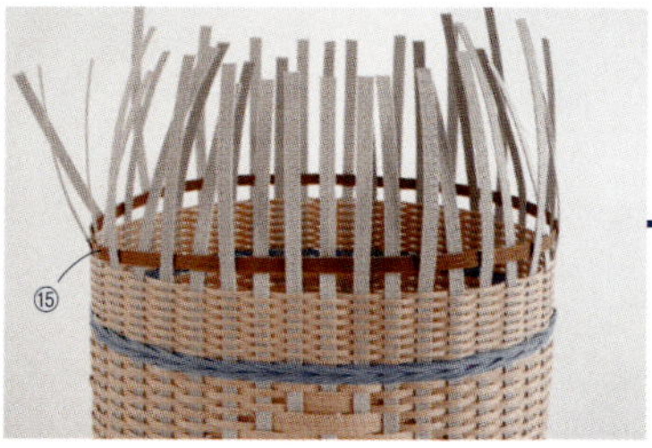

→

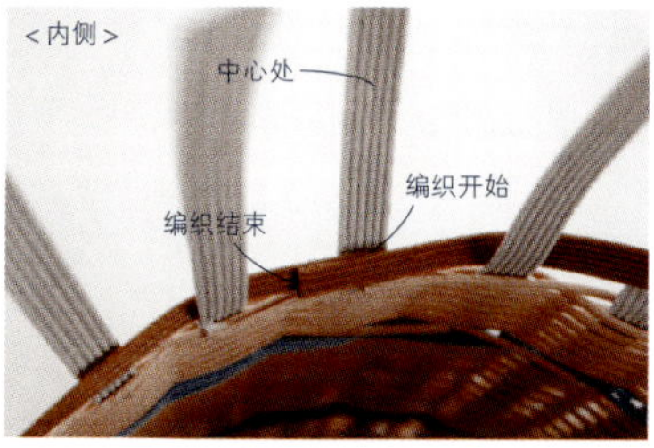

13 用⑮编绳进行 1 行素编。编织开始处用洗晒夹固定在左侧面中心处竖绳的背面，编织结束处如图所示裁掉多余的部分，重叠 1cm 粘贴固定到编绳的背面。

≫参照 p.26 素编法

◇处理边缘、安装部件

14 把竖绳依次交替往内侧、外侧折叠，插入编目里。

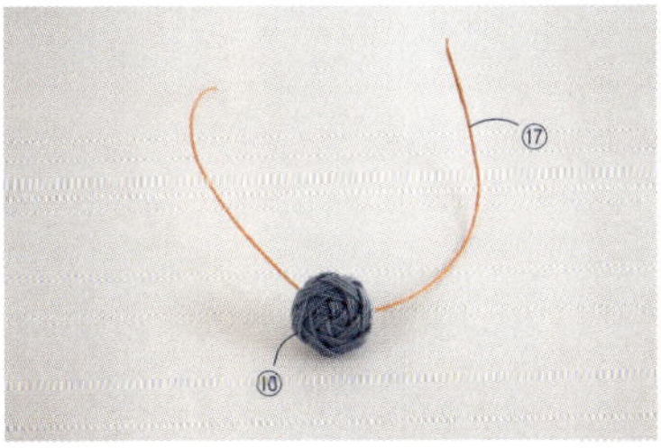

15 用 3 根⑯纽扣编绳和 1 根⑰纽扣安装绳制作花结纽扣。

≫参照 p.45 花结纽扣

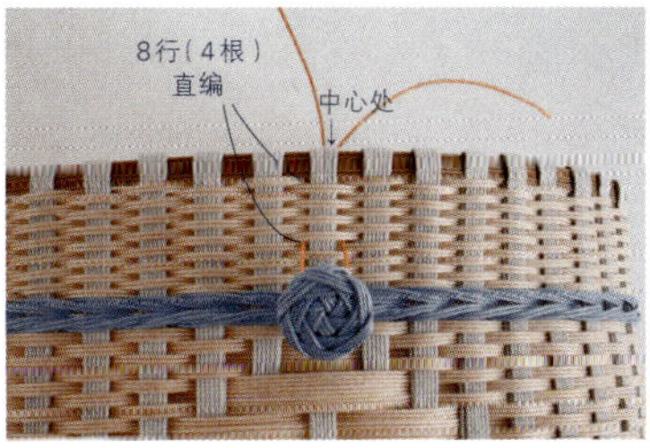

16 如图所示把侧面中心处竖绳夹在中间，把纽扣安装绳穿进去，安装花结纽扣（参照 p.87 步骤 **13**、**14**）。

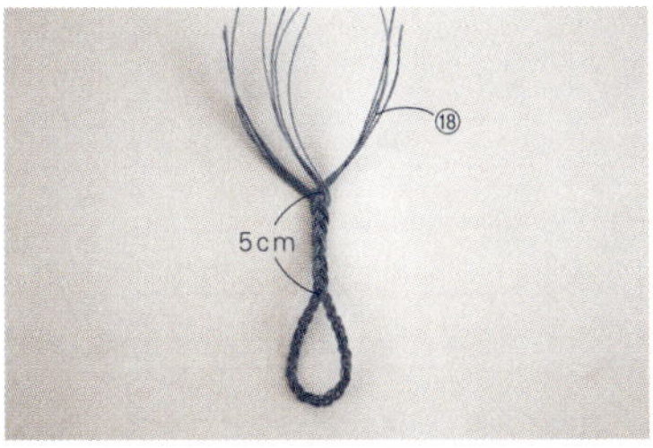

17 用 6 根⑱纽扣环编绳制作纽扣环。

≫参照 p.45 纽扣环

18 把纽扣环安装到花结纽扣对面中心处的素编部分下面（参照 p.88 步骤 **16**、**17**）。

19 用⑲边缘编绳沿着边缘编织 1 圈。

≫参照 p.46 边缘编织

把纽扣环的编绳如图所示往边缘一侧折叠，进行边缘编织时编进去。

20 把 1 根⑳提手内层用绳和 1 根㉑提手外层用绳穿到提篮上，对齐粘贴。

≫参照 p.44 提手 B

21 把 1 根㉒提手缠绕绳缠绕到提手上。另一只提手也按照步骤 **20**、**21** 制作。

跳编花纹提篮　彩图：p.4

a

b

■材料

纸藤
（a 灰色 /No.17、b 红色 B/
No.28）5m 卷……2 卷、
纸藤（a 蓝靛色 /No.18、b 胭脂红色 /
No.39）30m 卷……1 卷

■完成尺寸

约26cm×10cm×23cm
（不含提手）

■需要准备的纸藤的股数和根数

※ 指定颜色以外a蓝靛色、b胭脂红色。

①横绳……6股宽 3根 长70cm
（a灰色、b红色B）
②横绳……8股宽 2根 长18cm
（a灰色、b红色B）
③竖绳……6股宽 11根 长62cm
（a灰色、b红色B）
④收尾绳……6股宽 2根 长4cm
（a灰色、b红色B）
⑤编绳……2股宽 2根 长450cm
（a灰色、b红色B）
⑥插入绳……6股宽 8根 长27cm
（a灰色、b红色B）
⑦编绳……2股宽 6根 长600cm
⑧编绳……2股宽 2根 长270cm
⑨编绳……2股宽 3根 长620cm
⑩圆环编绳……2股宽 4根 长15cm
（a灰色、b红色B）
⑪提手内层用绳……8股宽 2根 长70cm
⑫提手外层用绳……8股宽 2根 长71cm
⑬提手缠绕绳……2股宽 2根 长400cm

■平面裁剪图　多余的部分＝

参照平面裁剪图，裁剪、分割指定长度的纸藤。在①～③的中心处做上标记。≫参照p.23裁剪、分割纸藤

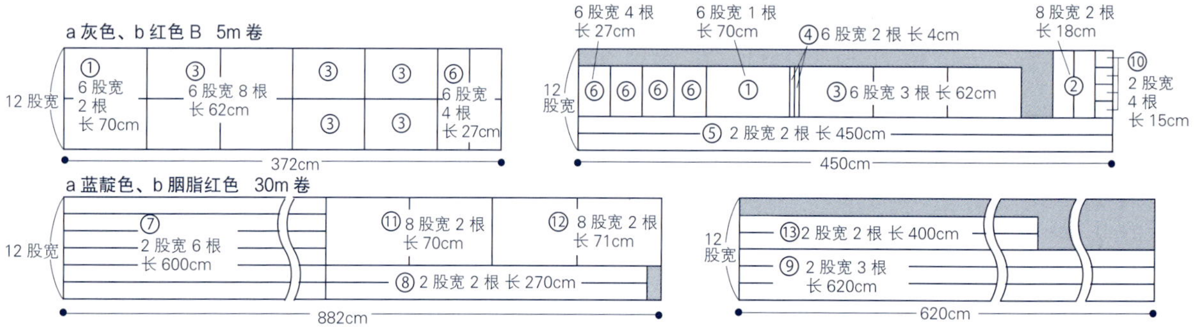

■制作方法　※ 为了清晰可见，纸藤的颜色有所改变。

◇编织底部

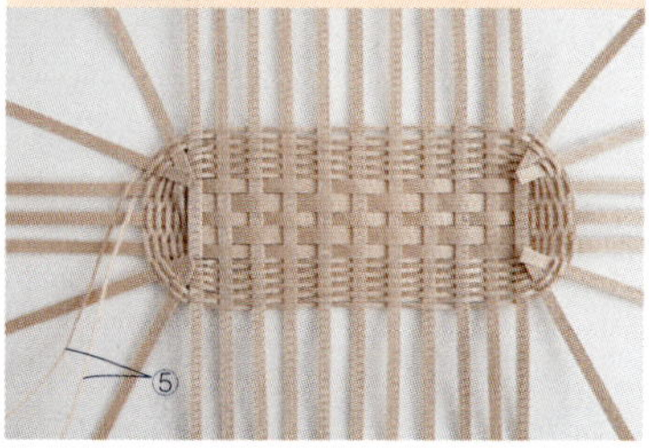

1　同 p.89 的步骤 **1**，使用①～⑥编绳编织椭圆形底部。剩余的⑤编绳暂不裁剪。
≫参照 p.37 直编法、p.41 椭圆形底部

◇编织侧面

2　把四周的编绳缓缓竖起，用⑤编绳进行 3 圈（6 行）直编。裁掉多余的部分，末端粘贴到编绳上。
≫参照 p.42 竖起编绳

3　把 1 根⑦编绳用洗晒夹固定到左侧面中心处竖绳的背面。
≫参照 p.26 跳编法

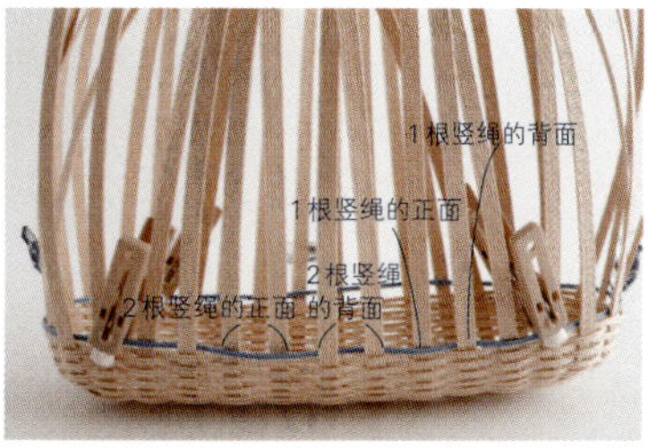

4　编织过程中需要连接编绳，进行 55行跳编。第1行编织时，按照穿过2根竖绳的正面、2根竖绳的背面、1根竖绳的正面、1根竖绳的背面的顺序进行编织。

5　第 2 行编织时，按照穿过 2 根竖绳的正面、1 根竖绳的背面、1 根竖绳的正面、2 根竖绳的背面的顺序进行编织。

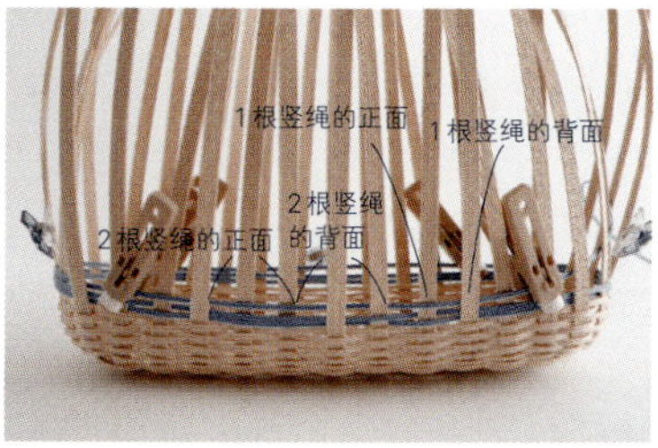

6　第 3 行编织时，按照穿过 2 根竖绳的正面、2 根竖绳的背面、1 根竖绳的正面、1 根竖绳的背面的顺序进行编织。

因为编织花纹时，编目需要每次错开1根编绳，所以在第3行、第6行、第9行、第12行……需要每3行结束的时候，按照穿过2根竖绳的正面、2根竖绳的背面、1根竖绳的正面、2根竖绳的背面的顺序进行编织。

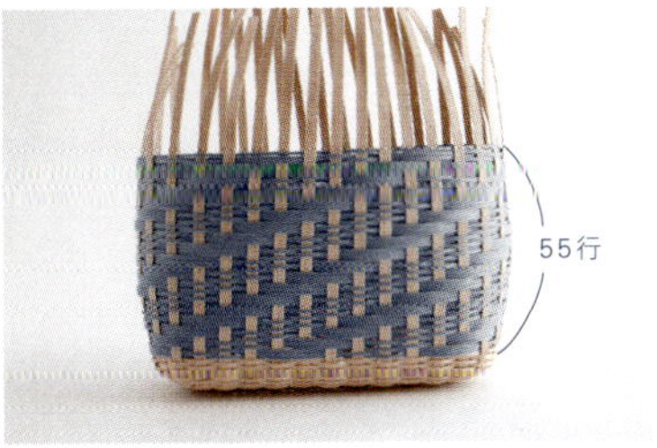

7 重复步骤 **4~6**，图中为编织 55 行之后的状态。

8 参照编织图（p.102），用 1 根⑧编绳进行 15 行引返编织。另一侧也如此。

所有的编织都是从与横侧面中心处相邻的竖绳开始的。

≫参照 p.38 引返编织法

9 用 3 根⑨编绳进行 9 行 3 根绳编。第 1 行编织时，宛如覆盖着引返编织的缝隙般进行编织。

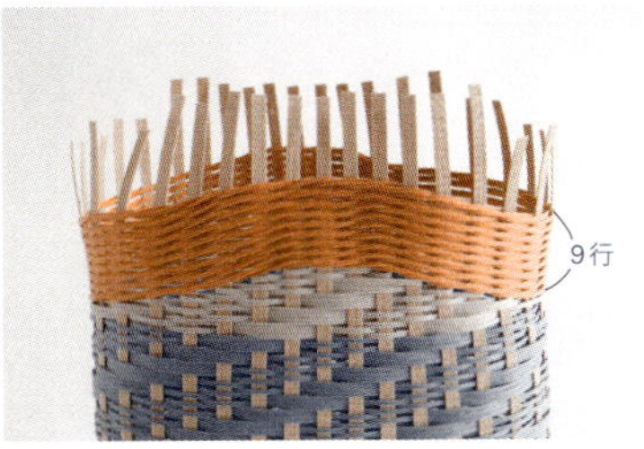

裁掉多余的部分，末端粘贴到编绳上。

≫参照 p.31 的 3 根绳编法

◇处理边缘、安装提手

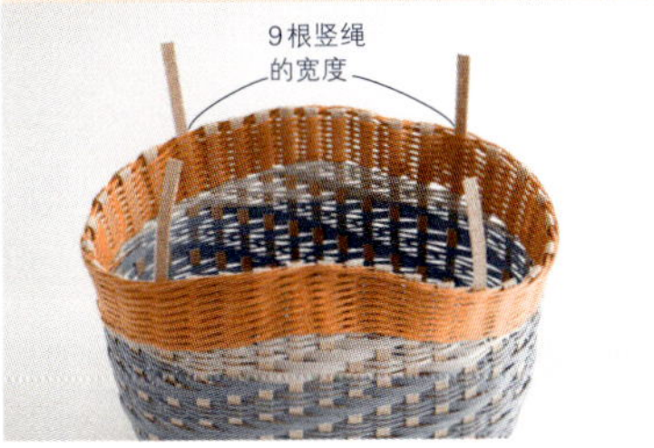

10 侧面分别留有 2 根竖绳，把其他竖绳往内侧折叠，插入编目里。

11 用 1 根⑩圆环编绳制作 3 重圆环。一共制作 2 个。

≫参照 p.44 圆环的步骤 **1**、**2**

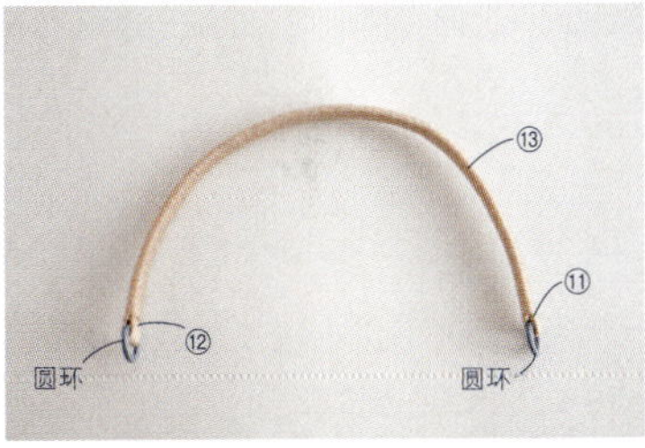

12 使用 1 根⑪提手内层用绳、1 根⑫提手外层用绳、1 根⑬提手缠绕绳和 2 个圆环制作提手。按照上述方法再制作 1 只提手。

≫参照 p.43 提手 A

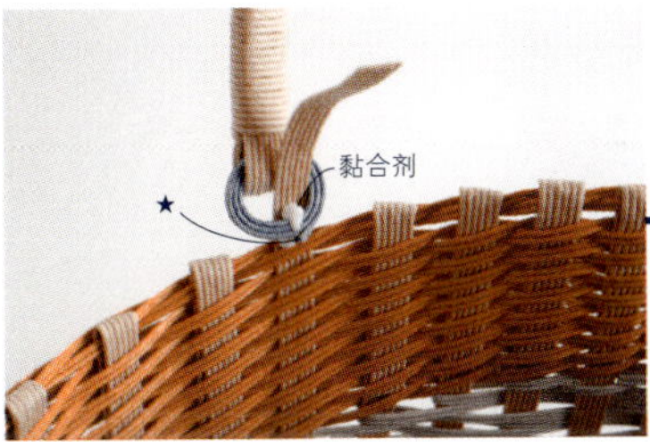

13 把预留的竖绳穿过圆环，把圆环的末端连接处（★）朝下，涂上黏合剂。然后把竖绳插入编目里。

14 另一侧也按照步骤 **13** 进行编织。另一只提手也按照步骤 **13**、**14** 进行编织。

人字纹梯形提篮 彩图：p.10

■材料

纸藤（象牙色/No.1）
30m 卷……1卷、5m 卷……2卷

■完成尺寸

约28.5cm × 10cm × 27.5cm
（不含提手）

■需要准备的纸藤的股数和根数

①编绳……6股宽 36根 长95.5cm
②编绳……6股宽 4根 长94.5cm
③编绳……6股宽 4根 长93cm
④编绳……6股宽 4根 长91.5cm
⑤编绳……6股宽 4根 长90cm
⑥编绳……6股宽 4根 长88.5cm
⑦编绳……6股宽 4根 长87cm
⑧编绳……6股宽 4根 长85.5cm
⑨编绳……6股宽 4根 长84cm
⑩编绳……6股宽 4根 长82.5cm
⑪提手收尾绳……12股宽 4根 长4cm
⑫边缘外用绳……12股宽 1根 长80cm
⑬边缘内用绳……12股宽 1根 长79cm
⑭边缘锁边绳……1股宽 1根 长400cm
⑮提手内层用绳……7股宽 2根 长72cm
⑯提手外层用绳……7股宽 2根 长73cm
⑰提手缠绕绳……2股宽 2根 长350cm

■平面裁剪图 多余的部分＝

参照平面裁剪图，裁剪、分割指定长度的纸藤。在①～⑩的中心处做上标记。≫参照p.23裁剪、分割纸藤

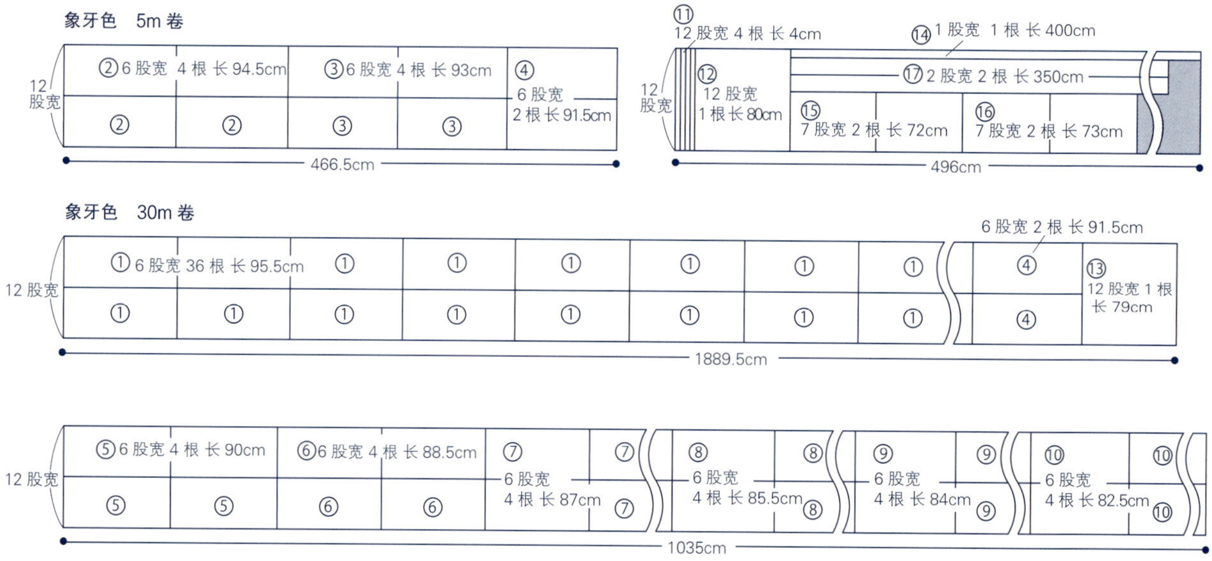

■制作方法 ※为了清晰可见，纸藤的颜色有所改变。

◇编织人字纹

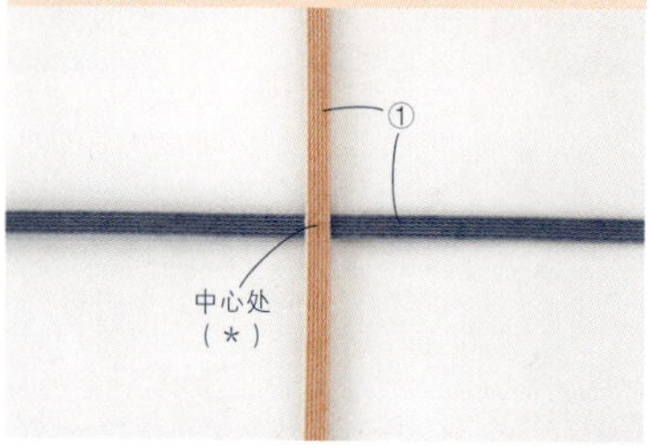

1 把2根①编绳的中心处对齐，如图所示呈十字形摆放，粘贴。一共制作18组这样的部件。≫参照p.35人字纹编法

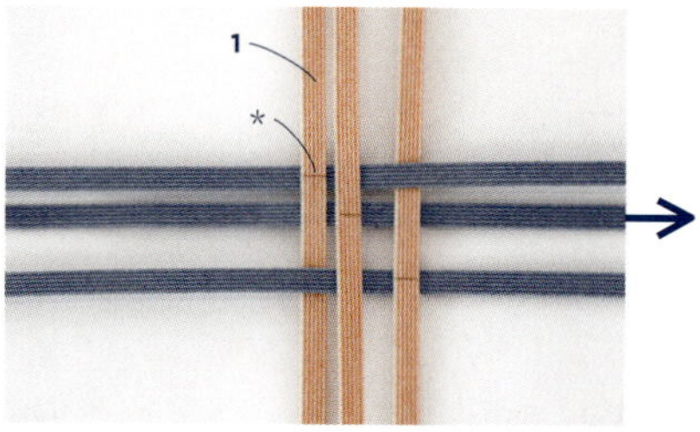

2 参照编织图〈A〉（p.102），把步骤**1**的部件如图所示在右下方按顺序编织下去。

步骤**1**的所有部件编织完成后的状态。注意编织花纹时，编绳有的是穿过2根编绳的正面，有的是穿过3根编绳的正面，有的是穿过5根编绳的正面，并非完全有规律，需要仔细观察编织图。

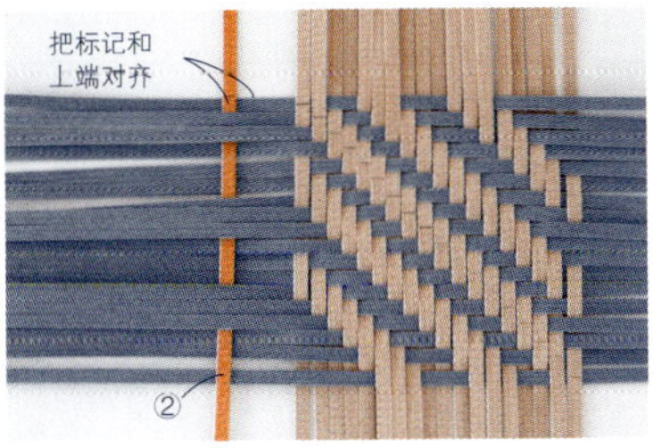

3 把 1 根②编绳穿过步骤 **2** 的编绳左侧，把②编绳中心处的标记和横着编织的编绳上端对齐。

4 按照上述方法，如图所示把③～⑩编绳一根一根地依次穿过。

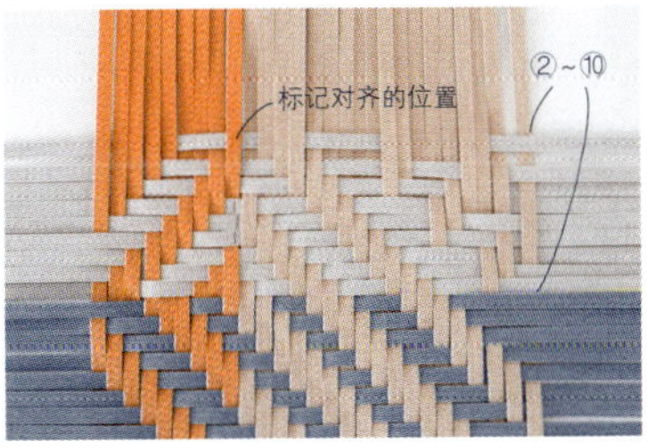

5 如图所示把②～⑩编绳一根一根地依次穿过步骤 **4** 的编绳上方。此时，②～⑩编绳中心处的标记和步骤 **2** 中最左边编绳的左端对齐。

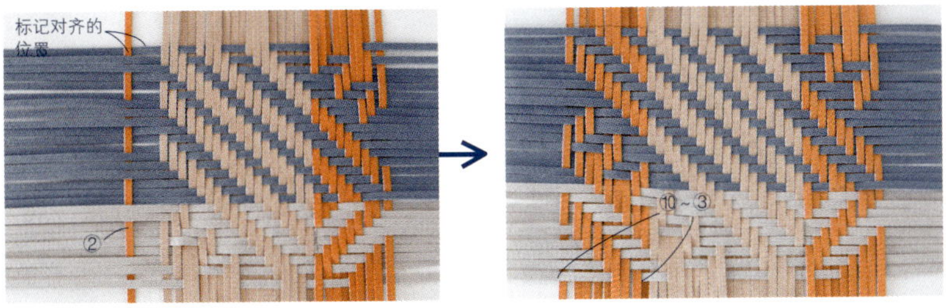

6 把步骤 **5** 的编绳旋转 180°，把②～⑩编绳一根一根地依次穿过左侧。此时，②～⑩编绳中心处的标记和横着编织的编绳上端对齐。

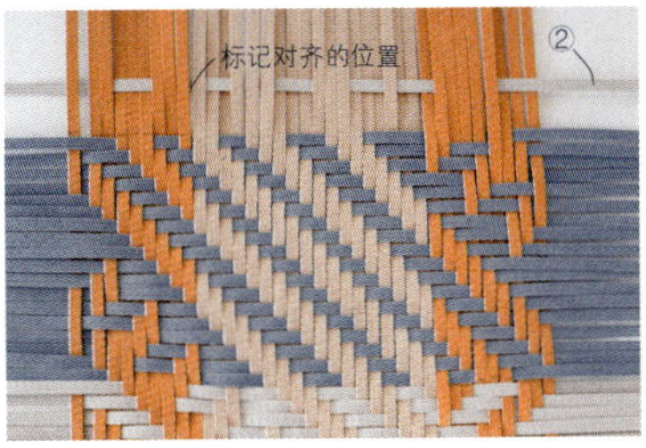

7 把②编绳穿过步骤 **6** 的编绳上方。此时，中心标记和步骤 **6** 中②编绳右侧的编绳左端对齐。

8 按照上述方法，如图所示把③～⑩编绳一根一根地依次穿过。

9 所有编绳穿过完成后的状态。

10 翻转过来，把遮蔽胶带的外缘对齐粘贴到底部线条上（参照 p.103 的编织图〈B〉）。

11 为防止编目松开，在四角用洗晒夹固定。用尺子沿着侧面（长的一边）的底部线条，折出明显的折痕。

≫参照 p.42 竖起编绳

12 参照编织图〈B〉（p.103），用四面的编绳继续进行人字纹编。用左侧面（短的一边）跟前的 1 根编绳（◎），朝着斜右上方编织跟前的侧面。

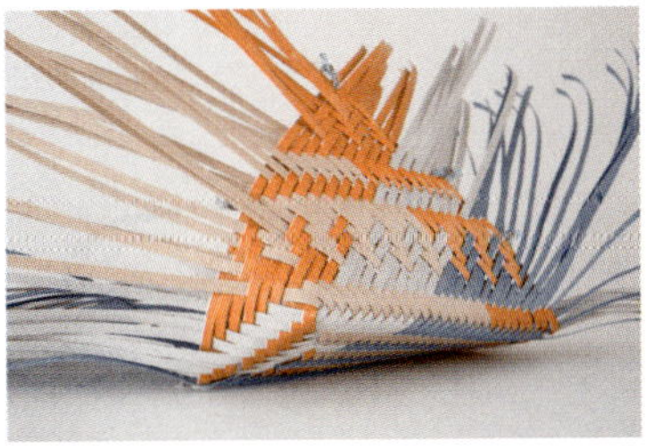

13 把左侧面剩下的 8 根编绳一根一根地依次穿过，按照左侧面→跟前的侧面的顺序进行编织。

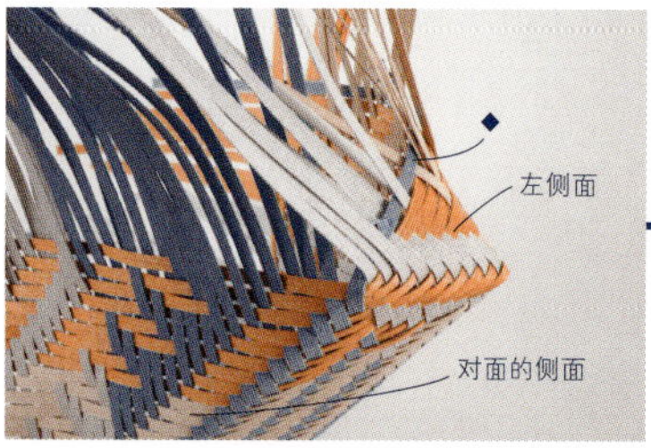

14 用对面的侧面的 1 根编绳（◆），按照左侧面→跟前的侧面的顺序进行编织。

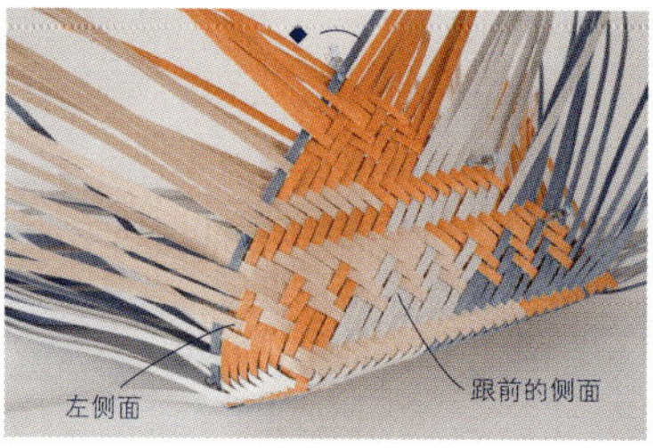

15 把对面的侧面留下的编绳一根一根地依次穿过，编织两侧面和左侧面。

16 把右侧面的编绳按照上述方法穿过，编织右侧面和两侧面。

◇处理边缘、折叠侧面

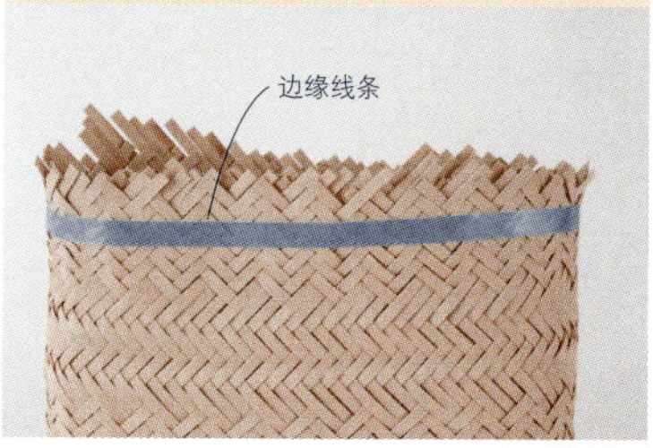

17 把遮蔽胶带的上端和边缘线条（参照 p.103 编织图〈B〉）对齐，然后粘贴 1 圈。

18 沿着遮蔽胶带的上端裁剪编绳。

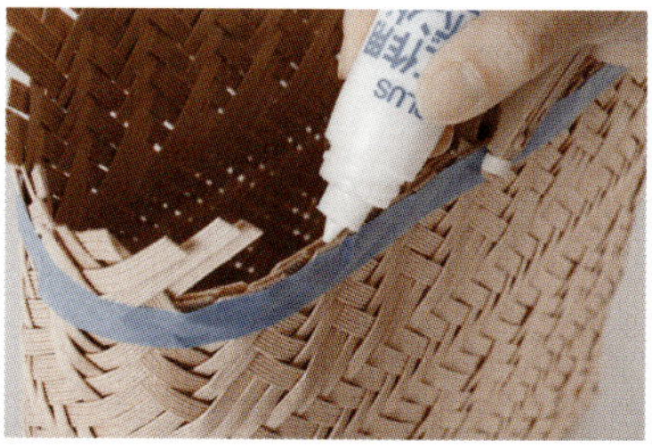

编绳几根重叠的部分需要对齐粘贴固定。

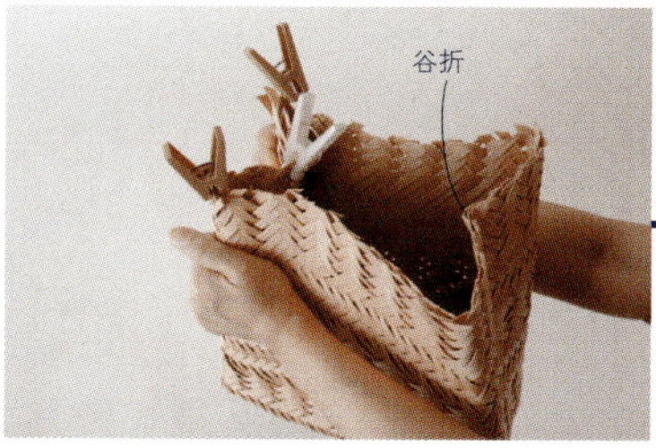

19 把横侧面的中心处如图所示进行谷折，侧面沿着山折线条（参照 p.103 编织图〈B〉）进行山折。

如图所示中间放入尺子，用手紧紧握着折出折痕。

20 用洗晒夹固定，夹出折痕。

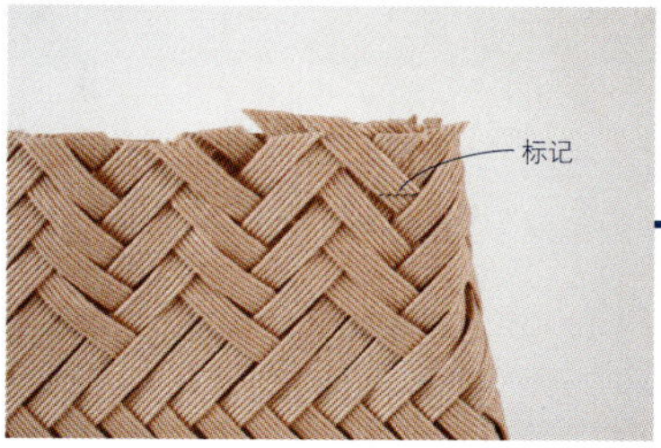

21 在穿提手的小孔位置的编绳（参考 p.103 编织图〈B〉）上做上标记。

把做有标记的编绳移到内侧，沿着标记折叠。

22 把刚才折叠后的编绳里面的编绳（外侧的）再往内侧折叠，然后各自粘贴上去。

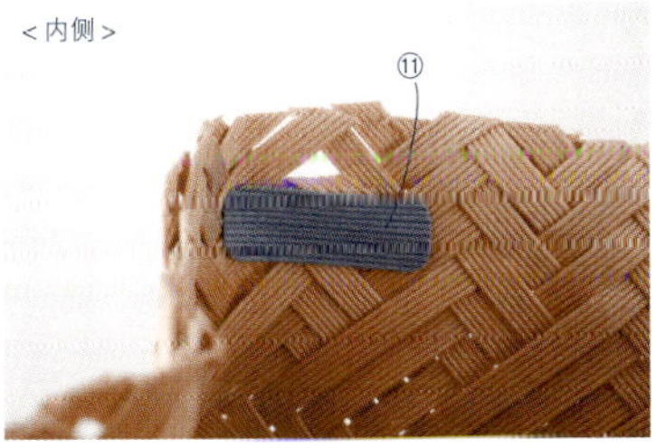

23 把 1 根⑪提手收尾绳的角裁成圆形，重叠粘贴到折叠的编绳上。

24 从外侧观察到的状态。剩余 3 处按照步骤 **21~23** 进行编织。

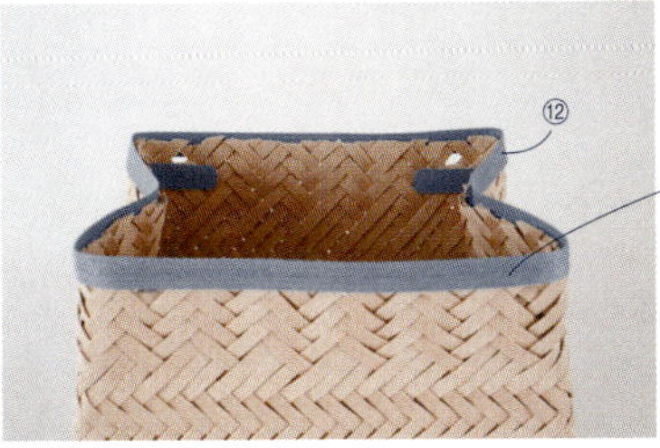

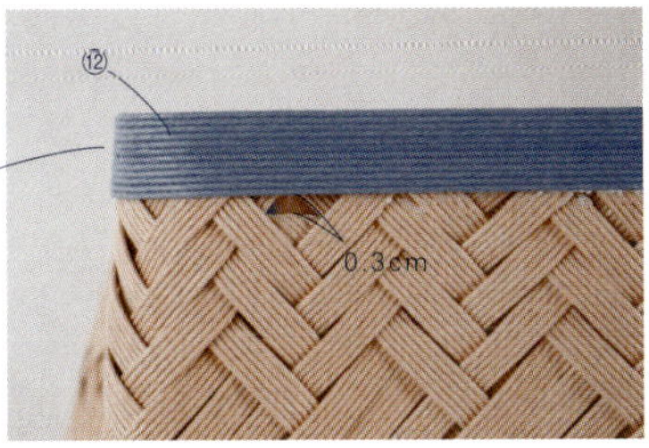

25 把⑫边缘外用绳如图所示粘贴到穿提手的小孔上方约 0.3cm 处的边缘上。粘贴固定后裁掉多余的部分，然后重叠 1cm 粘贴到开始粘贴的位置上。

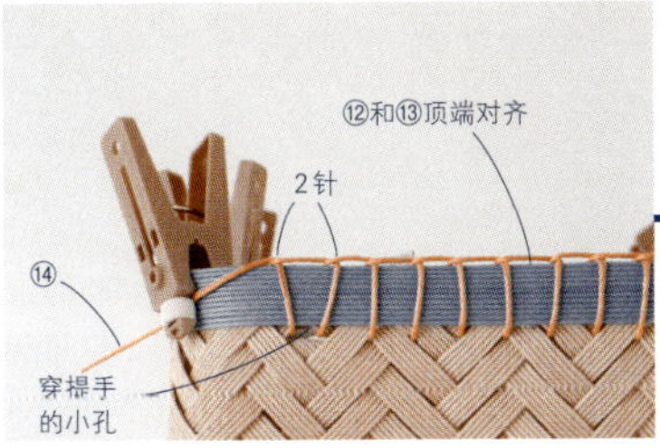

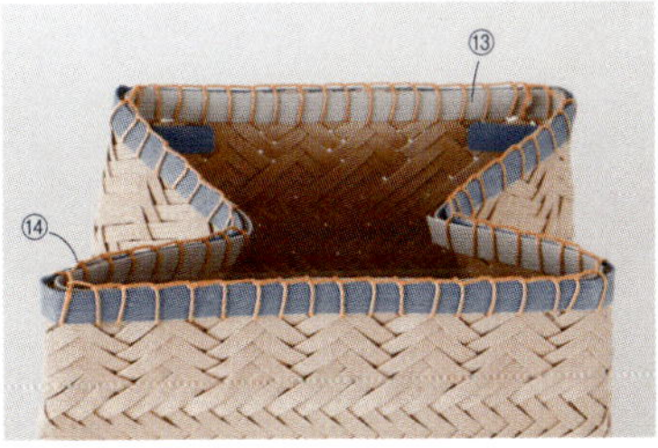

26 把⑬边缘内用绳用洗晒夹固定到边缘内侧（不粘贴）。使用⑭边缘锁边绳进行边缘锁边（参照 p.56 步骤 **71**）。如图所示穿提手的小孔位置锁边 2 针。

◇**安装提手**

27 把 1 根⑮提手内层用绳和 1 根⑯提手外层用绳穿到穿提手的小孔里，并粘贴固定。

≫参照 p.44 提手 B

28 把 1 根⑰提手缠绕绳缠绕到提手上。另一只提手也按照步骤 **27**、**28** 进行编织。

Z字形花纹提篮 彩图：p.11

■材料

纸藤

（蓝靛色 /No.18）30m 卷……1卷

■完成尺寸

约32cm×10cm×22cm

（不含提手）

■需要准备的纸藤的股数和根数

①横绳……8股宽 6根 长31cm

②横绳……6股宽 5根 长86cm

③竖绳……6股宽 19根 长66cm

④收尾绳……6股宽 2根 长9.5cm

⑤编绳……2股宽 6根 长280cm

⑥编绳……4股宽 48根 长74cm

⑦边缘内用绳……12股宽 1根 长80cm

⑧提手编绳……4股宽 12根 长78cm

■平面裁剪图

多余的部分＝

参照平面裁剪图，裁剪、分割指定长度的纸藤。在①~③的中心处做上标记。≫参照p.23裁剪、分割纸藤

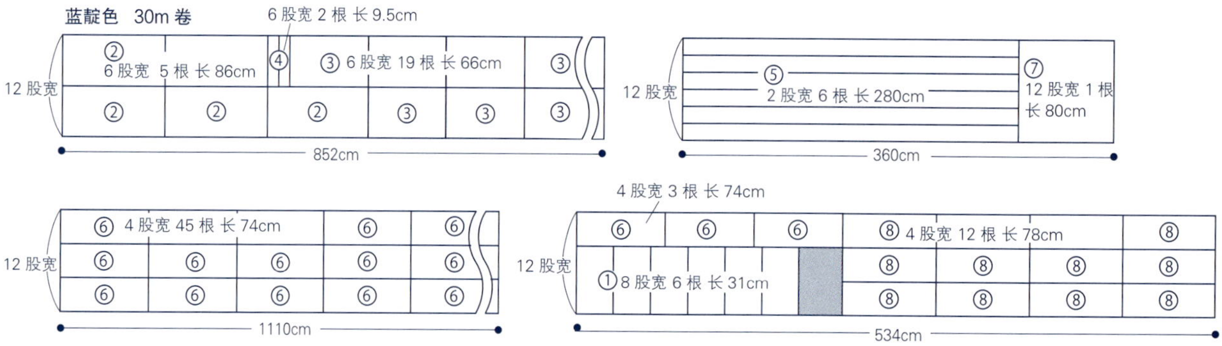

■制作方法

※ 为了清晰可见，纸藤的颜色有所改变。

◇编织底部

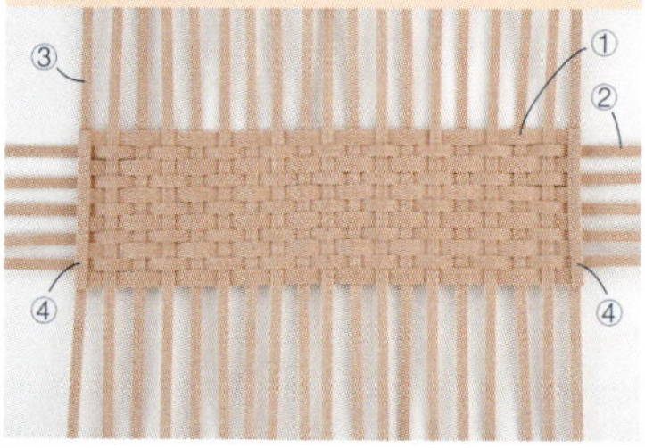

1 使用①~④编绳编织方形底部。翻转过来，把四周的编绳直立竖起。

≫参照p.41方形底部、p.42竖起编绳

◇编织侧面

2 把3根⑤编绳如图所示粘贴到左侧面中心处3根竖绳的背面。

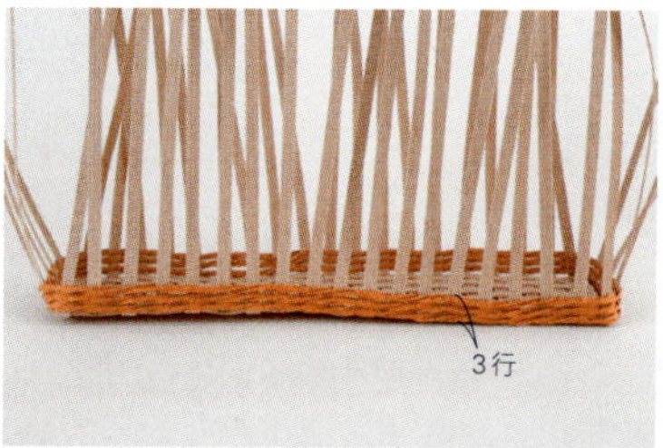

3 进行3行3根绳编。裁掉多余的部分，末端粘贴到编绳上。

≫参照p.31的3根绳编法

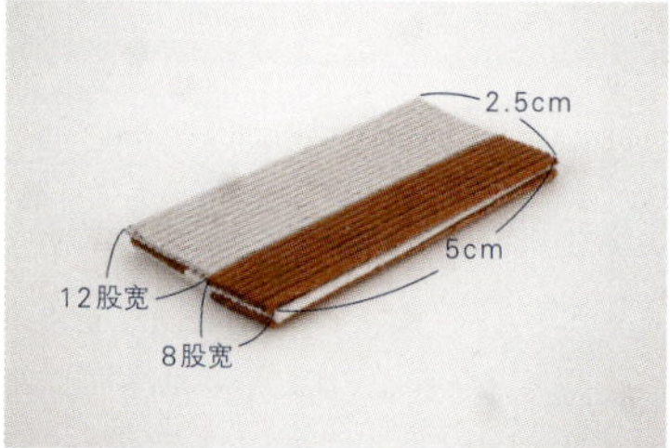

4 进行Z字形编。把多余的编绳裁成长5cm、12股宽＋8股宽的3块，如图所示重叠粘贴到一起。

≫参照p.33Z字形编法

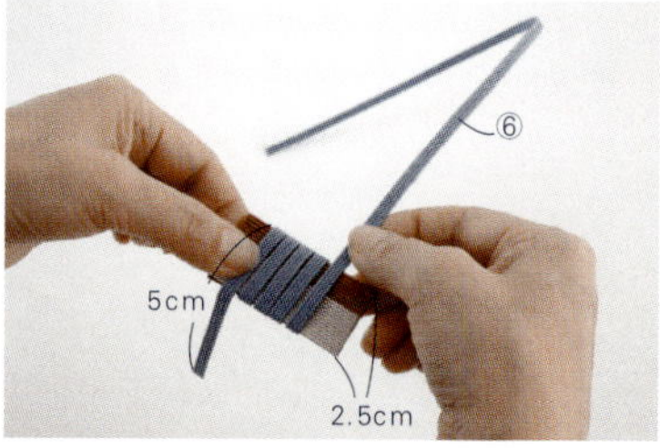

5 把48根⑥编绳一根一根地缠到步骤**4**的部件上，注意缠绕折叠1次5cm宽的，然后缠绕折叠22次2.5cm宽的。缠绕折叠完之后，抽掉步骤**4**的部件，沿着折痕，依次交替进行山折、谷折。

6 把⑥编绳长5cm的一端一根一根地插入竖绳背面的编目里，插1圈。

7 沿着所有的折痕，把⑥编绳朝上编织。编绳顶端暂不裁剪。

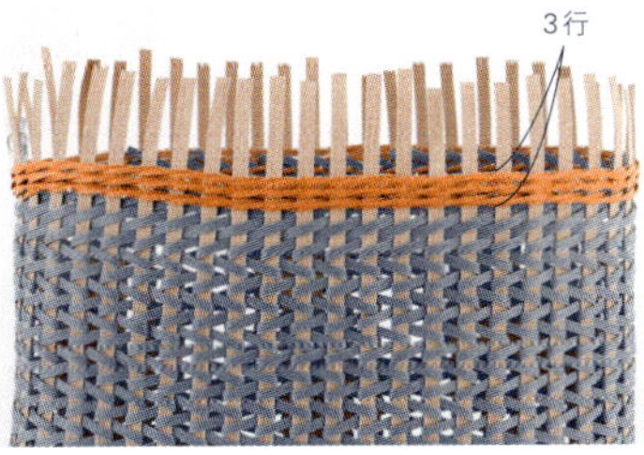

8 使用 3 根⑤编绳进行 3 行 3 根绳编。此时，只有第 1 行绕过⑥编绳的顶端，并把其编织进去。

9 把竖绳往内侧折叠，留出 3cm 后裁掉，然后插入编目里。

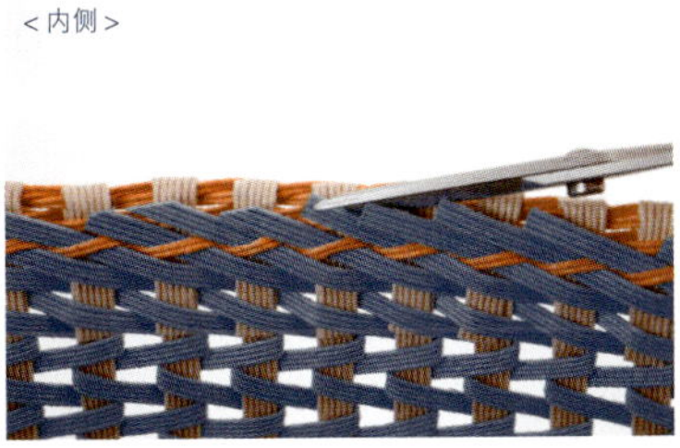

10 斜着裁剪⑥编绳顶端，避免从边缘露出，然后粘贴到边缘的内侧。

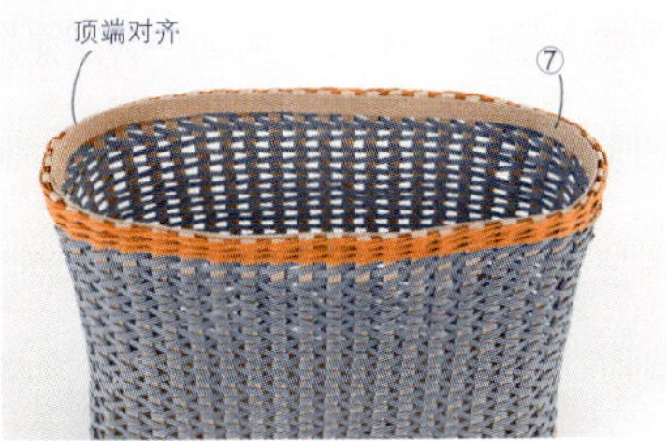

11 把 1 根⑦边缘内用绳粘贴到边缘内侧。粘贴结束后，两端重叠粘贴。

◇安装提手

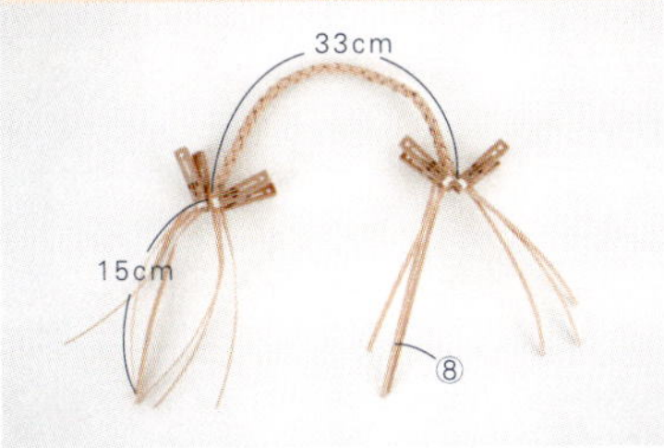

12 使用 6 根⑧提手编绳，通过圆形编织法（p.72），编织 33cm。然后再编织 1 根。

13 把步骤 **12** 的部件一侧左右各分开 3 根，然后如图所示插入 3 根绳编的 3 行编目里。

从上面观察的状态。从中心处一侧第 5 根和第 6 根竖绳之间插入 3 根绳编的 3 行编目里。

14 把左右各 3 根提手编绳从外侧如图所示穿过 Z 字形编绳从上数第 1 行和第 2 行之间的编目。

15 如图所示裁剪内侧的 4 根提手编绳。

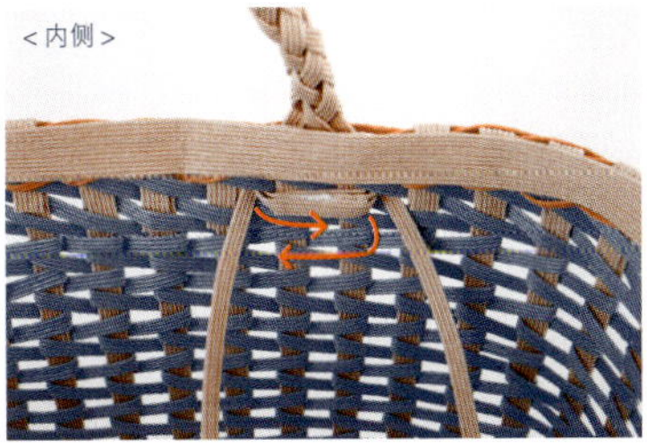

16 裁剪后的提手编绳如图所示左右一根一根地交替折叠粘贴。

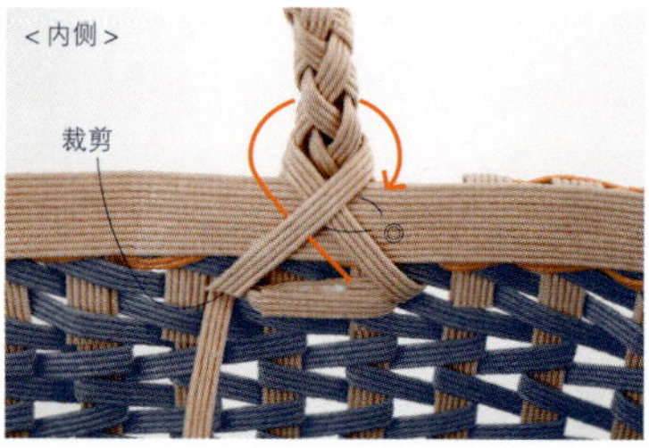

17 把一根剩余的长提手编绳缠到提手底部，然后在另一根提手编绳的底部斜着裁剪。避开提手编绳交叉的部分（◎），其余背面全涂上黏合剂粘贴。

18 另一根剩余的长提手编绳也按照步骤 **17** 进行编织，缠到提手底部、裁剪。背面全涂上黏合剂，穿过步骤 **17** 缠绕提手编绳的下方，然后粘贴固定。

19 另一侧也按照步骤 **13~18** 进行编织。另一只提手也按照步骤 **13~19** 进行编织。

圆形编织法

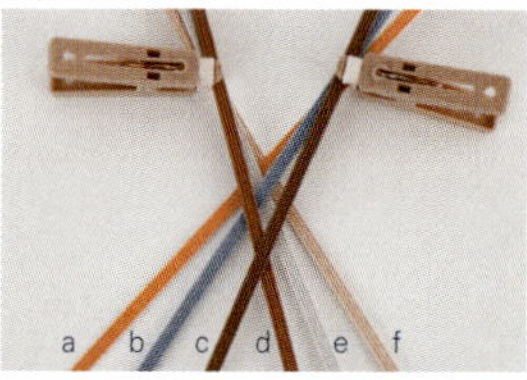

1 把 6 根⑧提手编绳如图所示每 3 根用洗晒夹固定，然后一根一根地交叉重叠摆放。

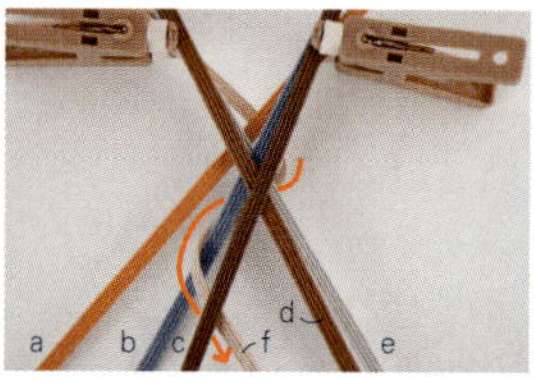

2 把右端的 f 穿过左端 a 以外的编绳下方，然后返回穿过从左边数第 2 根编绳 b 的上方，往右边相邻编绳 c 的下方穿过去。

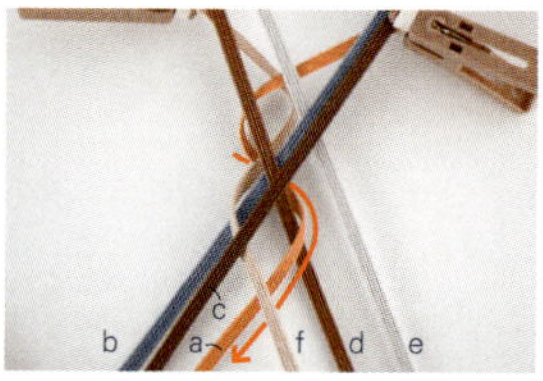

3 把左端的 a 穿过右端 e 以外的编绳下方，然后返回穿过从右边数第 2 根编绳 d 的上方，往左边相邻编绳 f 的下方穿过去。

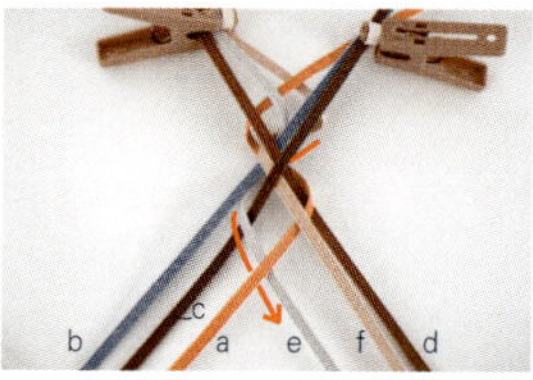

4 重复步骤 **2**、**3**，把 e 穿过 c 的上方，往 a 的下方穿过去。

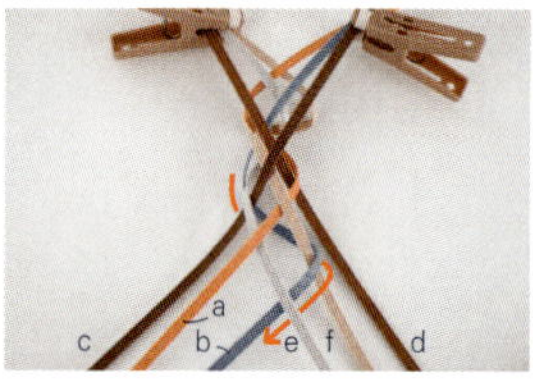

5 把 b 穿过 f 的上方，往 e 的下方穿过去。

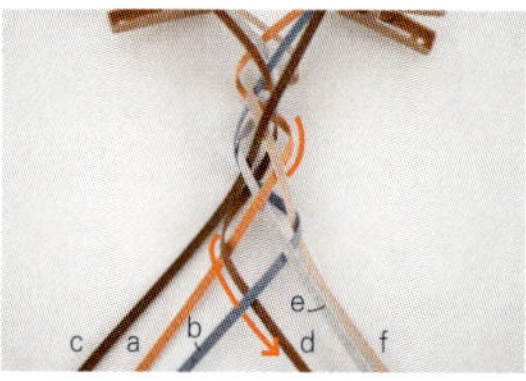

6 把 d 穿过 a 的上方，往 b 的下方穿过去。

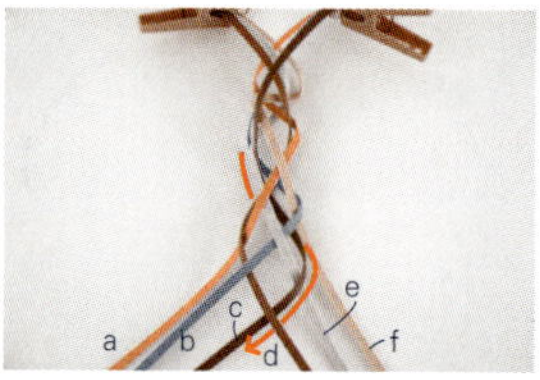

7 把 c 穿过 e 的上方，往 d 的下方穿过去。

8 重复步骤 **2~7**，拉紧，继续编织。

3 股绳编织法

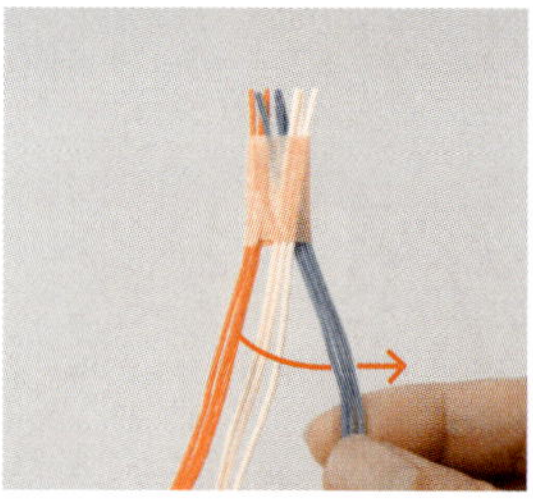

1 把编绳分成 3 股，把左边的一股放到中间一股上面，从右边一股下方拉出。

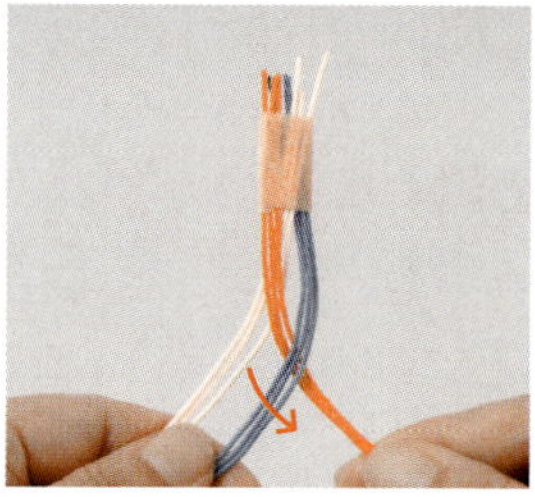

2 再把左边的一股放到中间一股上面。

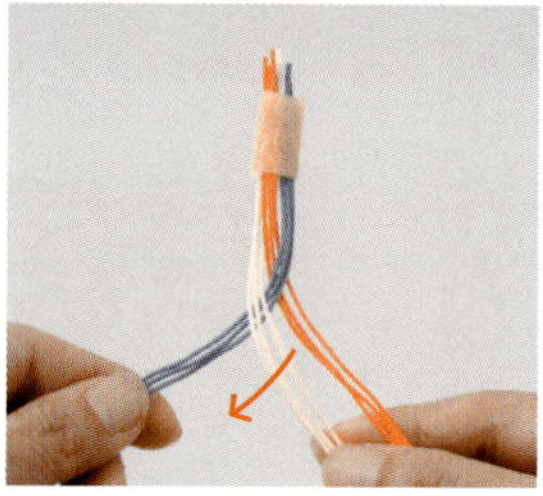

3 再把右边的一股放到中间一股上面。

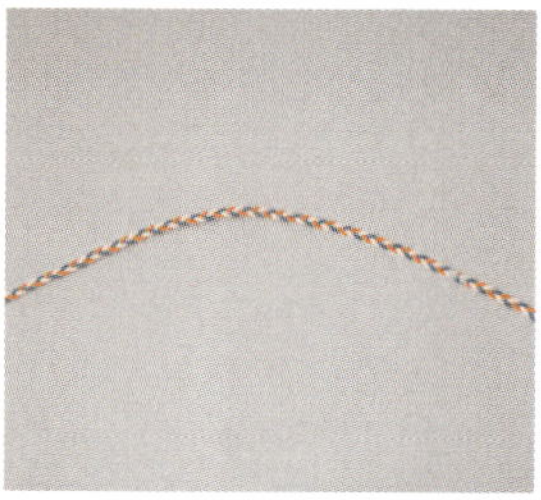

4 重复步骤 **2**、**3**，编织到指定的长度。

菱形镂空圆形提篮（大、小） 彩图：p.12

大款

小款

■材料

纸藤（小款 墨鱼黑色 /No.31、大款 灰色 /No.17）30m 卷……1卷、纸藤（大款 灰色 /No.17）5m 卷……1卷

■完成尺寸

小款：约直径22cm、宽8.5cm（不含提手）
大款：约直径29cm、宽11cm（不含提手）

■需要准备的纸藤的股数和根数

※指定以外大、小款通用。

①竖绳……6股宽 16根 小款长40cm、大款长50cm
②编绳……2股宽 4根 小款长190cm、大款长380cm
③插入绳……6股宽 32根 大款长23cm ※小款没有。
④编绳……2股宽 8根 小款长50cm、大款长65cm
⑤菱形编织绳……2股宽 4根 小款长100cm、大款长150cm
⑥菱形编织绳……2股宽 2根 小款长50cm、大款长70cm
⑦编绳……2股宽 8根 小款长55cm、大款长75cm
⑧编绳……2股宽 4根 小款长290cm、大款长390cm
⑨插入绳……6股宽 小款32根、大款64根 小款长13cm、大款长15cm
⑩编绳……2股宽 6根 小款长230cm、大款长300cm
⑪提手内层用绳……6股宽 2根 小款长58cm、大款长75cm
⑫提手外层用绳……6股宽 2根 小款长59cm、大款长76cm
⑬提手缠绕绳……2股宽 2根 小款长250cm、大款长350cm
⑭穿提手编绳……6股宽 4根 长4cm
⑮编绳……3股宽 小款21根、大款27根 小款长50cm、大款长68cm
⑯边缘内用绳……12股宽 2根、小款长7.5cm、大款长9.5cm

■平面裁剪图

多余的部分 =

参照平面裁剪图，裁剪、分割指定长度的纸藤。在①的中心处做上标记。≫参照p.23裁剪、分割纸藤

※基本款为大款，[ ]内为小款。图中为大款的情况，小款在多余部分方面和图中所示多少可能有点不同。

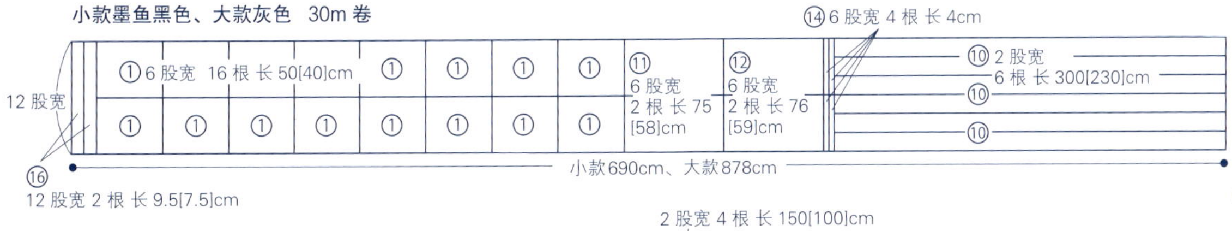

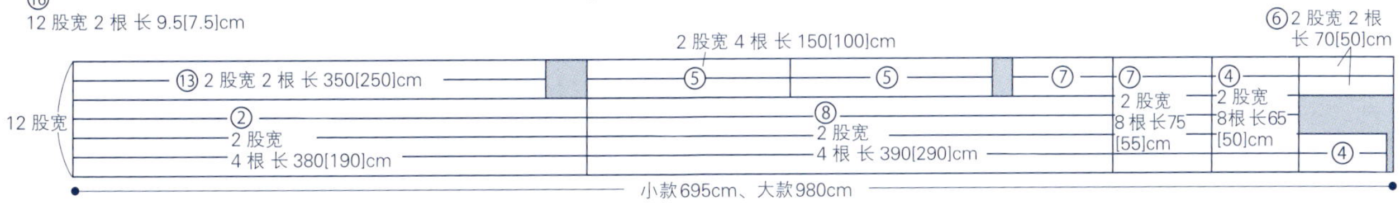

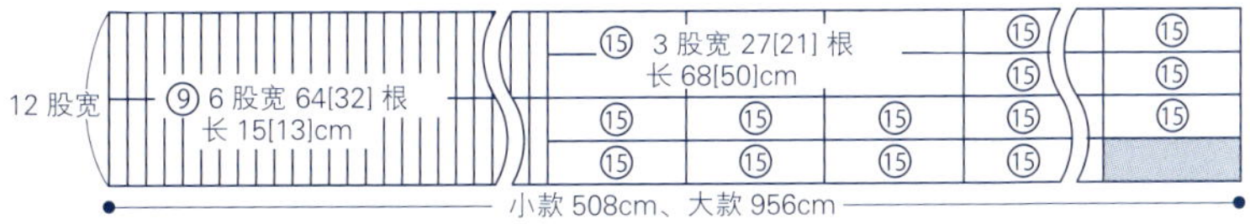

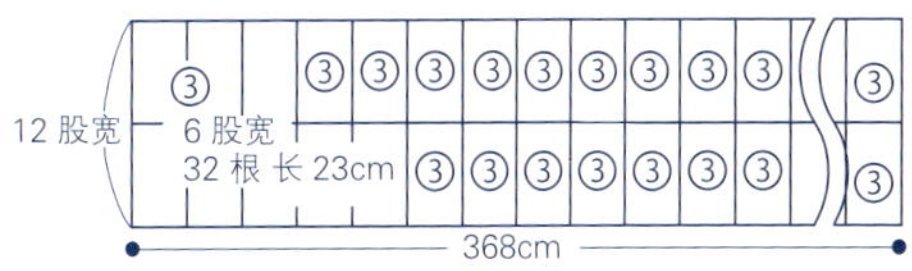

■制作方法

※为了清晰可见，纸藤的颜色有所改变。

◇编织前、后面

1 使用8根①竖绳、2根②编绳进行7圈（14行）直编。
≫参照p.37直编法、p.42圆形底部

编绳重叠的部分，最上面的竖绳处粘贴遮蔽胶带。编织都是从这根竖绳开始的。

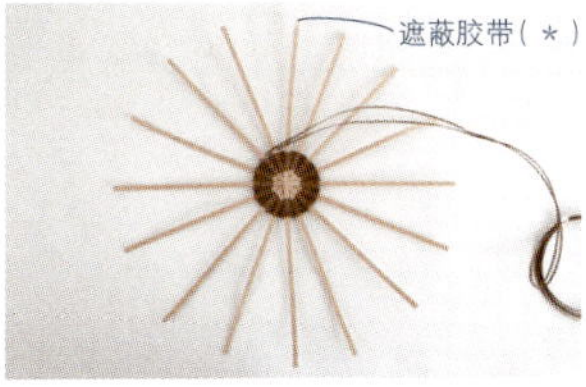

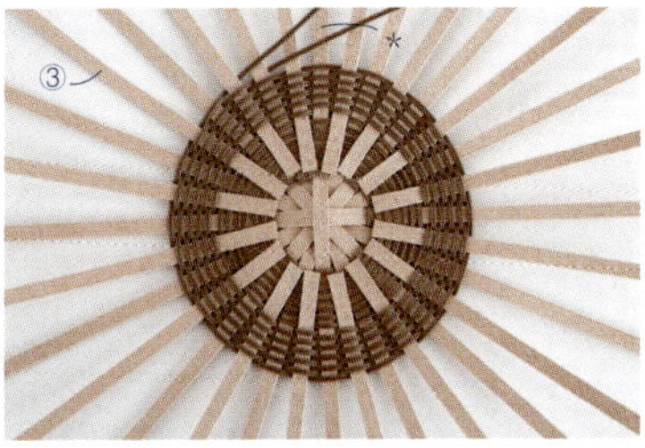

2 粘贴16根③插入绳，进行5圈（10行）直编（小款没有）。裁掉多余的部分，末端粘贴到编绳上。

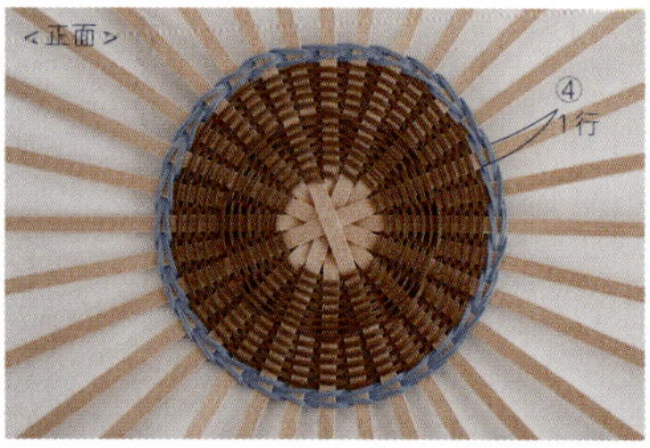

3 翻到正面，用 4 根④编绳进行 1 行扭编的箭羽编。裁掉多余的部分，末端粘贴到编绳上。

≫参照 p.30 箭羽编法

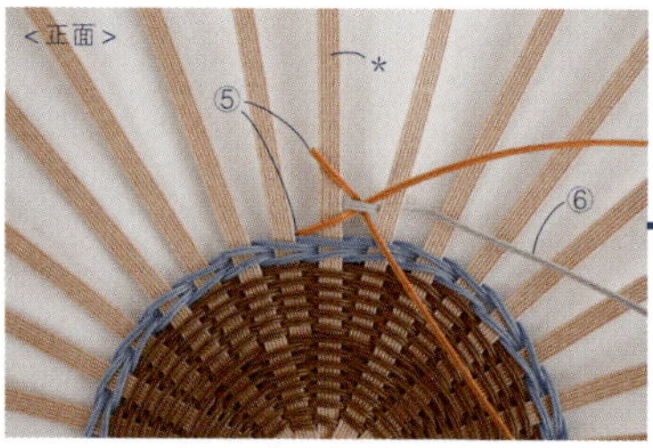

→

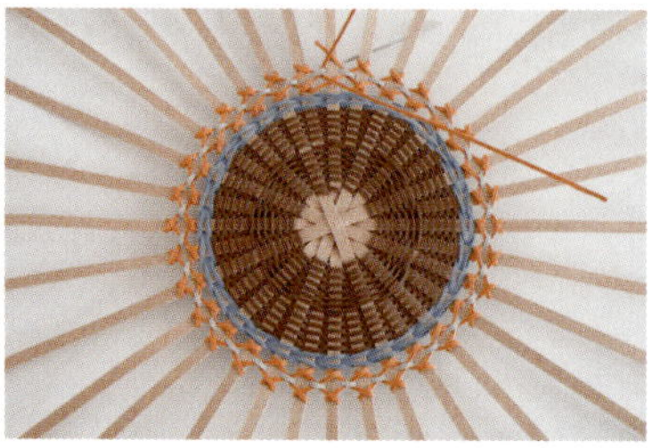

4 用 2 根⑤菱形编织绳和 1 根⑥菱形编织绳，进行 1 行菱形编织。

≫参照 p.32 菱形编织法

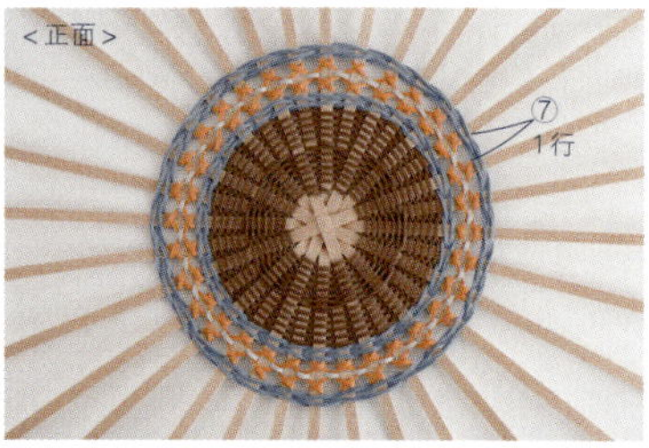

5 使用 4 根⑦编绳进行 1 行扭编的箭羽编。裁掉多余的部分，末端粘贴到编绳上。

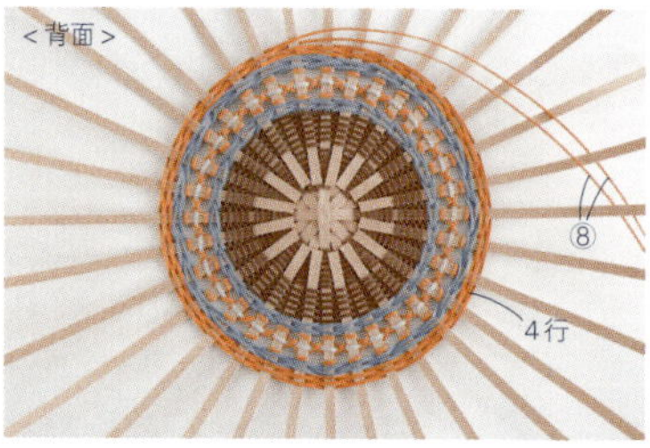

6 翻到背面，使用 2 根⑧编绳进行 2 圈（4 行）直编。⑧编绳的末端暂不裁剪。

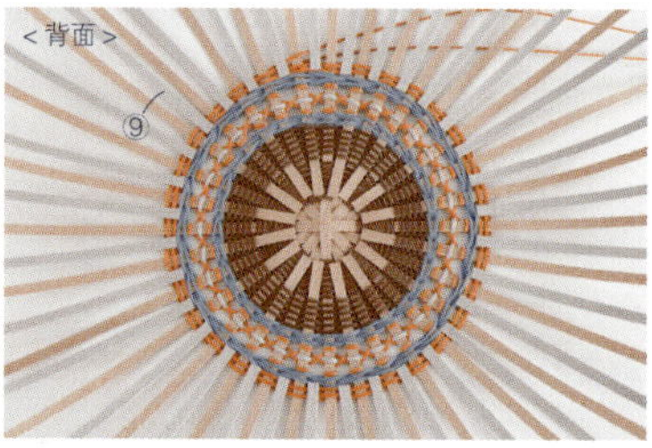

7 把 32 根（小款 16 根）⑨插入绳插入竖绳之间的直编部分里。

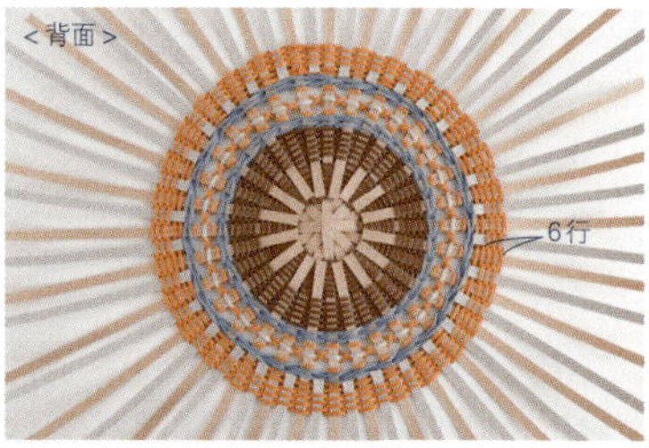

8 把内侧的编绳往回拉 1 根，从左侧相邻的插入绳（参照 p.42 步骤 **7**）上方拉出，然后进行 3 圈（6 行）直编。裁掉多余的部分，末端粘贴到编绳上。

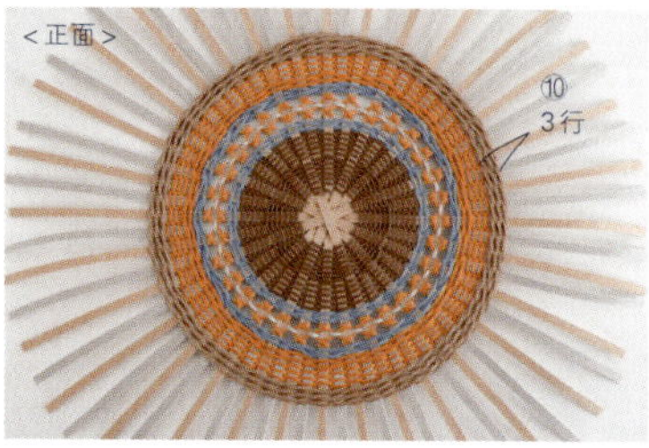

9 翻到正面，用 3 根⑩编绳进行 3 行 3 根绳编。裁掉多余的部分，末端粘贴到编绳上。按照步骤 **1~9** 的方法，再编织 1 块。

≫参照 p.31 的 3 根绳编法

◇处理边缘、安装提手

10 把粘有遮蔽胶带的竖绳（＊）另一侧的11根（小款5根）折叠到背面，两侧如图所示各留出1根，两边与之相邻的5根（小款为2根）各折叠到背面，插入步骤**8** 直编部分的编目里，裁掉多余的部分。另一块也按照上述方法编织。

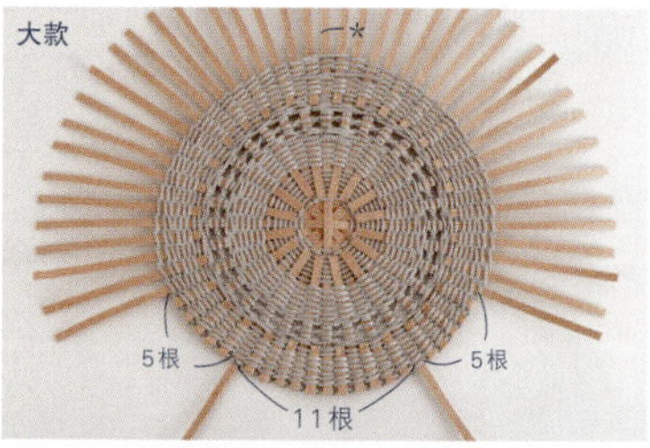

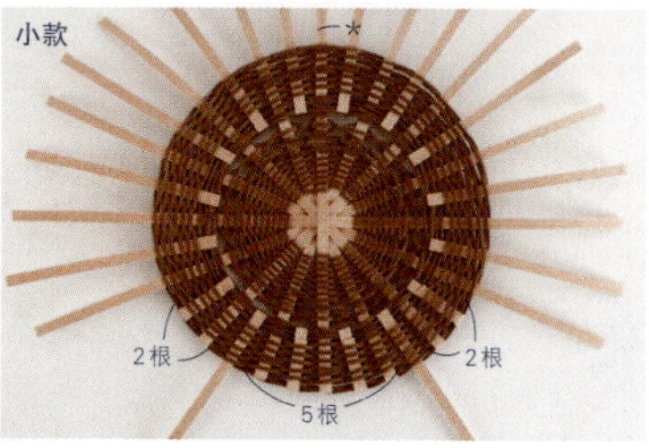

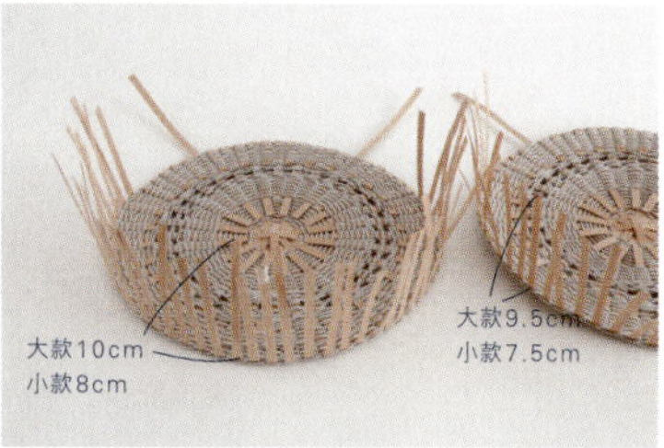

11 把剩余竖绳直立竖起，其中一块竖绳长度如图所示裁为 10cm（小款为 8cm），另一块为 9.5cm（小款为 7.5cm）。

≫参照 p.42 竖起编绳

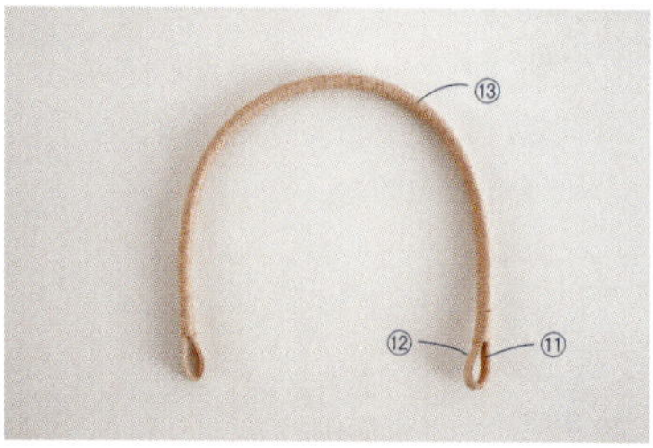

12 用⑪提手内层用绳、⑫提手外层用绳、⑬提手缠绕绳各 1 根编织提手。然后再编织 1 只提手。

≫参照 p.43 提手 A

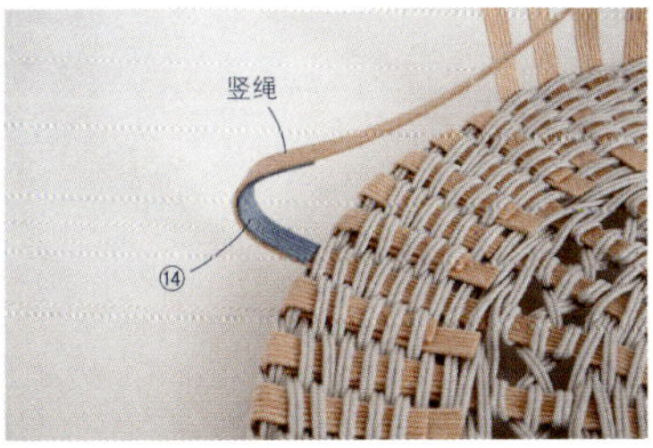

13 把 1 根⑭穿提手编绳做成半圆，如图所示粘贴到步骤 **10** 剩余的 1 根竖绳上。

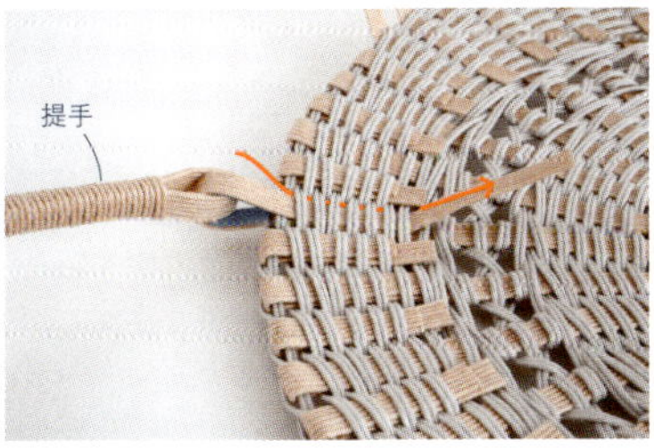

14 穿上提手，并把竖绳穿过内侧第 7 根编绳的编目。

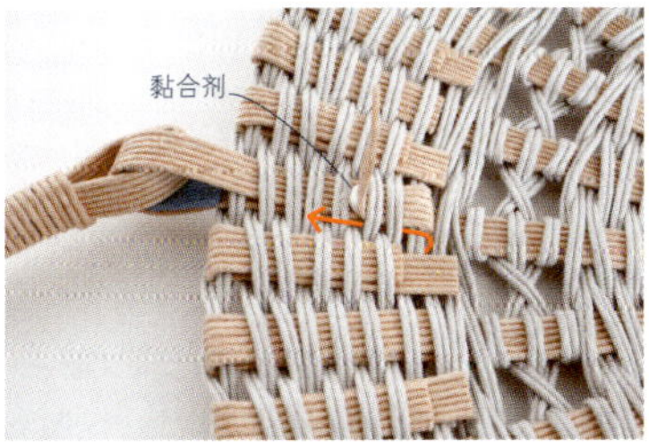

15 把编绳的末端如图所示往上折，穿过 2 根编绳的编目。涂上黏合剂，裁掉多余的部分。另一侧和另一块也按照步骤 **13**~**15** 进行编织。

◇编织侧面和底部

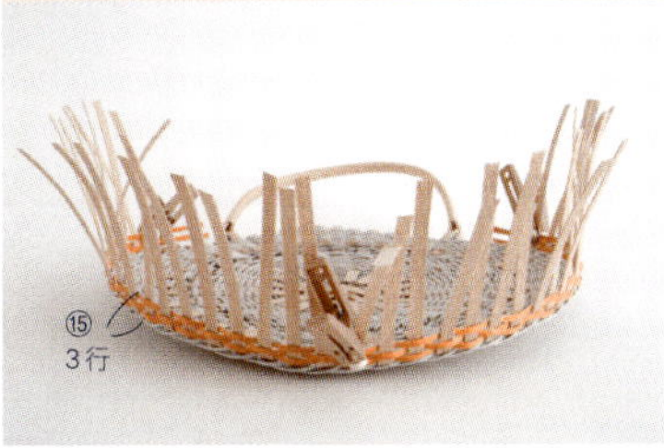

16 在步骤 **11** 竖起的竖绳上，使用顶端各留有 5~6cm 的 3 根⑮编绳进行 3 行素编。然后再编织另一块。

≫参照 p.26 素编法

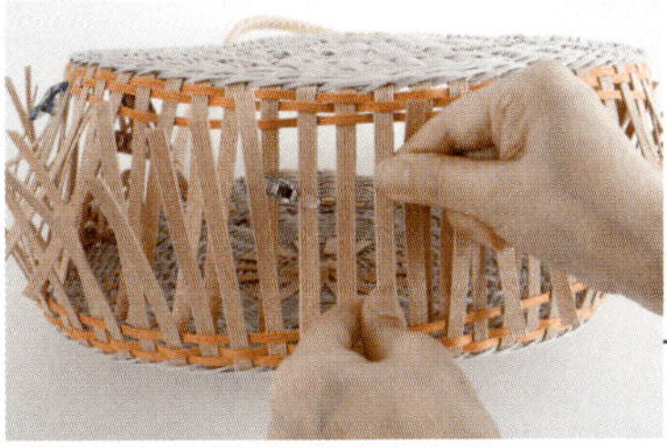

17 把步骤 **16** 的 2 块如图所示合到一起，竖绳长的一方放在外侧，顶端插进各自的编目里，整体对齐粘贴固定。

从中心处开始一根一根地依次对齐粘贴。当外侧竖绳插入编目 1 根编绳宽度时，为了不使编绳的顶端露出，把编目上端的部分裁掉。

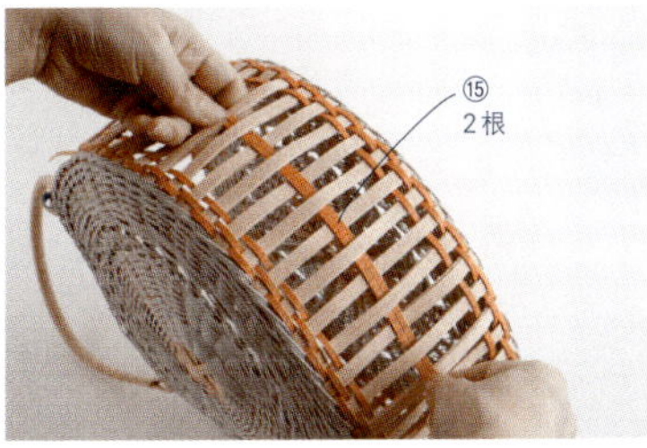

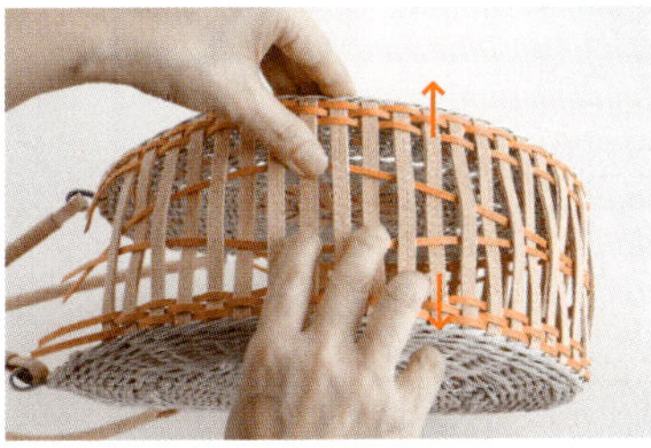

18 把剩余的⑮编绳两根两根地穿过中心处，然后一根一根如图所示上下分开，并不断重复。

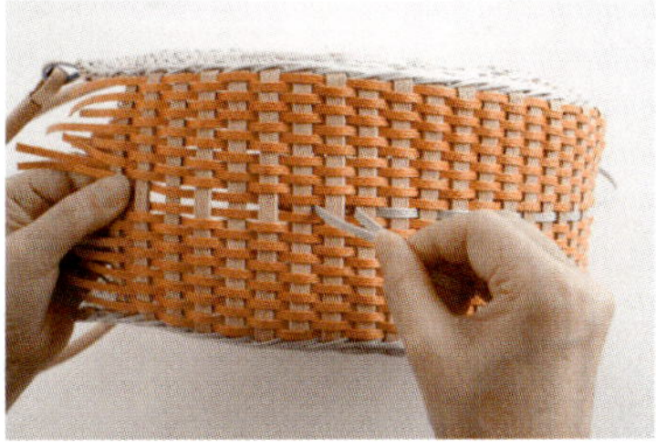

19 把最后 1 根编绳穿过中心处。

◇处理边缘

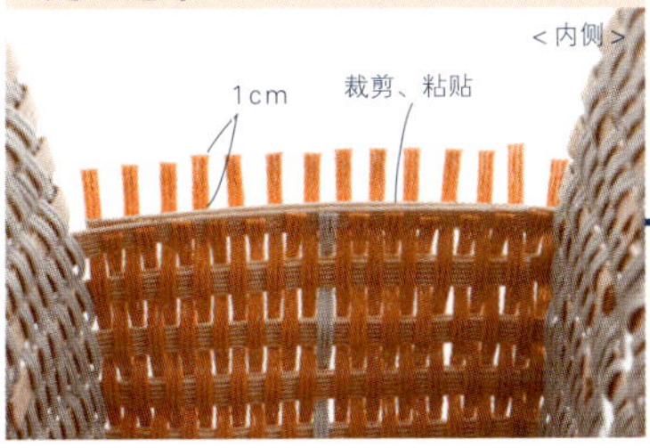

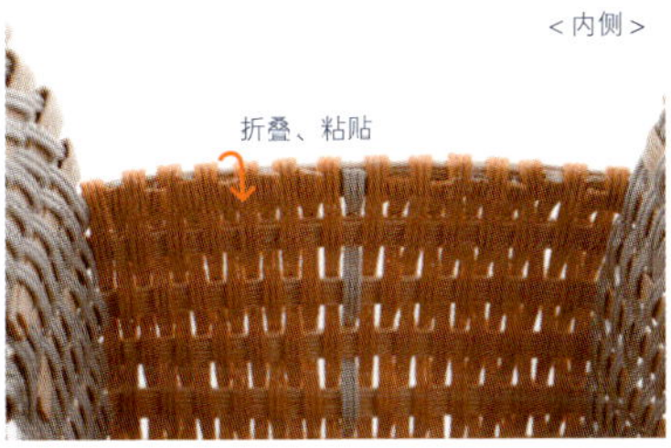

20 把内侧的⑮编绳顶端对齐边缘顶端之后裁剪、粘贴。外侧的留出 1cm 后裁掉，折叠到内侧粘贴固定。

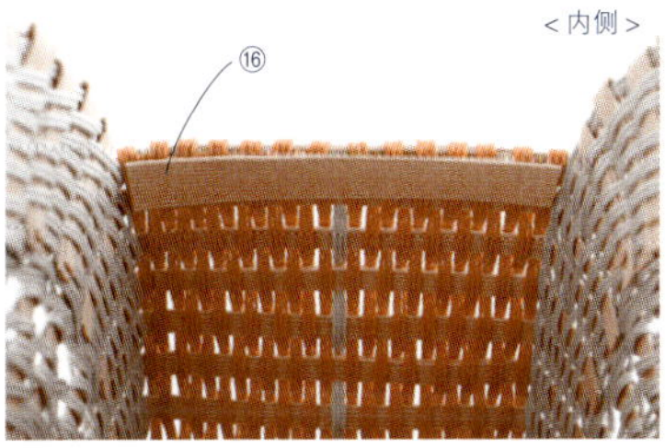

21 把 1 根⑯边缘内用绳粘贴到边缘内侧。另一侧也按照步骤 **20**、**21** 进行编织。

棱纹圆提手提篮　彩图：p.15

■材料

纸藤（杏色 /No.34）5m 卷、
纸藤（黑茶色 /No.32、苔绿色 /
No.13）30m 卷……各1卷

■完成尺寸

约26.5cm × 10cm × 21cm
（不含提手）

■需要准备的纸藤的股数和根数　※指定颜色以外为黑茶色。

①横绳……6股宽 3根 长78cm
②横绳……8股宽 2根 长18cm
③竖绳……6股宽 11根 长62cm
④收尾绳……6股宽 2根 长4cm
⑤编绳……2股宽 2根 长450cm
⑥插入绳……6股宽 8根 长30cm
⑦编绳……6股宽 4根 长210cm
（苔绿色）
⑧编绳……2股宽 4根 长250cm
（杏色）
⑨编绳……2股宽 8根 长80cm
⑩编绳……4股宽 2根 长380cm
⑪提手绳……4股宽 4根 长340cm
（苔绿色）
⑫提手缠绕绳……2股宽 2根 长740cm
（苔绿色）
⑬边缘外用绳……8股宽 2根 长22cm
⑭边缘内用绳……8股宽 2根 长21cm
⑮提手收尾绳……4股宽 2根 长18cm

■平面裁剪图　多余的部分 =

参照平面裁剪图，裁剪、分割指定长度的纸藤。在①～③、⑬、⑭的中心处做上标记。≫参照p.23裁剪、分割纸藤

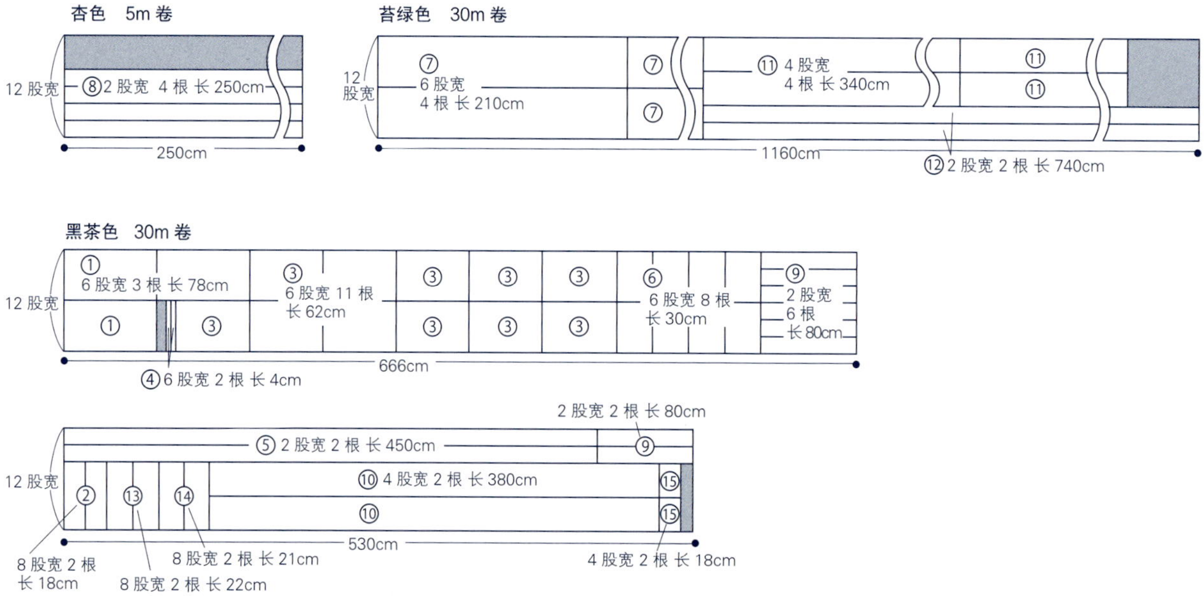

■制作方法　※为了清晰可见，纸藤的颜色有所改变。

◇编织底部、侧面

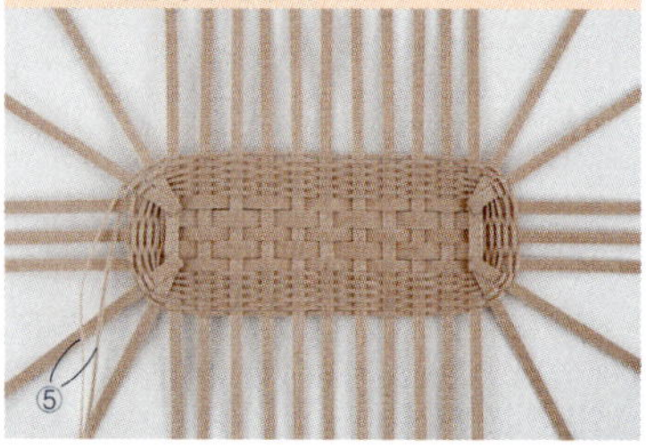

1　参照 p.89 步骤 **1**，使用①～⑥编绳编织椭圆形底部。⑤编绳暂不裁剪。
≫参照 p.37 直编法、p.41 椭圆形底部

◇编织侧面

2　四周的编绳缓缓竖起，进行3圈（6行）直编。裁掉多余的部分，末端粘贴到编绳上。
≫参照p.42竖起编绳

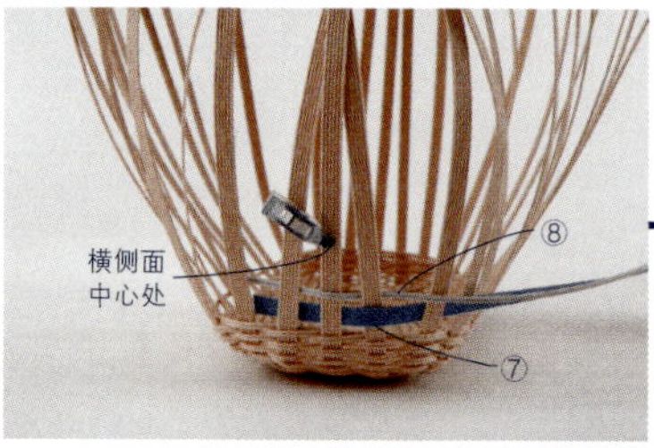

3　分别使用1根⑦编绳、1根⑧编绳，把⑦编绳放在下面，进行3行棱纹编。裁掉多余的部分，末端粘贴到编绳上。
≫参照p.27棱纹编法

4 使用2根⑨编绳进行1行扭编。裁掉多余的部分，末端粘贴到编绳上。

≫参照p.38扭编法

5 再分别使用1根⑦编绳、1根⑧编绳（把⑧编绳放在下面，和步骤 **3** 的穿过方向正好相反），进行3行棱纹编。用2根⑨编绳进行1行扭编。

6 重复1次步骤 **3~5**。

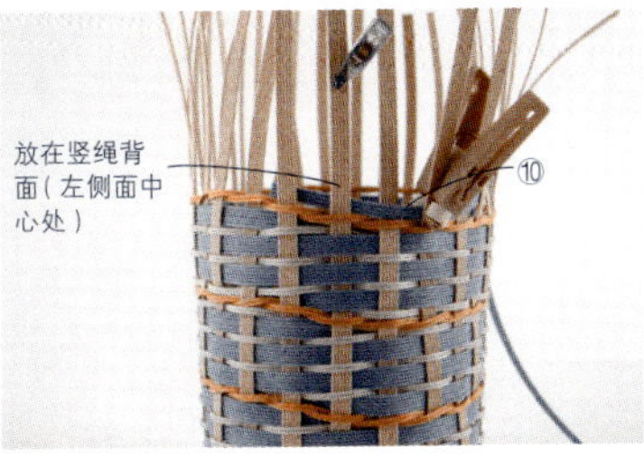

7 使用1根⑩编绳，放在左侧面中心处竖绳背面，进行半圈素编。编绳暂不裁剪。

≫参照 p.26 素编法

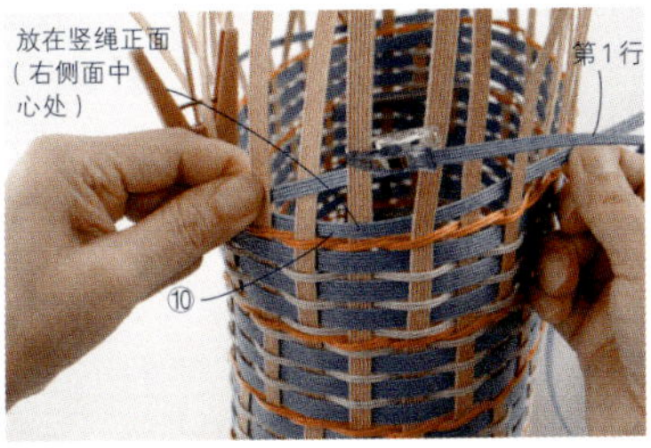

8 把另一根⑩编绳用洗晒夹固定在步骤 **7** 编绳（第1根）的下面，进行1行素编。

9 用步骤 **7** 中的1根暂不裁剪的编绳进行半圈素编（1圈编织完成后的状态）。

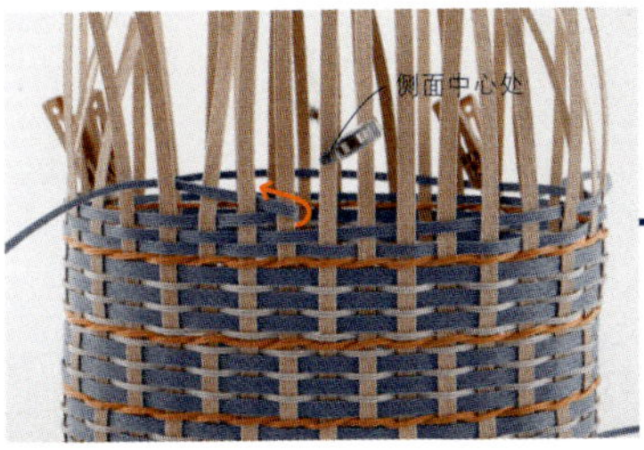

10 用第1根编绳进行引返编织。编织第1行时，编织到侧面中心处竖绳的前1根处。编织第2行时，编织到侧面中心处竖绳的前2根处。

≫参照 p.38 引返编织法

11 继续引返编织第3行和第4行，每行均编织到上一行竖绳的前1根处。

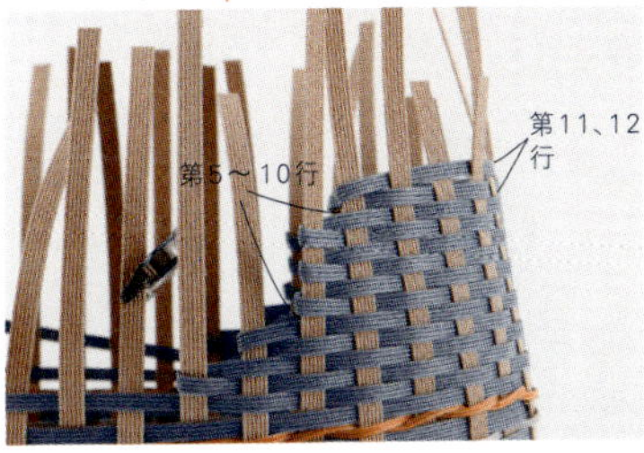

12 继续引返编织第5~10行，每行均编织到上一行竖绳的前1根处。继续引返编织第11行和第12行，每行均编织到上一行竖绳的前1根处。

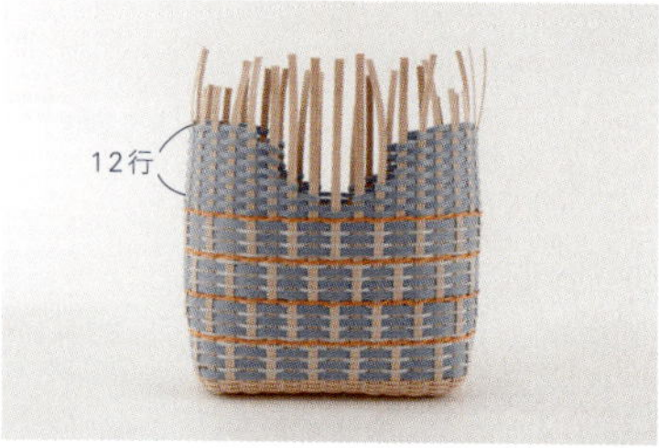

13 相反一面用第 2 根编绳，按照步骤 **10~12** 的方法，引返编织 12 行。

◇处理边缘

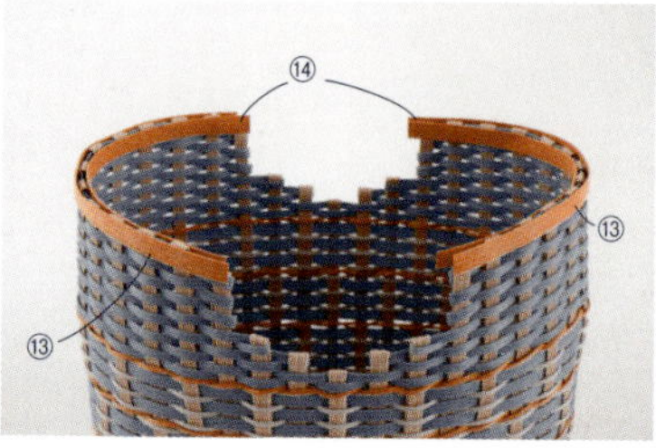

14 把竖绳往内外两侧依次交替折叠，插入编目里。在边缘的外侧各粘贴 1 根⑬边缘外用绳，在边缘的内侧各粘贴 1 根⑭边缘内用绳，编绳的中心处对齐后粘贴固定。

◇安装提手

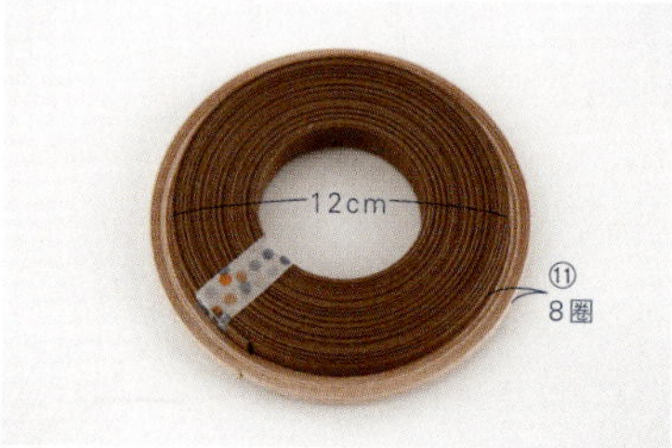

15 把编绳（指定所需材料之外的）卷调整成直径 12cm。在 1 根⑪提手绳上均匀涂上黏合剂，同时卷绕 8 圈。裁掉多余的部分。

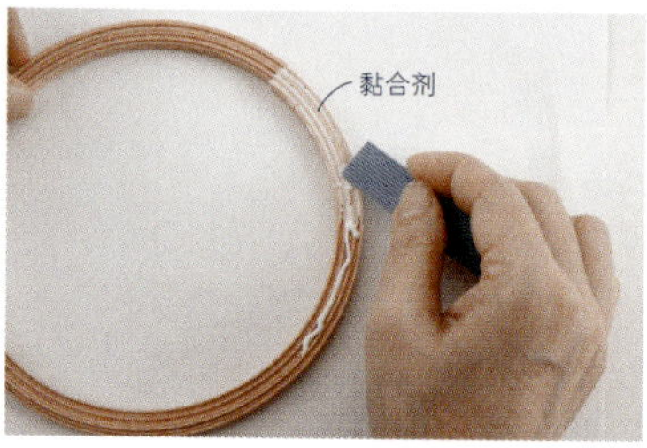

16 如图所示⑪提手绳侧面涂上黏合剂，晾干。按照步骤 **15**、**16** 的方法再制作 3 个。

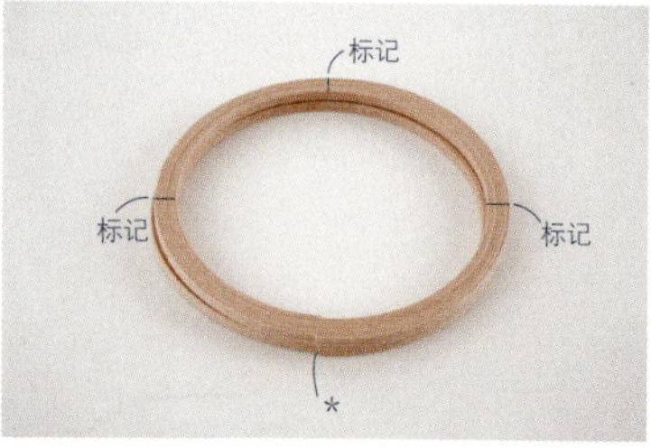

17 把 2 个部件的粘贴结束位置（ * ）对齐重叠，如图所示在 1/4 处分别做上标记。

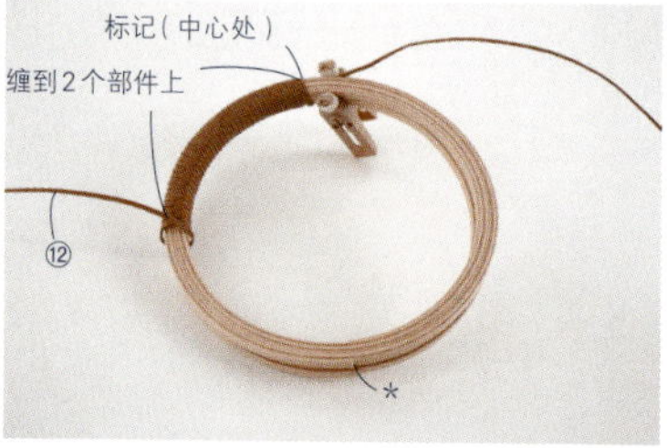

18 把 1 根⑫提手缠绕绳的中心处和如图所示标记处对齐，往 2 个部件左侧相邻的标记处紧紧缠绕，缠绕提手的 1/4。

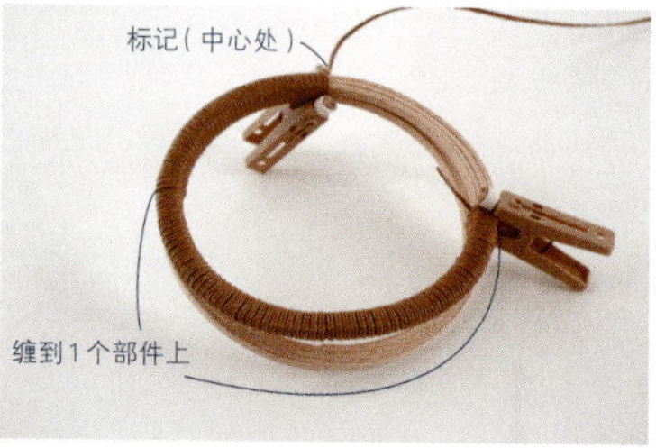

19 然后如图所示往 1 个部件的右侧相邻的标记处紧紧缠绕，缠绕提手的 1/2。

20 用⑫提手缠绕绳的另一端，往 2 个部件右侧相邻的标记处紧紧缠绕，缠绕提手的 1/4。编绳暂不裁剪。

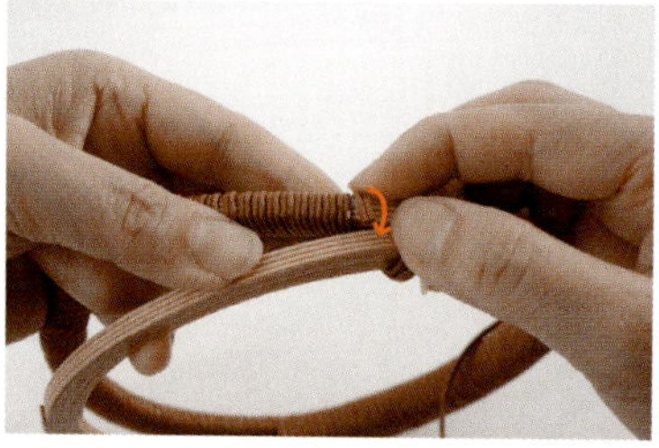

21 步骤 **19** 的编绳缠绕结束处涂上黏合剂，插到 2 个部件之间。

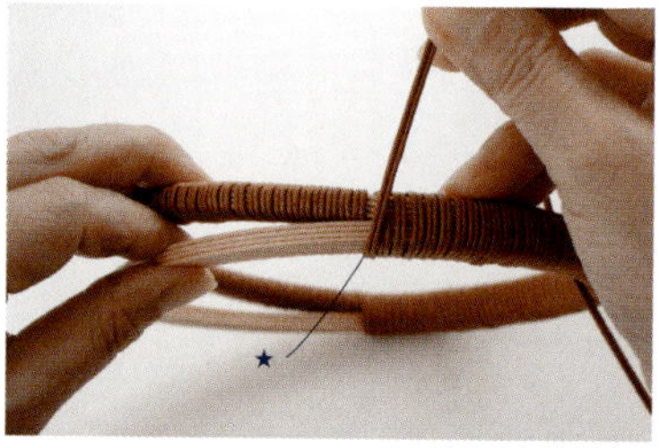

22 用暂未裁剪的⑫提手缠绕绳缠绕 2 个部件 1 圈，如图所示下方的部件只缠绕 6 圈（参照步骤 **24**）。

23 用 2 个部件夹住边缘，沿着提手内侧画线，把⑬边缘外用绳和⑭边缘内用绳一起沿着线裁剪。

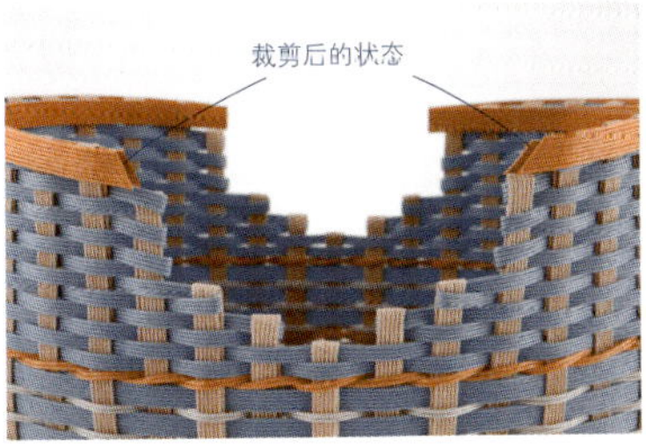

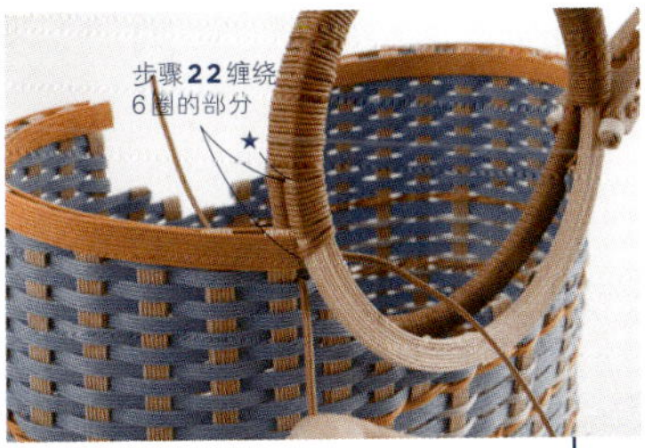

24 用 2 个部件夹住边缘，用⑫提手缠绕绳从提篮的外侧穿向内侧，和内侧的部件一起缠绕 1 圈。

提篮的边缘和2个部件无法用洗晒夹固定住，可如图所示用编绳打结暂时固定。

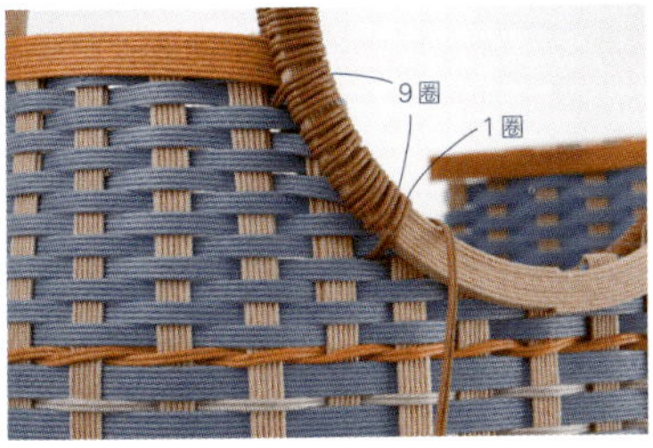

25 只给外侧部件缠绕 9 圈，然后和提篮、内侧部件一起缠绕 1 圈。

26 给外侧部件缠绕 5 圈，然后和提篮、内侧部件一起缠绕 1 圈，再只给外侧部件缠绕 14 圈，然后和提篮、内侧部件一起缠绕 1 圈。

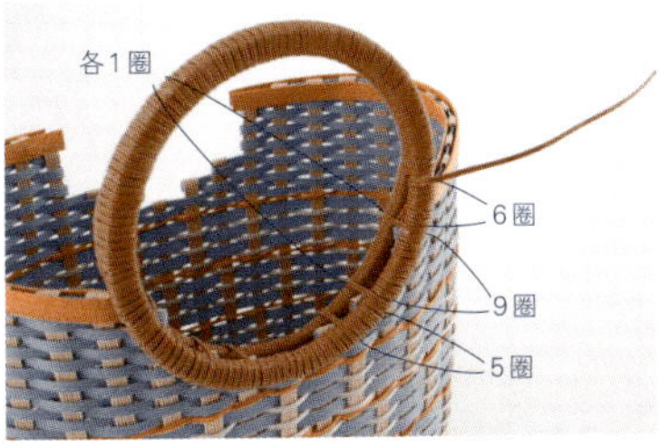

27 给外侧部件缠绕 5 圈，然后和提篮、内侧部件一起缠绕 1 圈，再给外侧部件缠绕 9 圈，然后和提篮、内侧部件一起缠绕 1 圈，最后给外侧部件缠绕 6 圈。

※ 如果提手上有缝隙出现，可通过改变提手缠绕绳的缠绕次数进行调整。

28 缠绕结束处涂上黏合剂，往外侧部件上缠绕 1 圈，拉紧编绳，然后裁掉多余部分。

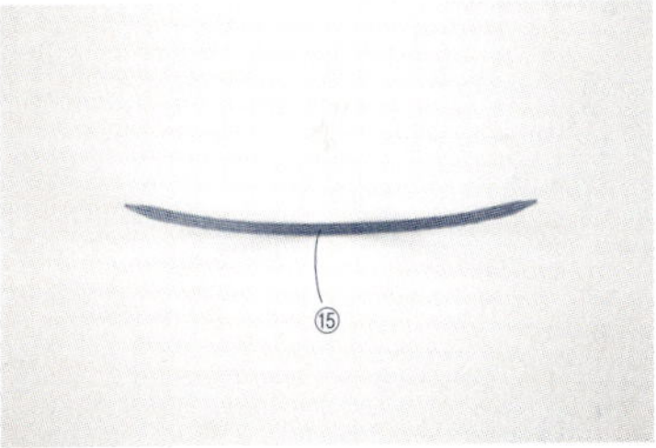

29 把 1 根⑮提手收尾绳对齐 2 个部件中间的空隙，裁剪两角，粘贴到部件之间的空隙上。

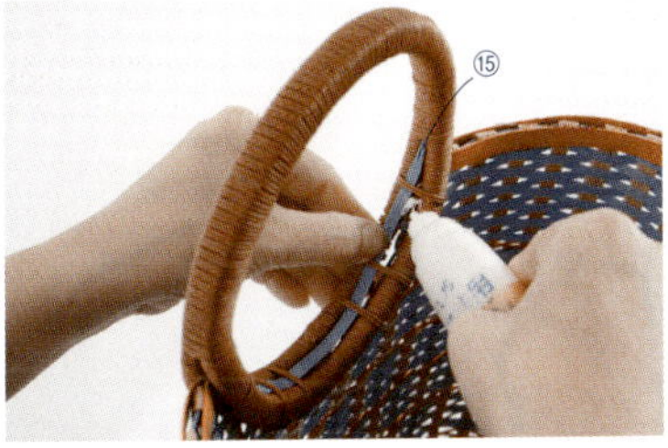

30 另一只提手也按照步骤 **17~29** 进行编织。

蝴蝶结时尚手拿包 彩图：p.14

■材料

纸藤（咖啡色 /No.9）5m 卷、纸藤（白木色 /No.1A）30m 卷……各1卷

直径1.4cm 的磁铁吸扣……1组

■完成尺寸

约26cm × 5cm × 14cm

■需要准备的纸藤的股数和根数

※ 指定颜色以外为咖啡色。

①横绳……6股宽 3根 长57cm（白木色）
②横绳……8股宽 2根 长25cm（白木色）
③竖绳……6股宽 15根 长40cm（白木色）
④收尾绳……6股宽 2根 长4cm（白木色）
⑤编绳……3股宽 6根 长450cm（白木色）
⑥编绳……2股宽 2根 长380cm（白木色）
⑦盖子芯编绳……6股宽 2根 长50cm
⑧盖子编绳……2股宽 1根 长400cm
⑨蝴蝶结芯编绳……3股宽 3根 长20cm
⑩蝴蝶结编绳……2股宽 1根 长250cm
⑪蝴蝶结固定绳……1股宽 1根 长30cm
⑫蝴蝶结中心绳……12股宽 1根 长7cm
⑬盖子顶端绳……12股宽 1根 长4cm
⑭盖子收尾绳……12股宽 1根 长7cm（白木色）
⑮边缘编绳……12股宽 2根 长25cm（白木色）

■平面裁剪图

多余的部分 =

参照平面裁剪图，裁剪、分割指定长度的纸藤。在①~③的中心处做上标记。参照 p.23 裁剪、分割纸藤

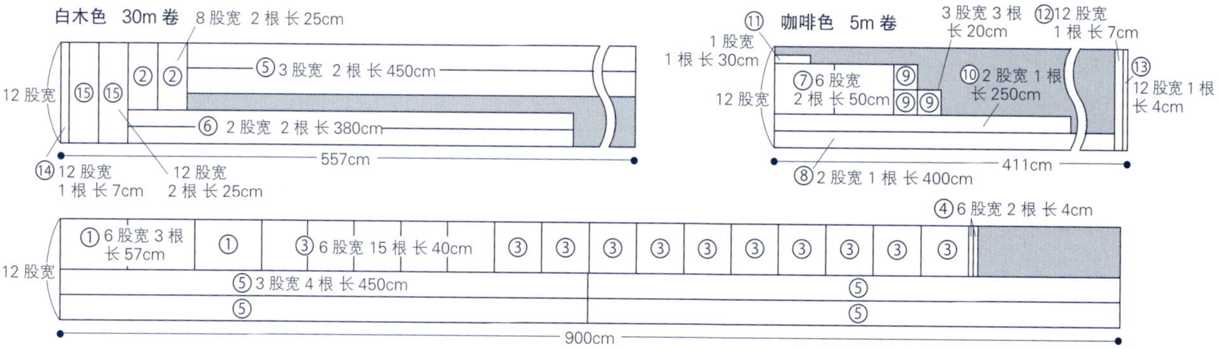

■制作方法

※ 为了清晰可见，纸藤的颜色有所改变。

◇编织底部

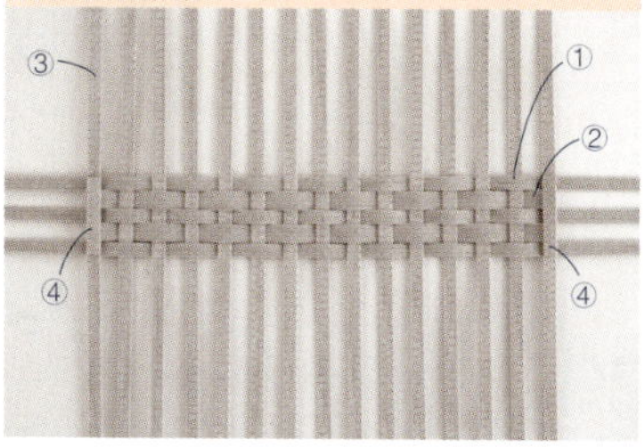

1 使用①～④编绳编织方形底部。四周的编绳直立竖起。

≫参照 p.41 方形底部、p.42 竖起编绳

◇编织侧面、处理边缘

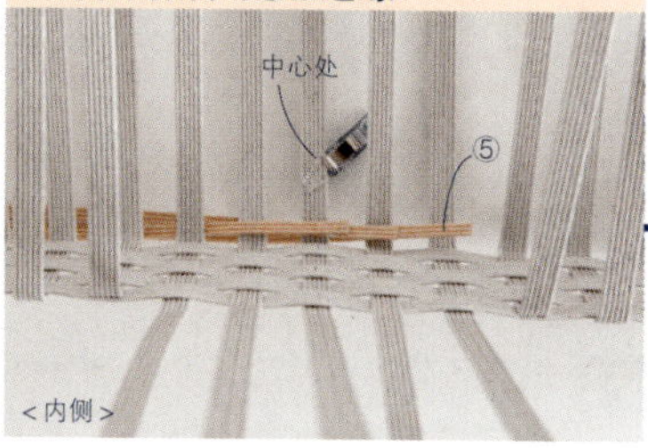

2 把 3 根⑤编绳粘贴到侧面中心处竖绳的背面。中途可连接编绳，进行 14 行盔甲编。裁掉多余的部分，末端粘贴到编绳上。

※ 编织结束的一面成为提篮的背面。

≫参照 p.28 盔甲编法

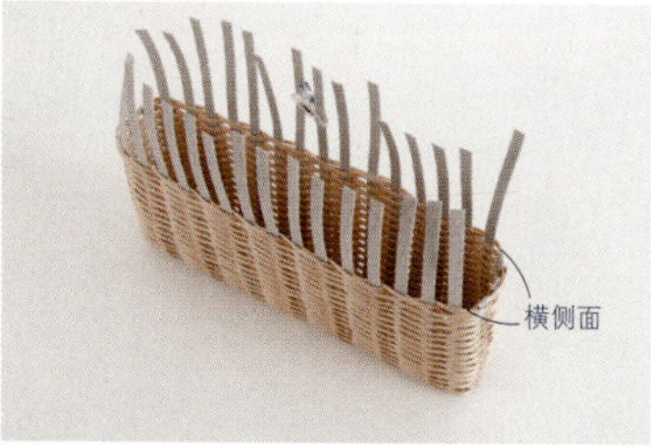

3 把左右横侧面的各3根竖绳往内侧折叠，插入编目里。

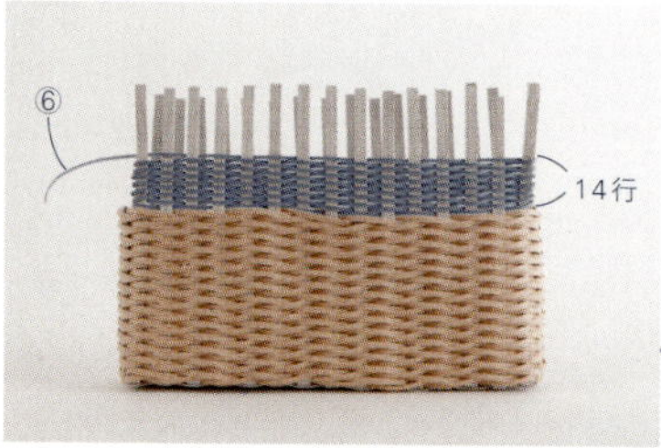

4 用 1 根⑥编绳在一个侧面进行 14行引返编织。裁掉多余的部分，末端粘贴到编绳上。

≫参照 p.38 引返编织法

⑥编绳的编织开始处折叠 0.7cm，然后每25.5cm做上标记，把标记处和竖绳的一端对齐，编织一定宽度。

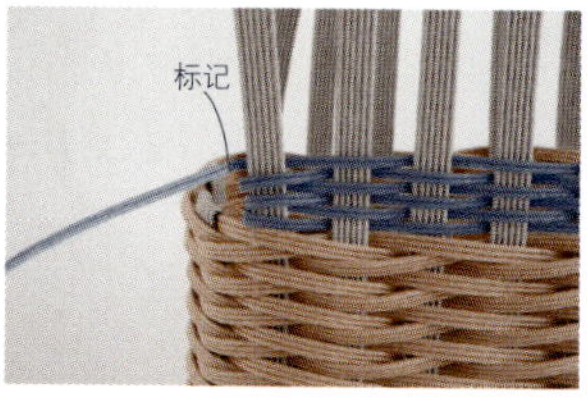

5 把竖绳往内外两侧依次交替折叠，插入编目里。另一侧也按照步骤 **4**、**5** 进行编织。

◇制作盖子

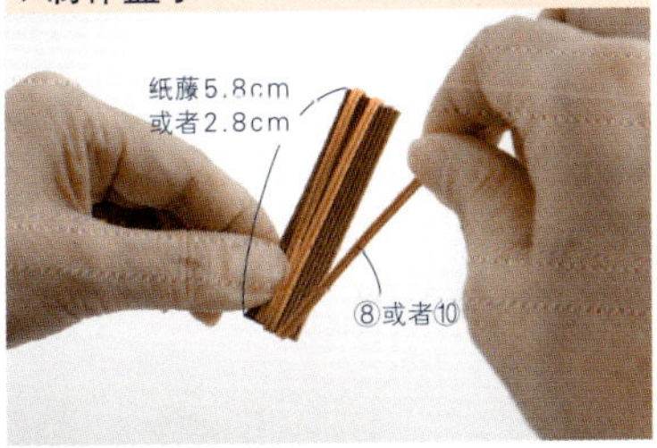

6 把⑧盖子编绳缠绕到长 5.8cm 的编绳（指定所需材料以外的）上，把⑩蝴蝶结编绳折叠 1cm 之后，缠绕到长 2.8cm 的编绳（指定所需材料以外的）上，缠绕出明显的绕痕。

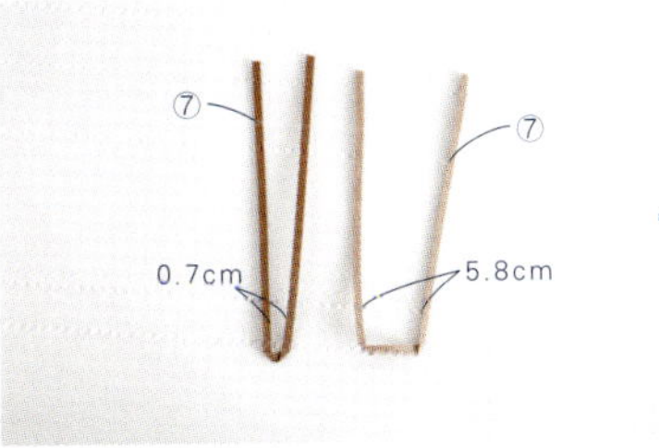

7 使用 2 根⑦盖子芯编绳，分别折成**コ**字形，如图所示组合到一起。

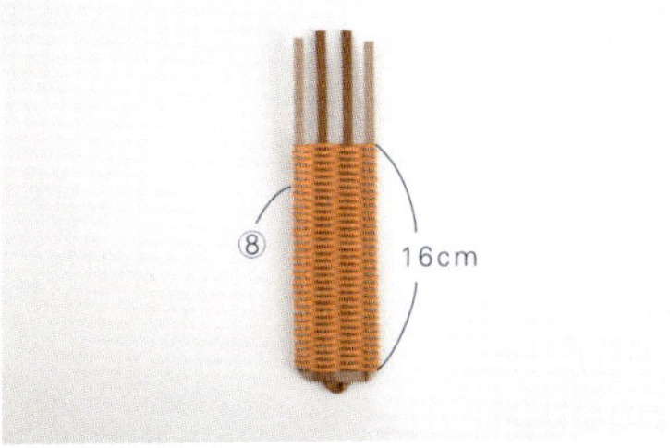

8 使用⑧盖子编绳进行 16cm 引返编织。编织开始处粘贴到左端盖子芯编绳的背面（参照步骤 **9**）。

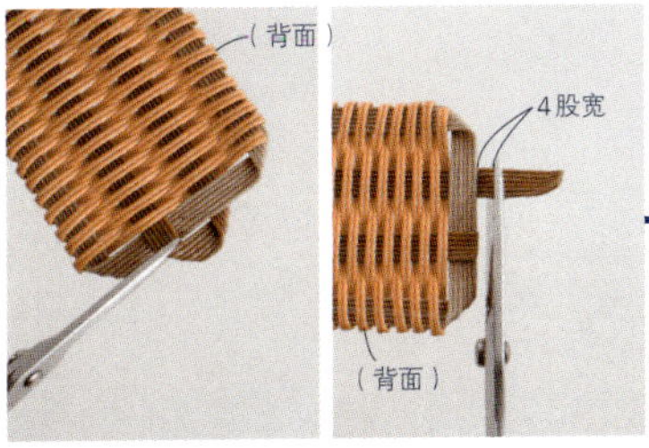

9 裁剪内侧的盖子芯编绳的 2 处，粘贴固定编绳的背面。

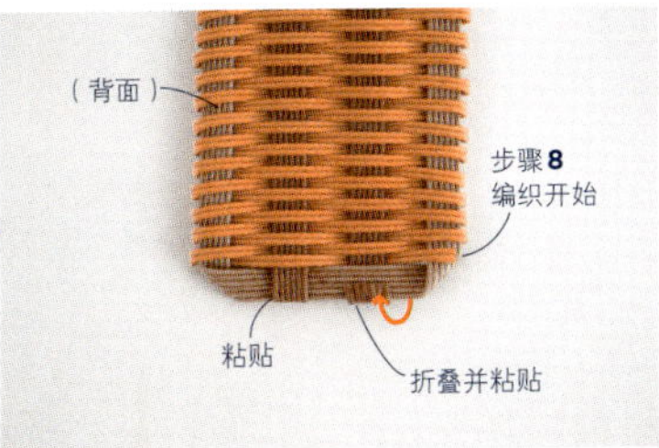

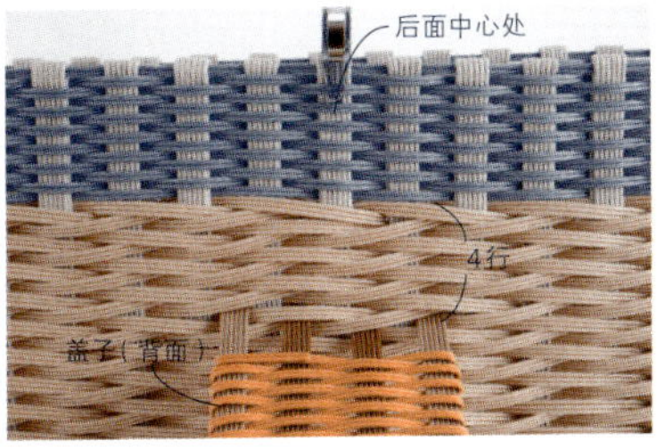

10 把盖子芯编绳的顶端插入后面中心处的盔甲编部分从上数第 4 行和第 5 行之间。

11 把盖子编绳的顶端往上折叠，留出 3cm 后裁掉粘贴固定。

12 把⑭盖子收尾绳的角裁成圆形，粘贴到步骤 **11** 的编绳的顶端上面。

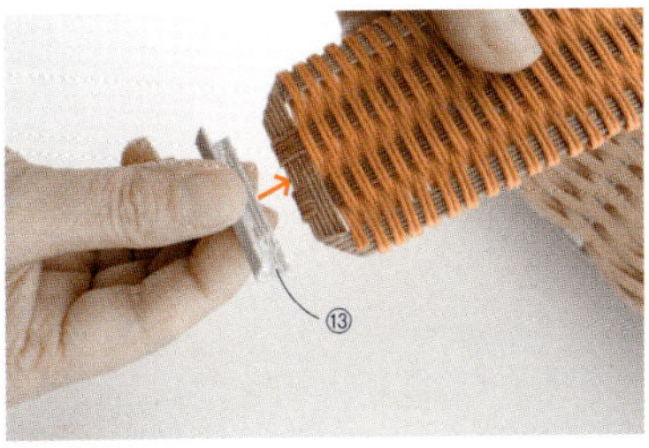

13 把⑬盖子顶端绳如图所示对折弯曲，不要有折痕，粘贴到盖子的顶端。

◇制作蝴蝶结

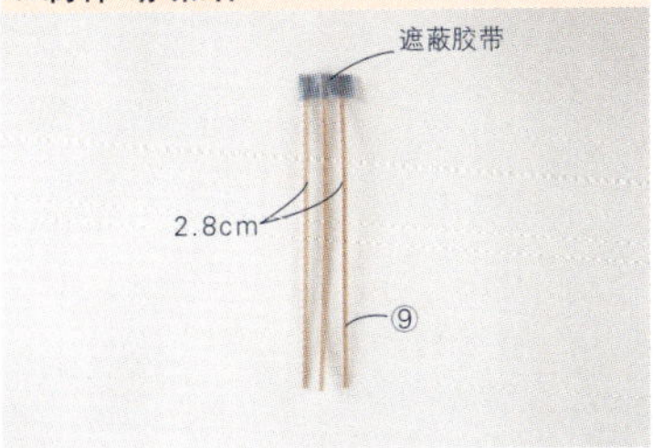

14 把 3 根⑨蝴蝶结芯编绳等间隔摆放，用遮蔽胶带固定。

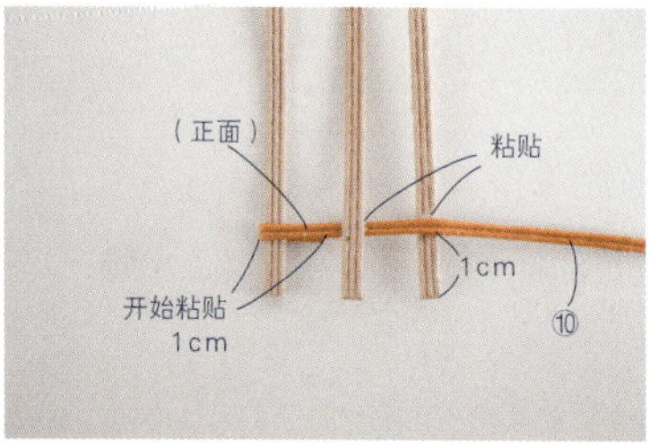

15 把⑩蝴蝶结编绳折叠的 1cm 处顶端，挂到左边的蝴蝶结芯编绳上，并粘贴固定。剩余的 2 根蝴蝶结芯编绳也如图所示粘贴固定到蝴蝶结编绳上。

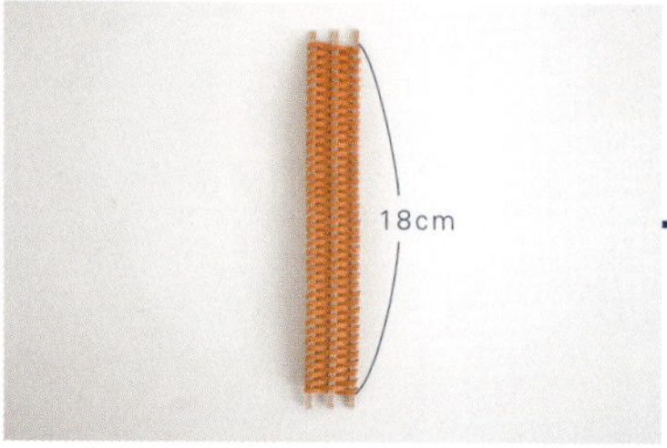

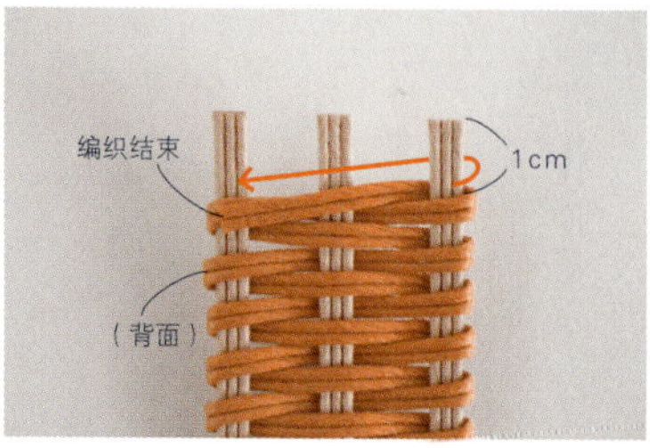

16 引返编织 18cm，编织结束处粘贴到背面的编绳上。把编织部分的上下两端粘贴到蝴蝶结芯编绳上，蝴蝶结芯编绳留出 1cm 后裁掉。

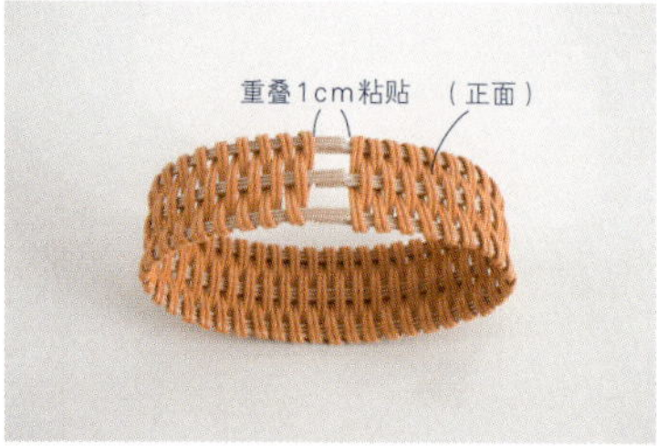

17 把部件弯曲，编绳两端对齐，在中心位置重叠粘贴固定。

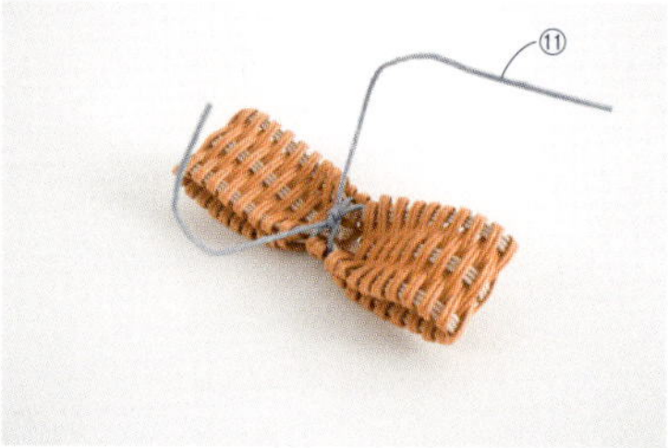

18 把部件的中心处用手压平，用⑪蝴蝶结固定绳卷 2 圈。打 2 次结，打结处涂上黏合剂，然后裁掉多余的部分。

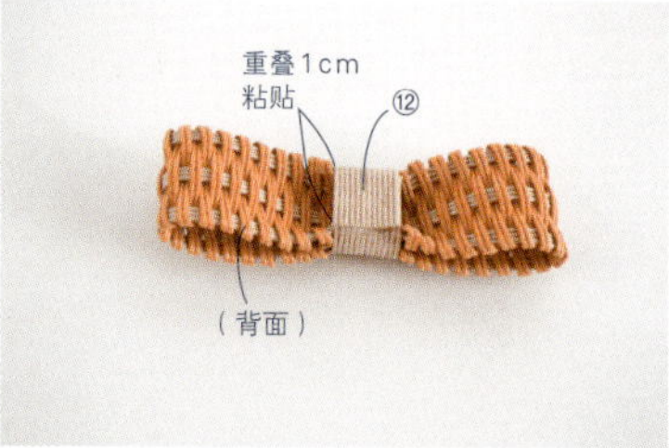

19 缠上⑫蝴蝶结中心绳，在背面重叠 1cm 后对齐粘贴固定，然后整理形状。

◇安装磁铁吸扣

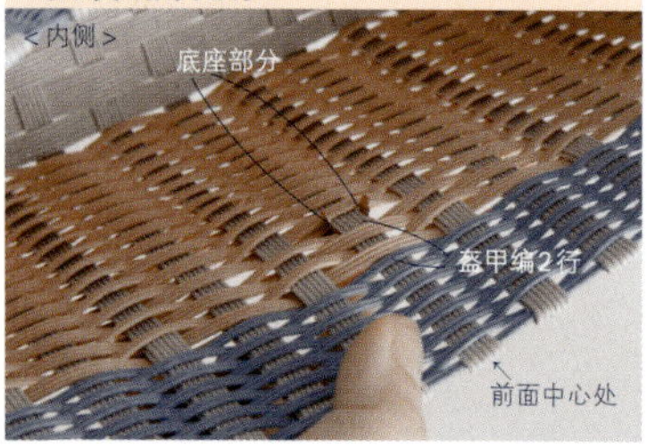

20 把磁铁吸扣（凹）底座部分夹着前面中心处竖绳，从外侧插入内侧。

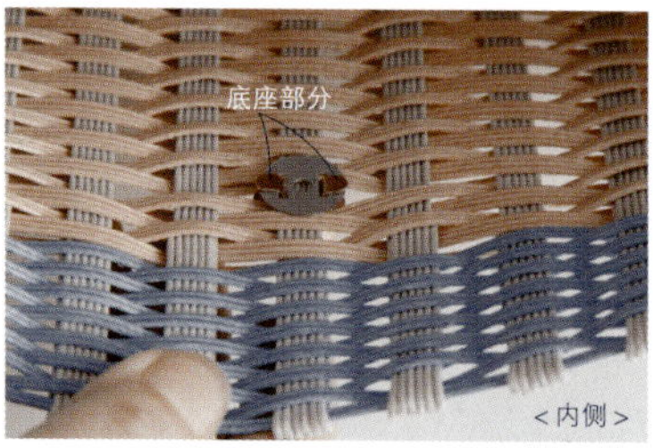

21 把金属部件镶嵌到吸扣底座部分上，用钳子把底座部分如图所示往外侧摁压。

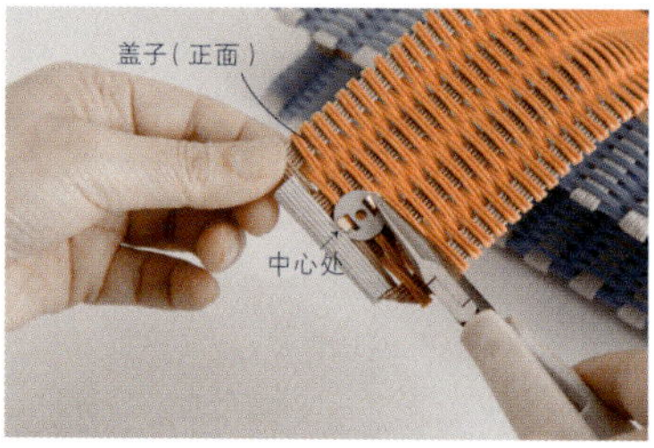

22 把磁铁吸扣（凸）底座部分，从背面插入到盖子正面的中心处引返编织部分的第 3 行或者第 4 行的位置。金属部件镶嵌到底座部分上，用钳子把内嵌部分往外侧摁压。

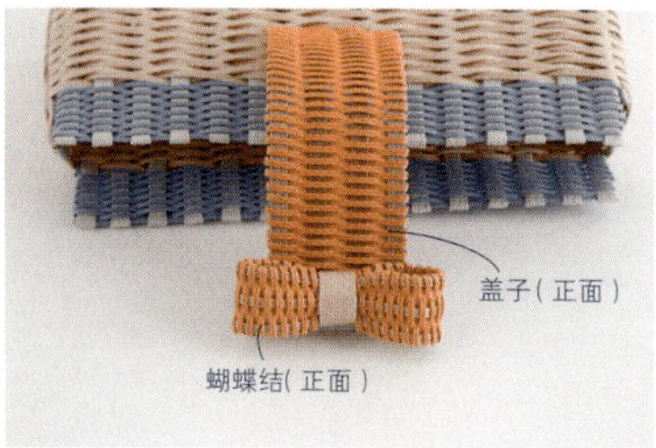

23 把蝴蝶结粘贴到盖子的正面。

◇安装边缘

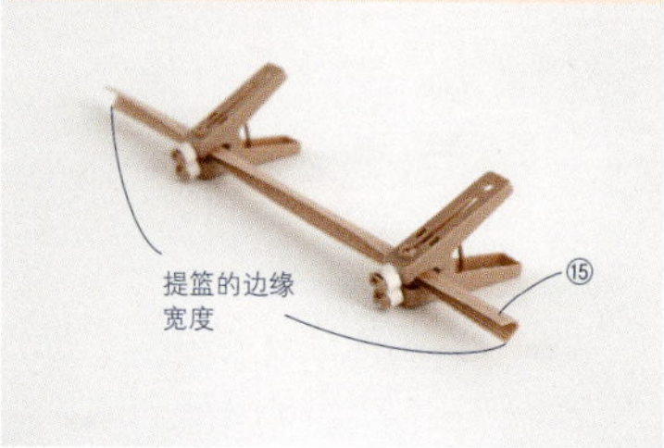

24 把 1 根⑮边缘编绳沿着提篮的边缘宽度进行裁剪，如图所示用洗晒夹顶头夹住，做出弯痕。注意如果硬折的情况下，编绳可能会断开。

25 把⑮边缘编绳粘贴到提篮边缘上。另一侧也按照步骤 **24**、**25** 进行编织。

席纹双色提篮　彩图：p.16

■材料

纸藤（白色/No.2）5m卷……2卷、纸藤（黑色/No.6）30m卷……1卷

■完成尺寸

约31.5cm×9cm×16.5cm（不含提手）

■需要准备的纸藤的股数和根数　※指定颜色以外为黑色。

①横绳……4股宽 17根 长76cm
②竖绳……4股宽 37根 长54cm
③竖绳……4股宽 23根 长54cm（白色）
④编绳……4股宽 19根 长83cm
⑤编绳……4股宽 9根 长83cm（白色）
⑥边缘内侧收尾绳……6股宽 2根 长10cm
⑦边缘内侧收尾绳……6股宽 2根 长30cm
⑧提手芯内用绳……8股宽 2根 长32cm
⑨提手收尾绳……8股宽 2根 长20cm
⑩边缘内用绳……12股宽 1根 长81cm
⑪边缘外侧收尾绳……4股宽 4根 长10cm
⑫边缘外侧收尾绳……4股宽 4根 长30cm
⑬边缘外用绳……12股宽 1根 长84cm
⑭提手芯外用绳……8股宽 2根 长30cm
⑮提手缠绕绳……2股宽 2根 长320cm

■平面裁剪图　多余的部分＝

参照平面裁剪图，裁剪、分割指定长度的纸藤。在①～③、⑥、⑦的中心处做上标记。≫参照p.23裁剪、分割纸藤

白色　5m卷

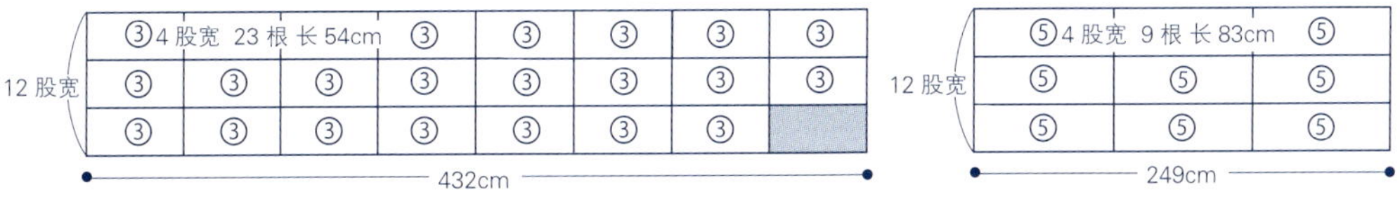

黑色　30m卷

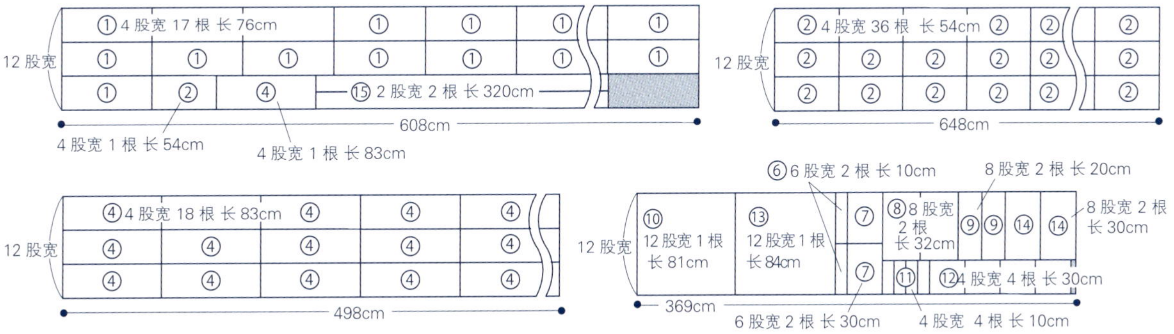

■制作方法　※为了清晰可见，纸藤的颜色有所改变。

◇编织底部

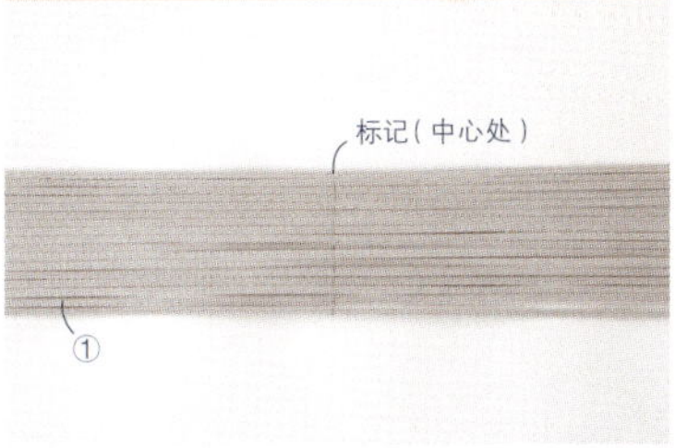

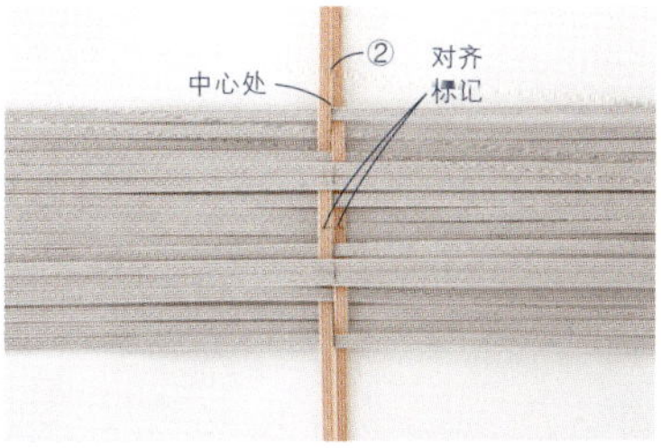

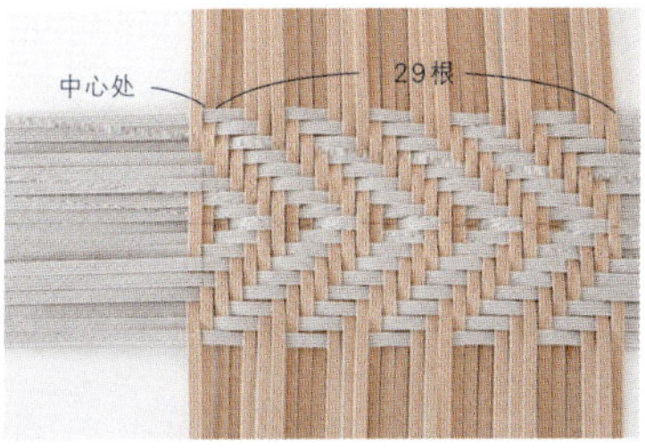

1　把17根①横绳的中心处的标记对齐，无缝隙摆放。≫参照p.34席纹编法

2　参照编织图（p.101），把2根②竖绳穿进去，夹住中心处标记。此时，步骤**1**的上下中心处和②竖绳的标记对齐。

3　把29根②竖绳如图所示穿过步骤**2**的编绳右侧。

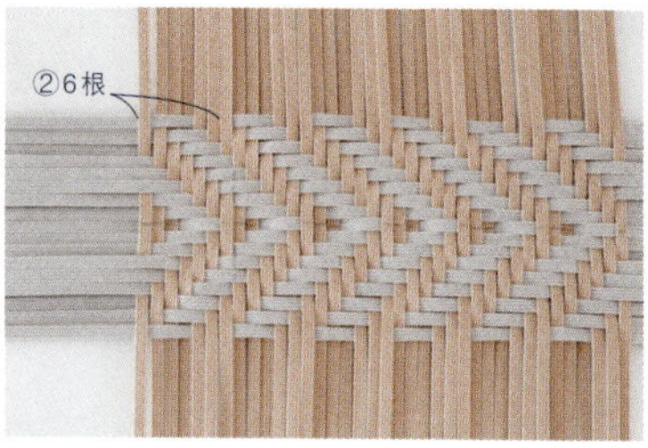

4 把6根②竖绳如图所示穿过左侧。

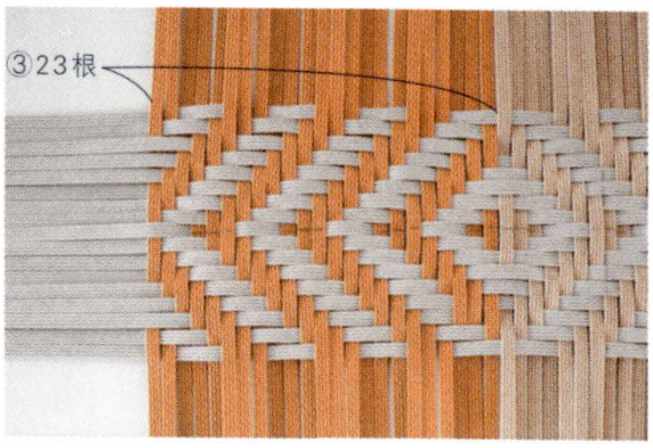

5 把23根③竖绳如图所示继续穿过左侧。

6 底面编织完成。

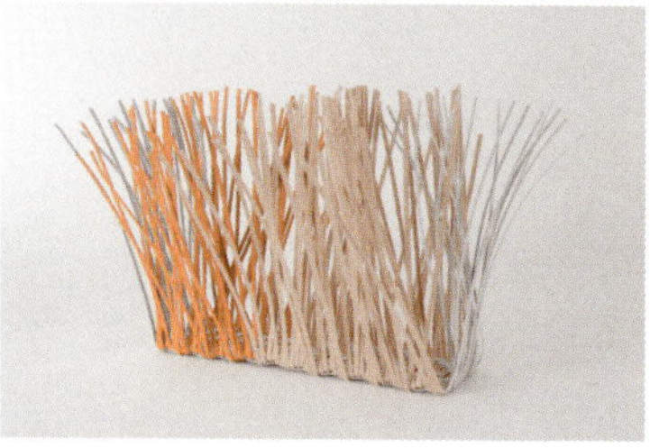

7 翻转过来，把四周的编绳直立竖起。

≫参照 p.42 竖起编绳

◇编织侧面

8 参照编织图，用 19 根④编绳进行 19 行环形编。

≫参照 p.39 环形编法

角部没有折痕、没有缝隙，紧紧编织。

9 用9根⑤编绳进行9行环形编。

◇处理边缘、安装提手

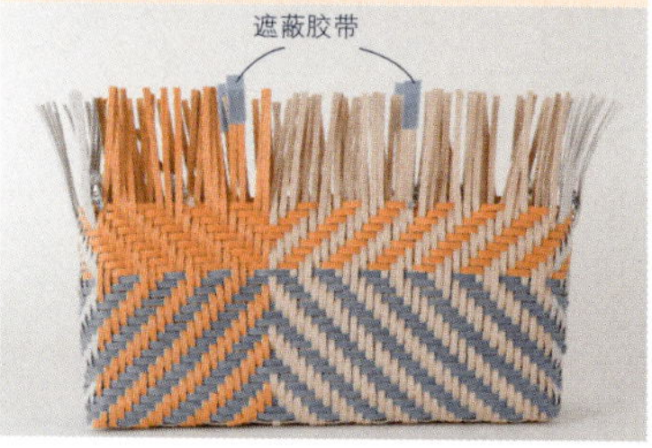

10 把成为提手的竖绳（参照 p.101 编织图，以下称为提手），顶端 4 处粘贴上遮蔽胶带。

11 把 1 根⑥边缘内侧收尾绳粘贴到提手之间竖绳的背面。此时，下方编绳上端和⑥边缘内侧收尾绳的下端对接。另一侧也如此。

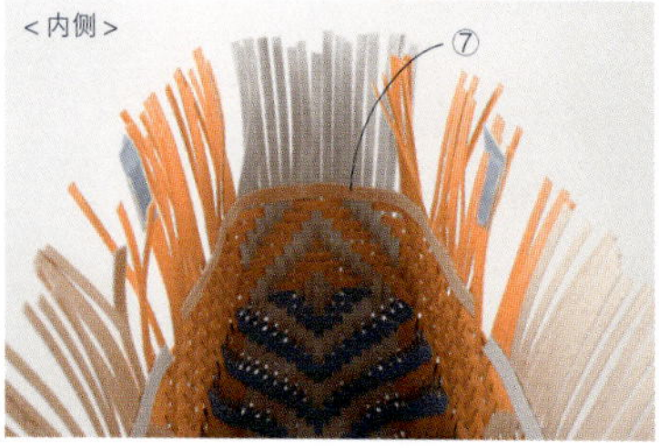

12 把 1 根⑦边缘内侧收尾绳如图所示粘贴到提手与提手之间横侧面竖绳的背面。然后和提手处的编绳对接，过长的情况下裁掉多余的部分。另一侧也如此。

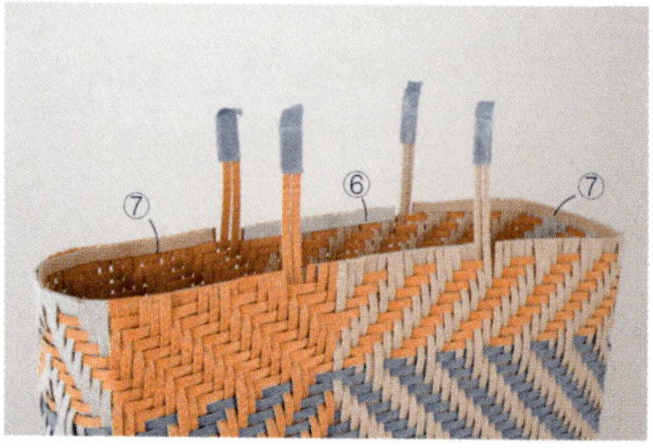

13 和⑥、⑦边缘内侧收尾绳的上端对齐，裁掉提手以外的竖绳。

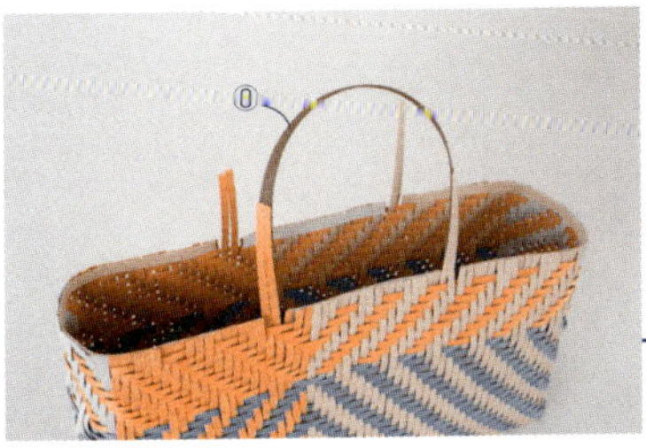

14 把 1 根⑧提手芯内用绳粘贴到提手背面。

如图所示把编绳上端和⑧提手芯内用绳的下端对接。

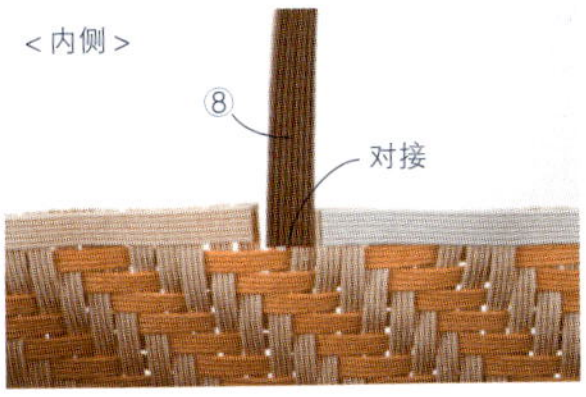

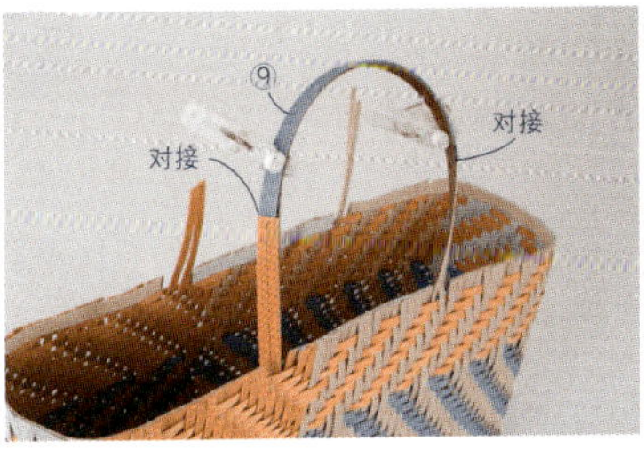

15 把 1 根⑨提手收尾绳粘贴到⑧提手芯内用绳的外侧，把提手和编绳两端对接到一起，裁掉多余的部分，然后粘贴固定。另一只提手也按照步骤 **14**、**15** 进行编织。

16 把⑩边缘内用绳粘贴到内侧，和⑥、⑦边缘内侧收尾绳的下端对齐粘贴。末端与粘贴开始处重叠 1cm，裁剪后粘贴固定。

17 在提手和提手之间的⑩边缘内用绳的外侧，上端对齐，分别粘贴 2 根⑪、⑫边缘外侧收尾绳，裁掉多余的部分。

18 和步骤 **17** 一样，在⑪和⑫边缘外侧收尾绳的外侧再分别粘贴 2 根⑪和⑫边缘外侧收尾绳。

19 把⑬边缘外用绳粘贴到边缘的外侧。末端与粘贴开始处重叠 1cm，裁剪后粘贴固定。

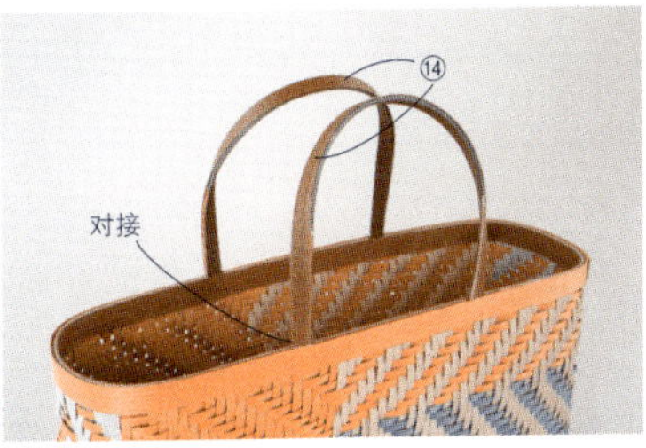

20 在提手的外侧，分别粘贴 1 根⑭提手芯外用绳。边缘上端和编绳两端对接，裁掉多余的部分。

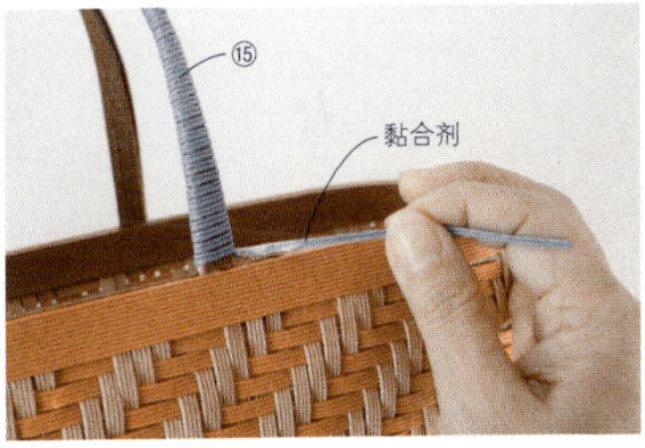

21 把 1 根⑮提手缠绕绳缠到提手上（参照 p.43 步骤 **7**）。缠绕结束处在 1 圈长度的编绳背面涂黏合剂粘贴。

22 把编绳穿过内侧缠绕的 2 圈，拉紧，裁掉多余的部分。

23 另一只提手也按照步骤 **21**、**22** 进行编织。

花结纽扣带盖提篮 彩图：p.17

■材料

纸藤（墨鱼黑色/No.31）5m 卷……1卷、纸藤（白木色/No.1A）30m 卷……1卷

■完成尺寸

约25cm×19cm×18cm
（不含提手）

■需要准备的纸藤的股数和根数 ※指定颜色以外为白木色。

①横绳……6股宽 7根 长60cm
②横绳……8股宽 6根 长16cm
③竖绳……6股宽 9根 长54cm
④收尾绳……6股宽 2根 长11cm
⑤编绳……2股宽 2根 长530cm
⑥插入绳……6股宽 8根 长23cm
⑦编绳……2股宽 3根 长90cm
⑧编绳……6股宽 2根 长570cm
⑨编绳……2股宽 3根 长260cm
⑩边缘内用绳……12股宽 1根 长80cm
⑪盖子横绳……6股宽 7根 长44cm
⑫盖子横绳……8股宽 6根 长16cm
⑬盖子竖绳……6股宽 9根 长37cm
⑭盖子收尾绳……6股宽 2根 长11cm
⑮盖子编绳……2股宽 2根 长400cm
⑯盖子插入绳……6股宽 8根 长14cm
⑰盖子编绳……2股宽 3根 长85cm
⑱盖子编绳……6股宽 2根 长240cm
⑲盖子编绳……2股宽 3根 长260cm
⑳纽扣编绳……3股宽 3根 长30cm（墨鱼黑色）
㉑纽扣安装绳……1股宽 1根 长30cm（墨鱼黑色）
㉒纽扣环用绳……1股宽 6根 长50cm
㉓圆环编绳……2股宽 2根 长10cm
㉔圆环缠绕绳……1股宽 2根 长50cm
㉕穿圆环编绳……6股宽 2根 长13cm
㉖提手内层用绳……6股宽 1根 长100cm
㉗提手芯编绳……6股宽 2根 长46cm
㉘提手外层用绳……6股宽 1根 长101cm
㉙提手缠绕绳……2股宽 1根 长520cm

■平面裁剪图 多余的部分=

参照平面裁剪图，裁剪、分割指定长度的纸藤。在①~③、⑪~⑬、㉗的中心处做上标记。
≫参照 p.23 裁剪、分割纸藤

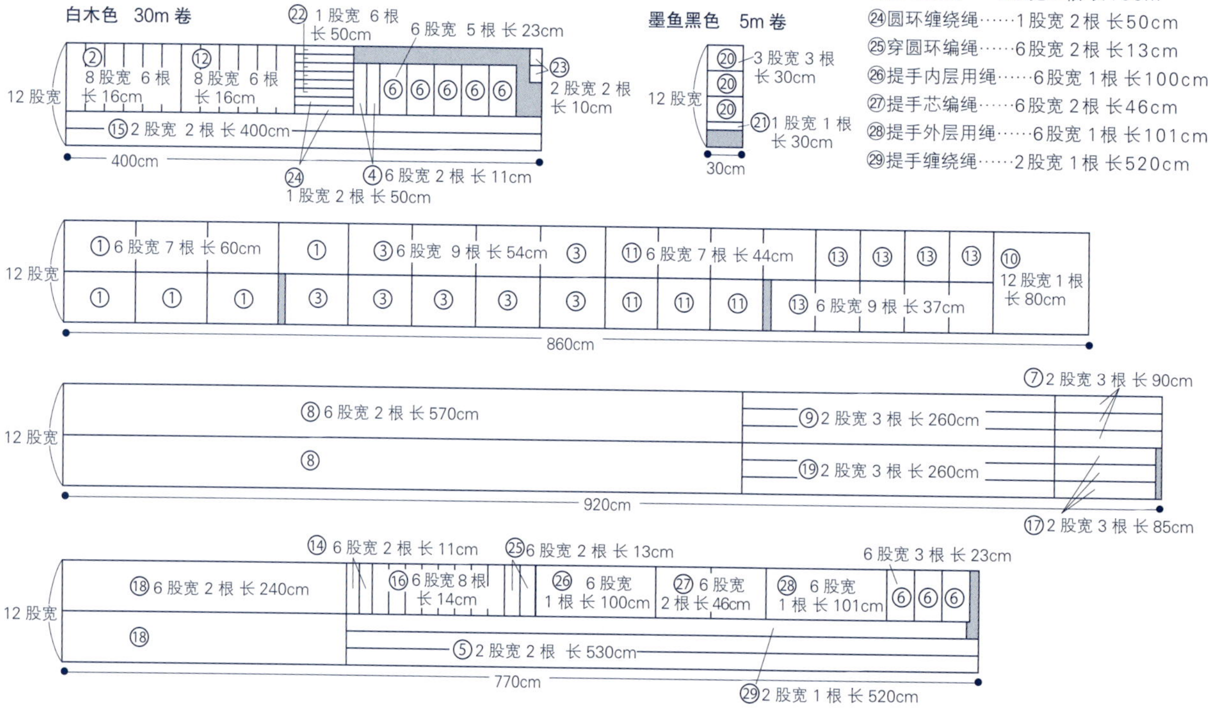

■制作方法 ※为了清晰可见，纸藤的颜色有所改变。

◇编织提篮主体

1 用①~⑧编绳，按照 p.59 的步骤 **1~6** 进行编织。⑧编绳多余的部分裁掉，末端粘贴到编绳上。
≫参照 p.37 直编法、p.41 椭圆形底部、p.42 竖起编绳

2 把3根⑨编绳粘贴到左侧面中心处背面的编绳上，进行3行3根绳编。裁掉多余的部分，末端粘贴到编绳上。
≫参照 p.31 的 3 根绳编法

3 把竖绳往内侧折叠，插入编目里。

4 在⑩边缘内用绳6股宽的部分涂上黏合剂，粘贴到边缘的内侧。从左边里面的角开始粘贴，末端与粘贴开始处重叠1cm，裁剪后粘贴固定。

※ ⑩边缘内用绳重叠一侧为背面。

◇编织盖子

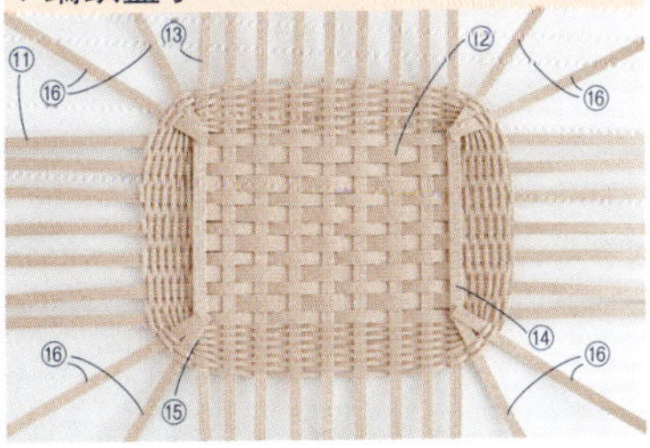

5 使用⑪～⑯编绳编织椭圆形底部。使用⑮盖子编绳进行4圈（8行）直编，粘贴上⑯盖子插入绳，再进行2圈（4行）直编。

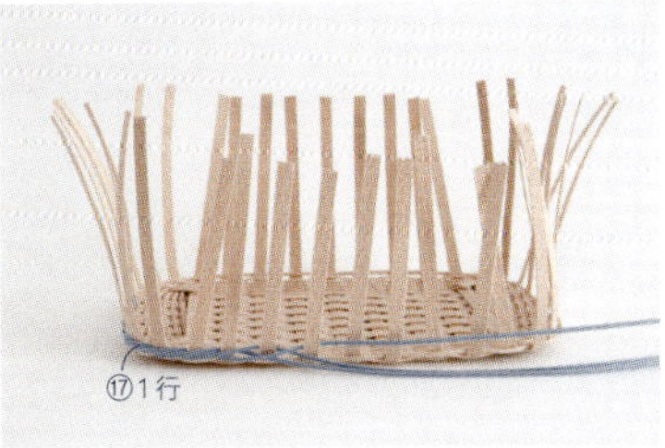

6 把四周的编绳直立竖起，用3根⑰盖子编绳进行1行3根绳编。裁掉多余的部分，末端粘贴到编绳上。

7 用2根⑱盖子编绳进行3圈（6行）直编，用3根⑲盖子编绳进行3行3根绳编。裁掉多余的部分，末端粘贴到编绳上。

提篮主体和盖子的外围花纹编织相同的长度。每编织1～2行之后测量一下，把误差控制在0.5cm以内，进行调整。如果产生了0.5cm以上的误差，需要拆开，重新编织。

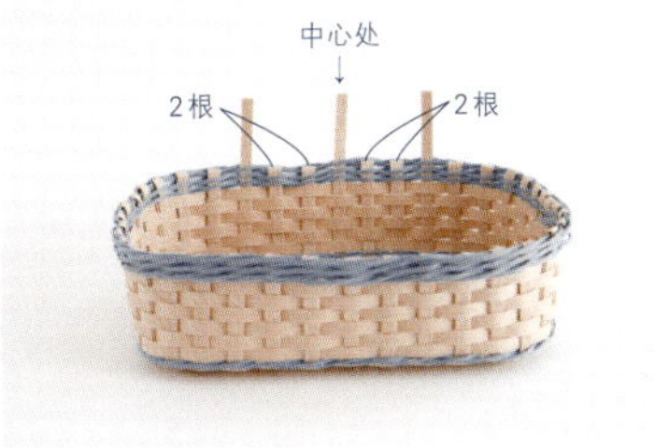

8 如图所示侧面中心的1根竖绳和两侧第3根竖绳留出，其余的竖绳往内侧折叠，插入编目里。

◇组合提篮主体和盖子

9 把盖子预留出的3根竖绳插入提篮主体后面竖绳的外侧。

10 把从提篮主体的编目中露出的竖绳末端裁掉。

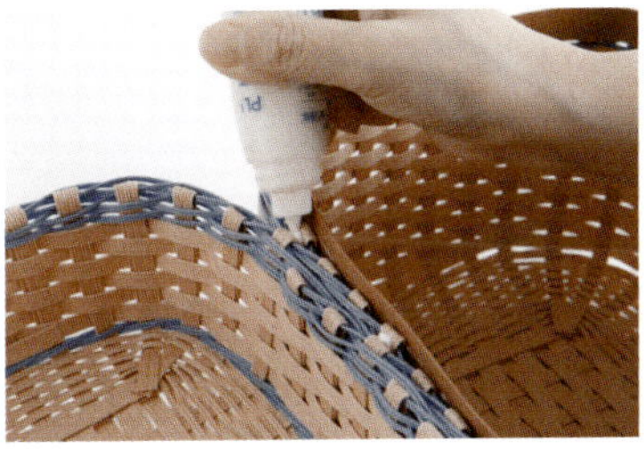

11 插入的竖绳和提篮主体的竖绳之间的3处，倒入一定量的黏合剂，注意不要溢出。

◇安装纽扣

12 用3根⑳纽扣编绳和1根㉑纽扣安装绳，编织花结纽扣。

≫参照p.45 花结纽扣

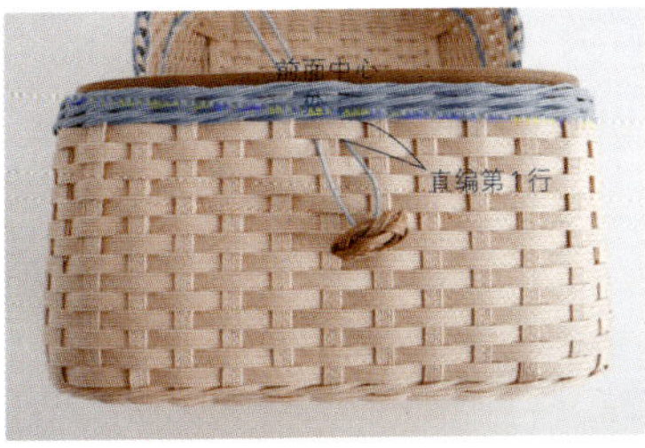

13 把纽扣安装绳的两端从外侧穿向内侧，中间夹着提篮主体的前面中心处竖绳。

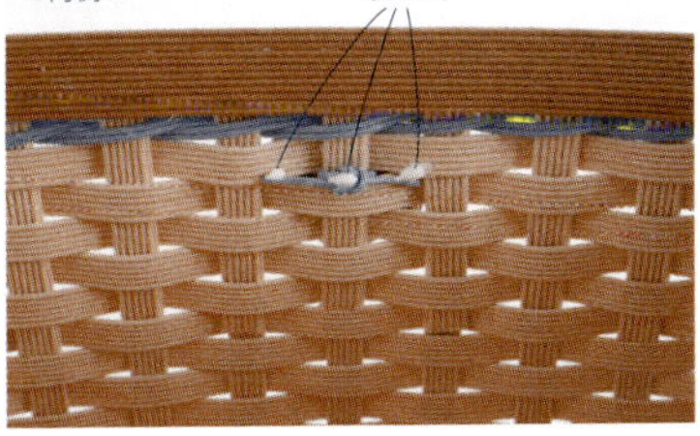

14 在内侧打2次结之后，末端留出1.5cm之后裁掉。打结处和编绳末端涂上黏合剂，把编绳末端粘贴到编目的内侧。

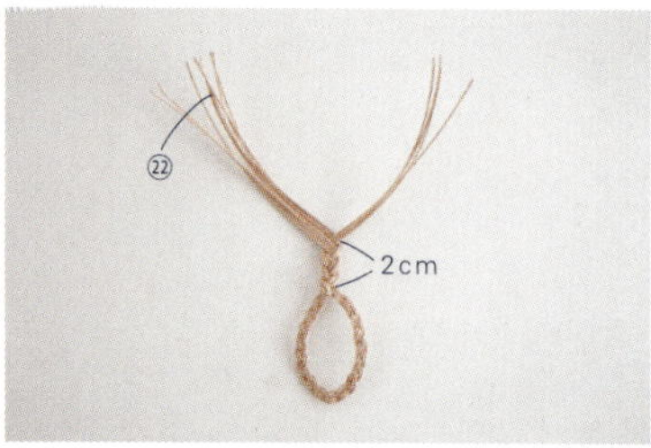

15 用 6 根㉒纽扣环用绳，编织纽扣环。

≫参照 p.45 纽扣环

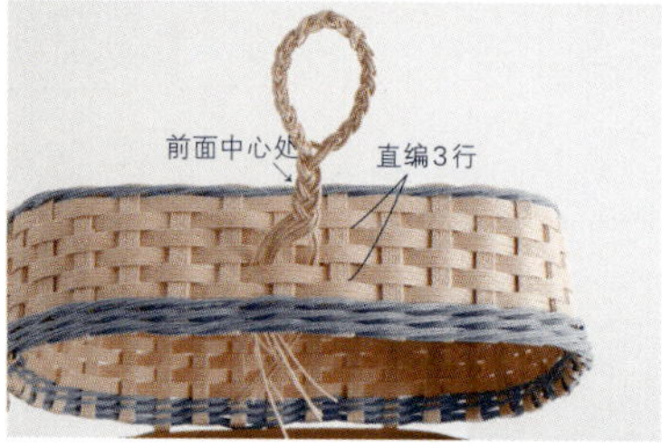

16 把纽扣环用绳的两端（一端为 2 股、8 根，另一端为 1 股）从外侧穿向内侧，中间夹着盖子的前面中心处竖绳。

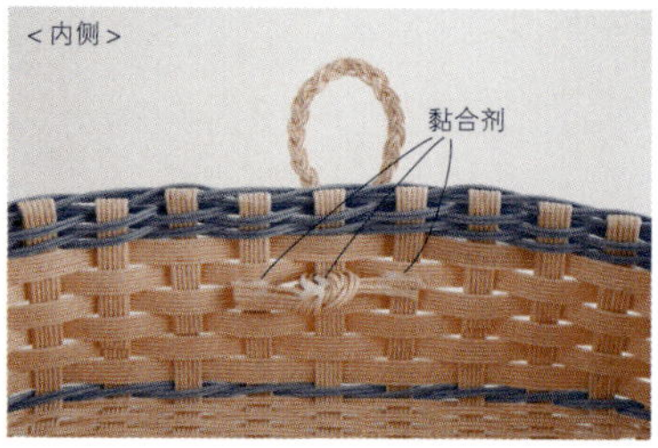

17 按照步骤 **14** 的方法进行处理。

◇安装提手

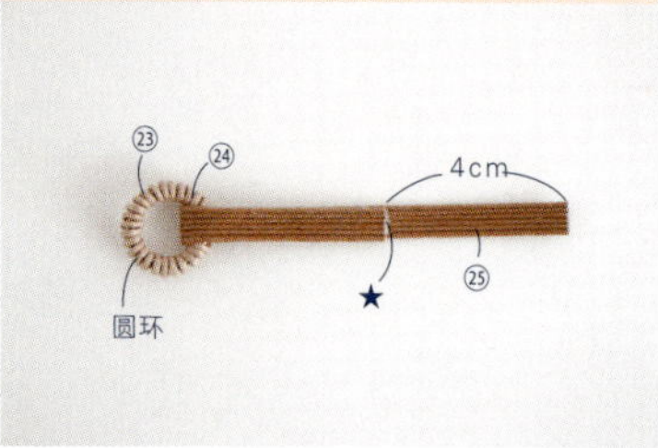

18 用 1 根㉓圆环编绳做一个 2 圈的环，然后缠上 1 根㉔圆环缠绕绳。把 1 根㉕穿圆环编绳穿过圆环，对折后粘贴。再制作 1 个。

≫参照 p.44 圆环

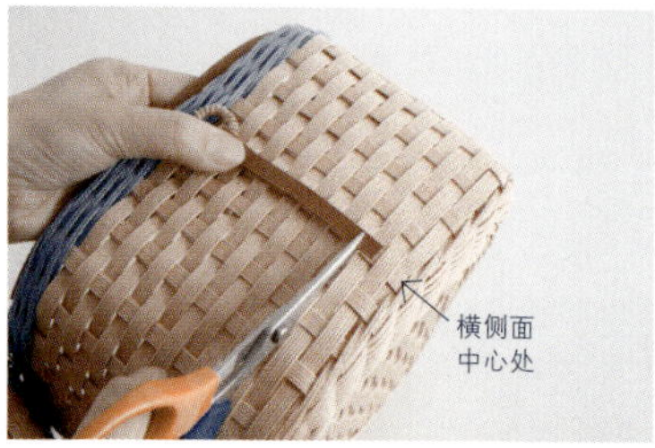

19 穿圆环编绳对齐横侧面中心处（参照步骤 **20**），把露出来的多余编绳末端裁掉。

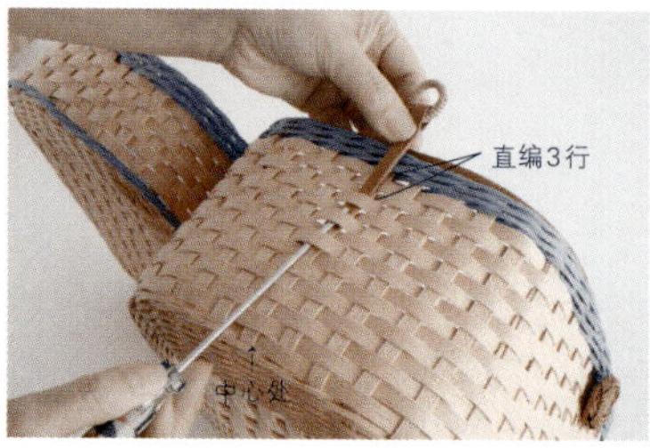

20 把步骤 **19** 的编绳从横侧面中心处竖绳位置插入直编部分第 3 行和第 4 行之间。此时，在步骤 **18** 中折叠的编绳末端一侧（★）放到内侧。

21 用一字螺丝刀把插入的编绳往左错开，在竖绳上涂上黏合剂，复位。

22 在穿圆环编绳和竖绳之间放入一定量的黏合剂，不要溢出。另一侧也按照步骤 **19~22** 进行编织。

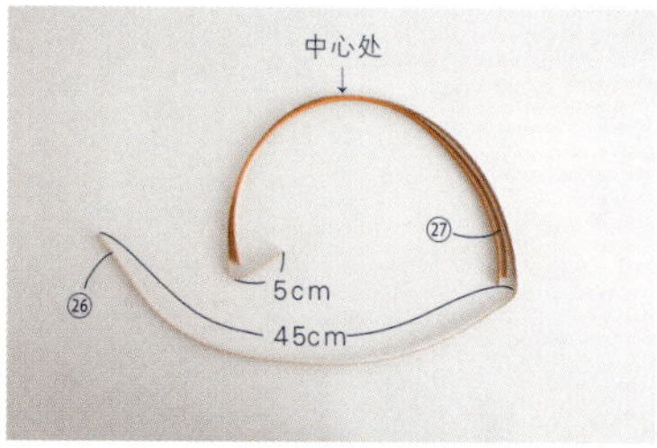

23 把㉖提手内层用绳的 2 处折叠，折痕与折痕之间的部分和 2 根㉗提手芯编绳的中心处对齐粘贴到一起。

≫参照 p.43 提手 A

24 把提手内层用绳的两端分别穿上圆环，粘贴起来。在黏合剂完全晾干之前，把提手前后移动整理成半圆形。

25 把㉘提手外层用绳的一端折叠。两端穿上圆环，把提手内层用绳夹到中间，粘贴起来。

26 缠绕上㉙提手缠绕绳。

镂空花纹提篮 彩图：p.18

■材料

纸藤（琥珀色 /No.30）
30m 卷……1 卷

■完成尺寸

约26cm×11cm×22cm
（不含提手）

■需要准备的纸藤的股数和根数

①横绳……6股宽 3根 长78cm
②横绳……12股宽 2根 长18cm
③竖绳……6股宽 9根 长64cm
④收尾绳……6股宽 2根 长5cm
⑤编绳……2股宽 2根 长300cm
⑥插入绳……6股宽 8根 长30cm
⑦编绳……4股宽 8根 长210cm
⑧菱形编织绳……2股宽 12根 长150cm
⑨菱形编织绳……2股宽 6根 长80cm
⑩编绳……12股宽 1根 长67cm
⑪边缘外用绳……12股宽 1根 长68cm
⑫边缘内用绳……12股宽 1根 长65cm
⑬边缘锁边绳……2股宽 2根 长190cm
⑭提手内层用绳……8股宽 2根 长76cm
⑮提手外层用绳……8股宽 2根 长77cm
⑯提手缠绕绳……2股宽 2根 长420cm
⑰提手装饰绳……4股宽 2根 长32cm

■平面裁剪图 多余的部分 =

参照平面裁剪图，裁剪、分割指定长度的纸藤。在①~③、⑰的中心处做上标记。≫参照p.23裁剪、分割纸藤

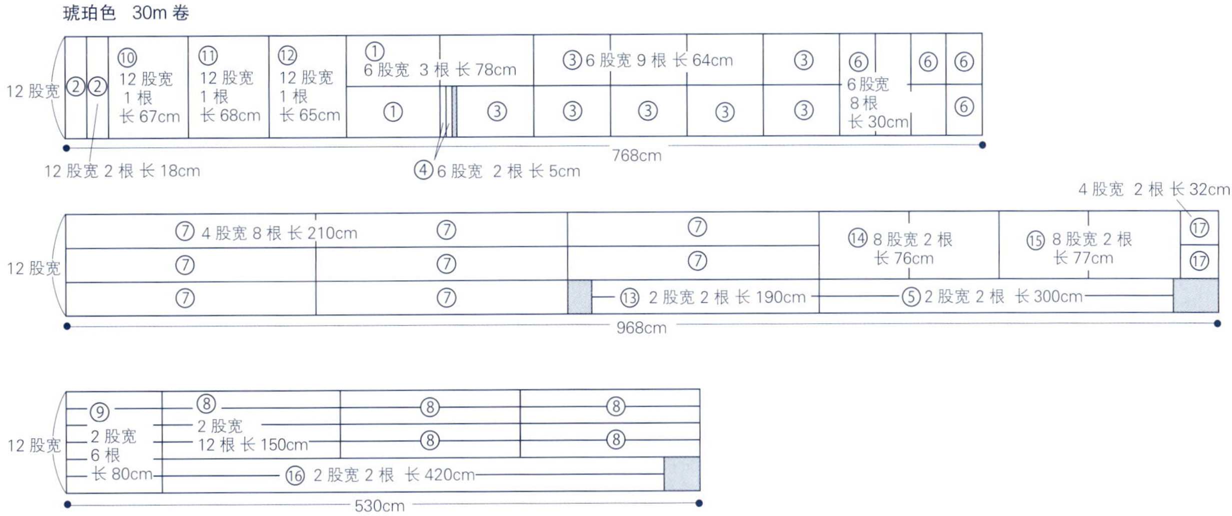

■制作方法 ※为了清晰可见，纸藤的颜色有所改变。

◇编织底部

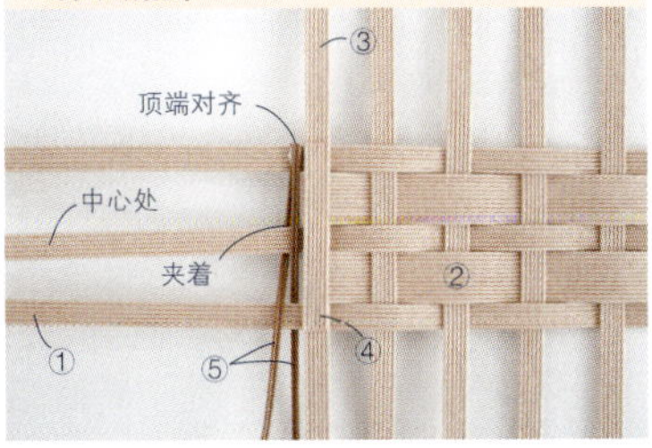

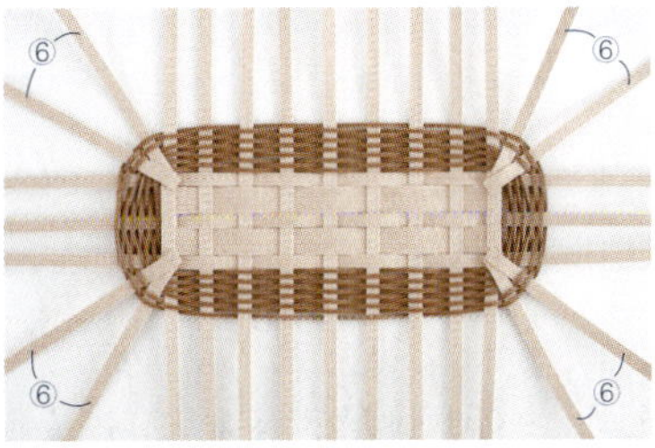

1 用①~⑥编绳编织椭圆形底部。把2根⑤编绳顶端对齐粘贴，中间夹着左侧面的横绳。进行3圈（6行）直编，粘贴⑥插入绳，再进行2圈（4行）直编。

≫参照p.37直编法、p.41椭圆形底部

◇编织侧面

2 进行直编。将2根⑦编绳粘贴上，中间夹住左侧面中心处竖绳。

3 将四周的编绳直立竖起，进行 3 圈（6 行）直编。裁掉多余的部分，末端粘贴到编绳上。
≫参照 p.42 竖起编绳

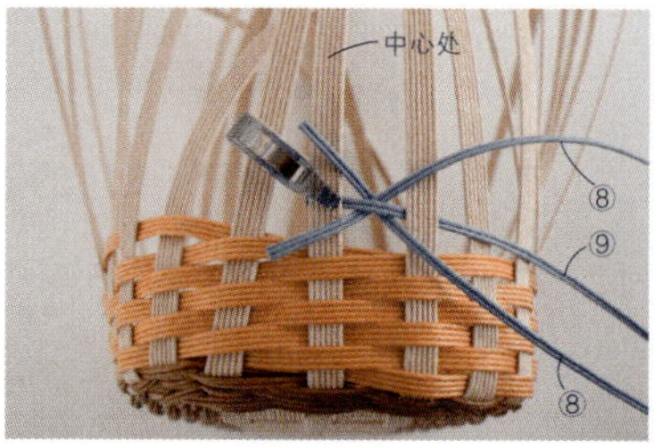

4 把 2 根⑧菱形编织绳和 1 根⑨菱形编织绳，如图所示通过洗晒夹夹到左侧面中心处竖绳上。
≫参照 p.32 菱形编织法

5 进行 1 行菱形编织。

6 使用 2 根⑧菱形编织绳和 1 根⑨菱形编织绳，按照步骤 **4**、**5** 的方法，再进行 1 行菱形编织。

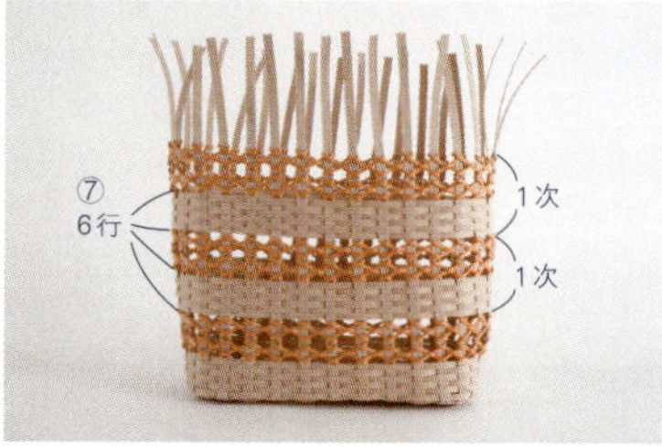

7 重复 2 次步骤 **2~6**。

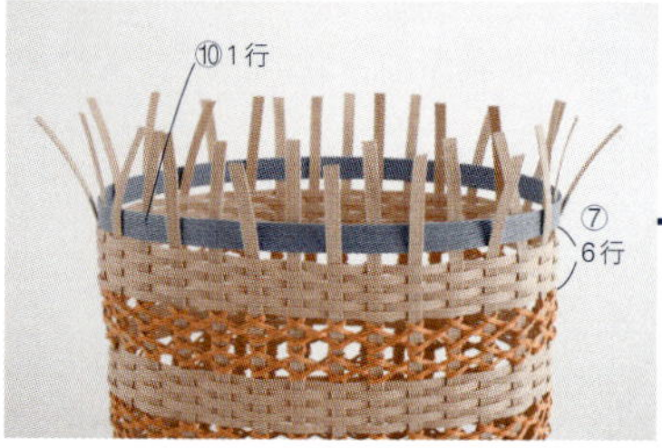

8 使用 2 根⑦编绳进行 3 圈（6 行）直编，使用 1 根⑩编绳进行 1 行素编。

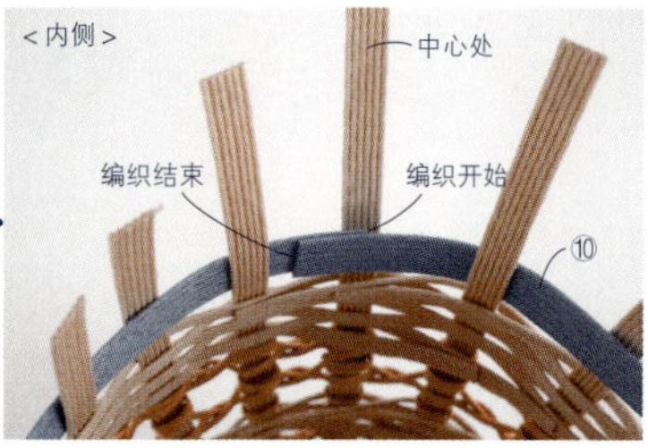

用洗晒夹把⑩编绳的编织开始处固定在左侧面中心处竖绳的背面，编织结束如图所示，末端与编织开始处重叠 1cm，裁剪后粘贴固定。
≫参照 p.26 素编法

◇处理边缘

9 把竖绳往内外两侧依次交替折叠，插入编目里。

10 用洗晒夹把⑪边缘外用绳固定到边缘外侧，把⑫边缘内用绳固定到边缘内侧。然后把编绳两端分别重叠在左侧面。

11 用⑬边缘锁边绳进行提篮锁边。编绳一端留出 6cm 后，从外侧穿向内侧。

12 把编绳和预留出的编绳的一端在内侧交错，然后在相同位置，从外侧再次穿向内侧。

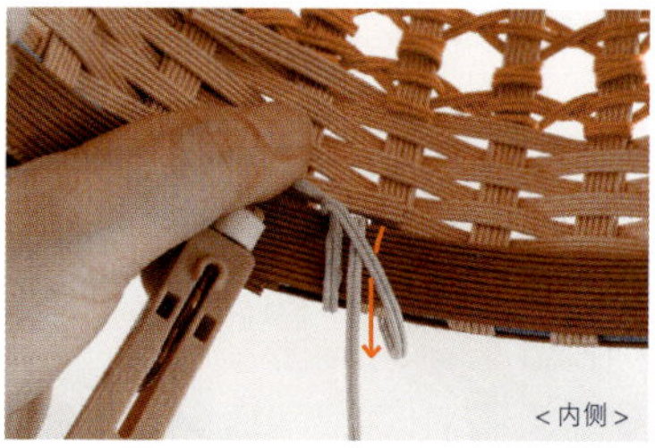

13 把编绳穿过环形下面，然后拉紧（参照步骤 **14**）。

14 重复步骤 **12**、**13**，如图所示在竖绳与竖绳之间进行 2 针的锁边。

边缘锁边绳连接时，在内侧留出1.5cm后裁剪，然后再粘贴上1根⑬边缘锁边绳。

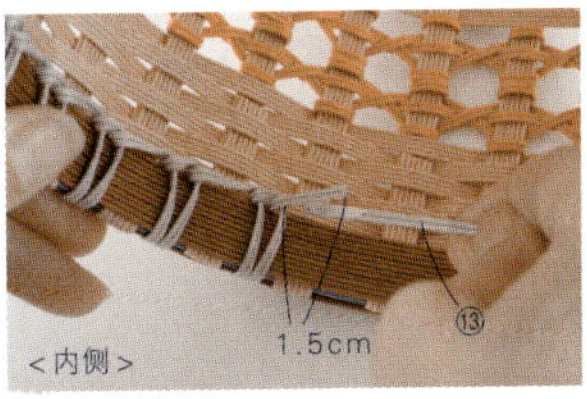

边缘锁边绳锁边完成之后，裁掉多余的部分，然后粘贴到步骤**11**预留出的编绳一端上。

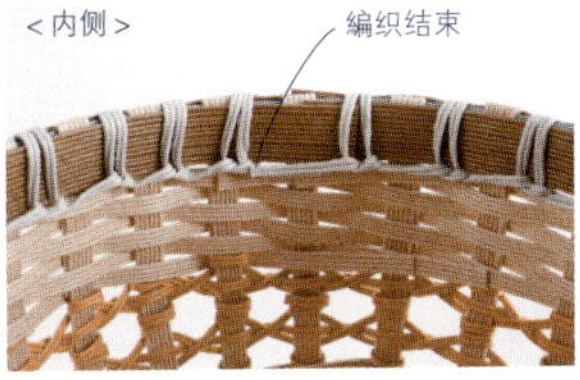

◇安装提手

15 把 1 根⑭提手内层用绳和 1 根⑮提手外层用绳穿过提篮，粘贴固定到一起。

≫参照 p.44 提手 B

16 在提手和 1 根⑰提手装饰绳之间，夹入 1 根⑯提手缠绕绳。此时，对齐几根编绳的中心处。

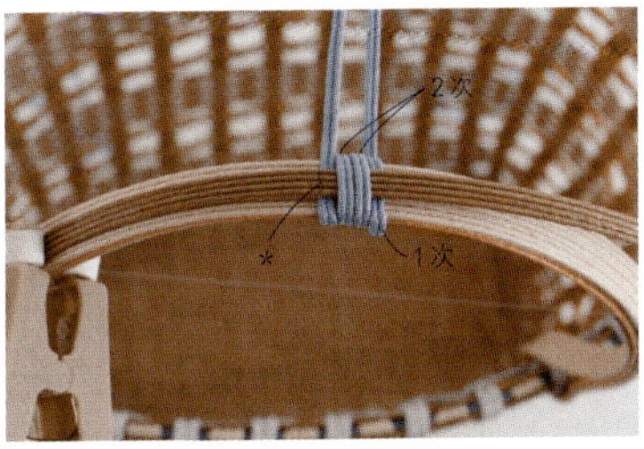

17 把⑯提手缠绕绳在⑰提手装饰绳上面紧紧缠绕 2 次，在下面紧紧缠绕 1 次。

18 重复 11 次步骤 **17**。

19 把⑯提手缠绕绳一直紧紧缠绕到下端，然后固定。

20 另一侧也按照步骤 **17**~**19** 进行编织。另一只提手也按照步骤 **15**~**20** 进行编织。

波士顿风格提篮 彩图：p.19

■材料

纸藤（蓝靛色 /No.18）
30m 卷……1 卷
纸藤（杏色 /No.34）5m
卷……2 卷

■完成尺寸

约31cm × 19cm × 17cm
（不含提手）

■需要准备的纸藤的股数和根数 ※指定颜色以外为杏色。

①横绳……6股宽 9根 长74cm（蓝靛色）
②横绳……8股宽 8根 长24cm（蓝靛色）
③竖绳……6股宽 15根 长64cm（蓝靛色）
④收尾绳……6股宽 2根 长15cm（蓝靛色）
⑤编绳……2股宽 2根 长440cm（蓝靛色）
⑥插入绳……6股宽 8根 长27cm（蓝靛色）
⑦编绳……3股宽8根 长510cm（蓝靛色）
⑧编绳……3股宽 2根 长470cm（蓝靛色）
⑨边缘编绳……12股宽1根 长48cm
⑩边缘编绳……12股宽 3根 长51cm
⑪边缘编绳……12股宽 4根 长53cm
⑫边缘顶端绳……12股宽 2根 长4.5cm
⑬边缘顶端绳……12股宽 2根 长5cm
⑭边缘收尾绳……2股宽 2根 长50cm
⑮纽扣编绳……3股宽 3根 长30cm
⑯纽扣安装绳……1股宽 1根 长30cm
⑰纽扣环用绳……1股宽 6根 长50cm
⑱提手内层用绳……8股宽 2根 长70cm
⑲提手外层用绳……8股宽 2根 长71cm
⑳提手缠绕绳……2股宽 2根 长400cm
㉑圆环编绳……2股宽4根 长15cm（蓝靛色
㉒穿圆环编绳……6股宽 2根 长65cm（蓝靛

■平面裁剪图 多余的部分＝

参照平面裁剪图，裁剪、分割指定长度的纸藤。在①～③、⑨～⑪、㉒的中心处做上标记。≫参照p.23裁剪、分割纸藤

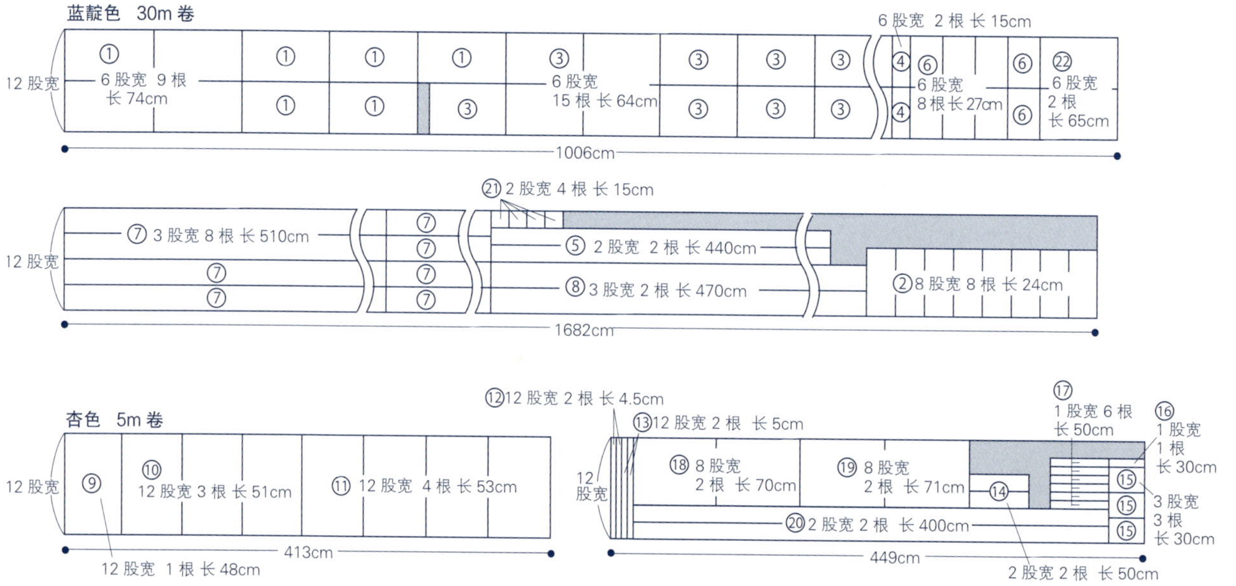

■制作方法 ※为了清晰可见，纸藤的颜色有所改变。

◇编织底部

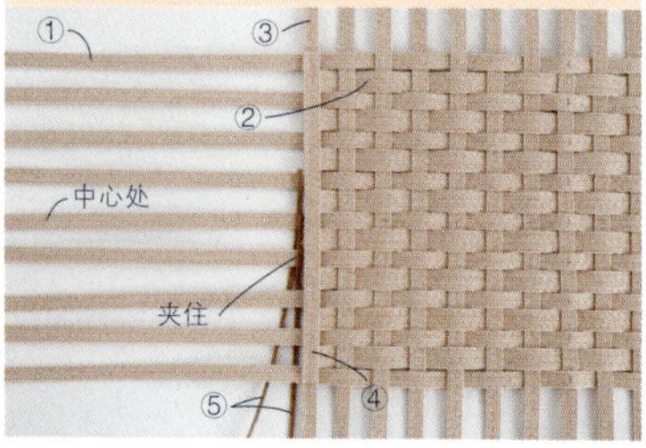

1 用①～⑥编绳编织椭圆形底部。把2根⑤编绳一端对齐粘贴，中间夹着左侧面的横绳。进行3圈（6行）直编，粘贴⑥插入绳，

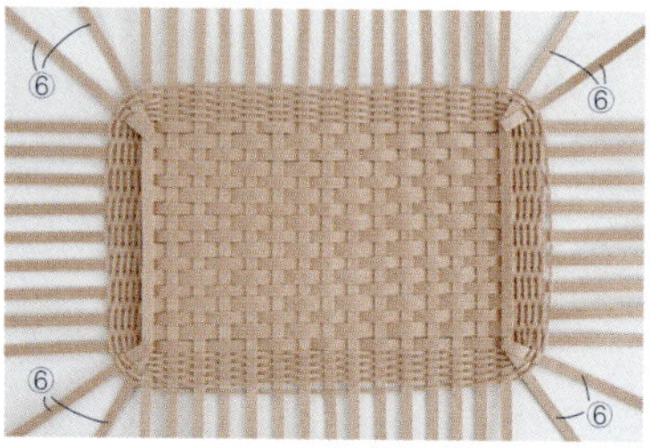

再进行2圈（4行）直编。
≫参照p.37直编法、p.41椭圆形底部

◇编织侧面

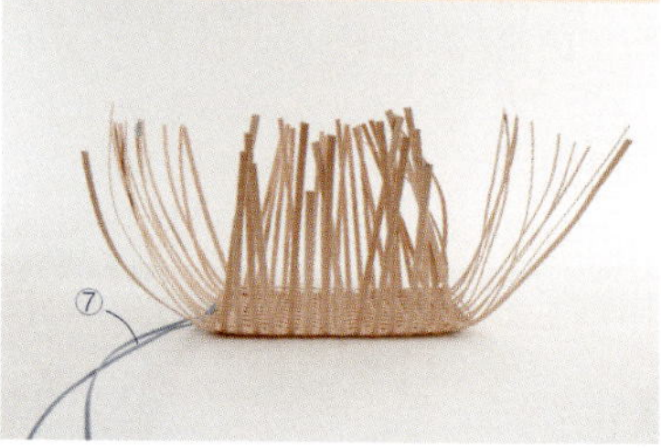

2 用2根⑦编绳夹住左侧面中心处竖绳，四周的编绳直立竖起。
≫参照p.42竖起编绳

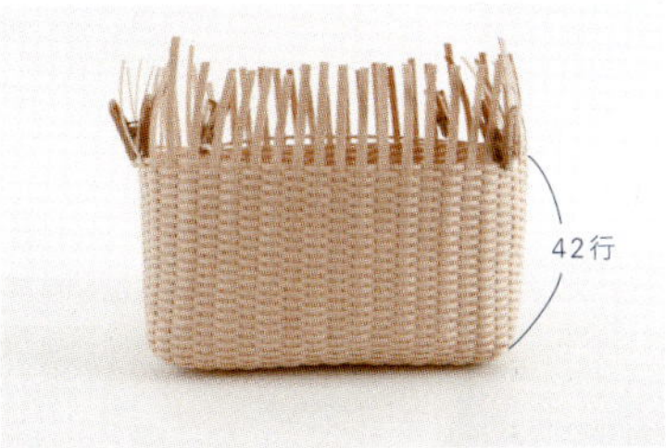

3 编织过程中需要连接编绳，继续进行 21 圈（42 行）直编。裁掉多余的部分，末端粘贴到编绳上。

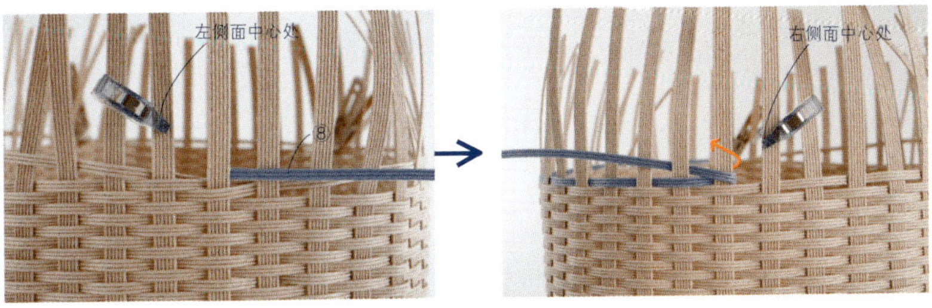

4 把 1 根⑧编绳粘贴到左侧面中心处右边相邻竖绳的背面，然后引返编织到右侧面中心处的前 1 根竖绳处。

≫参照 p.38 引返编织法

5 然后继续引返编织到左侧面中心处的前 2 根竖绳处。右侧面也如此。

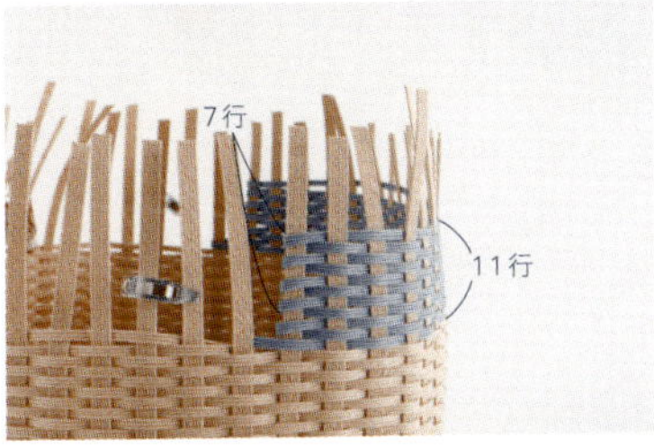

6 从步骤 **5** 完成后的位置开始，再进行 7 行引返编织，一共引返编织 11 行。

7 另一侧也按照步骤 **4~6** 的方法，使用另一根⑧编绳在步骤 **6** 的时候进行 6 行引返编织，一共编织 10 行。

◇处理边缘

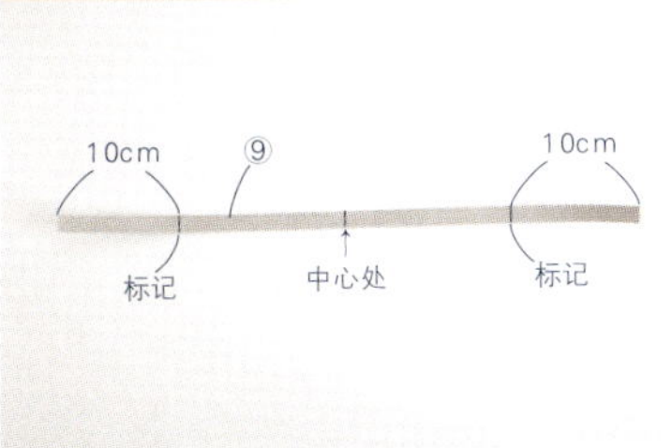

8 在⑨边缘编绳的两端 10cm 处做上标记，然后在标记处进行弯曲，注意不要折出折痕。

9 把 1 根⑩边缘编绳粘贴到⑨边缘编绳的外侧，中心处对齐，可用四角是圆角的罐儿，通过洗晒夹固定，边晾干边整理形状。

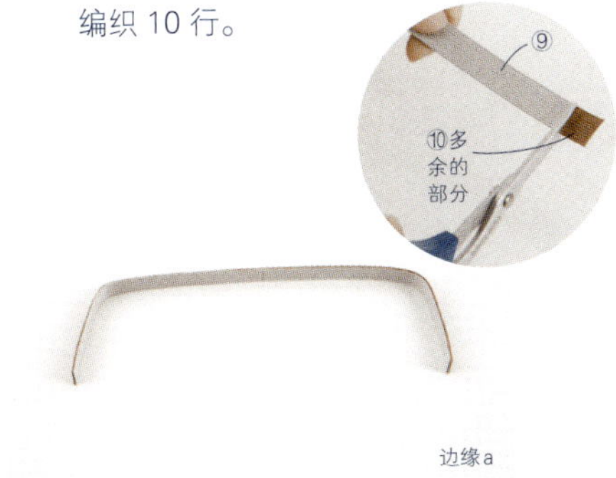

10 对齐⑨边缘编绳，裁掉⑩边缘编绳多余的部分。边缘 a 完成。

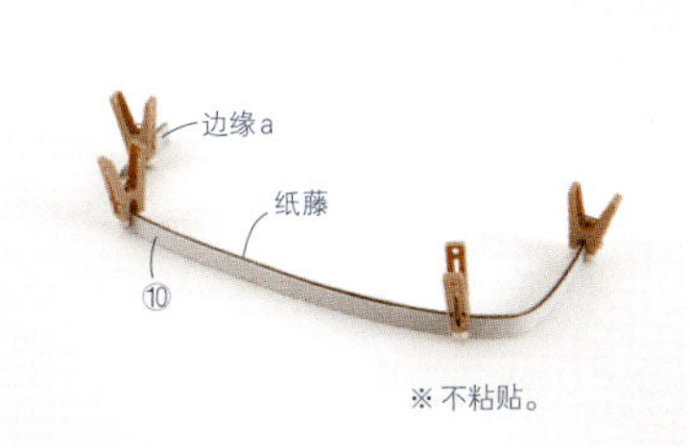

11 在边缘 a 的外侧，中心处对齐，把 51cm 的纸藤（指定所需材料以外的）和 1 根⑩边缘编绳重叠到一起，用洗晒夹固定并弯曲。

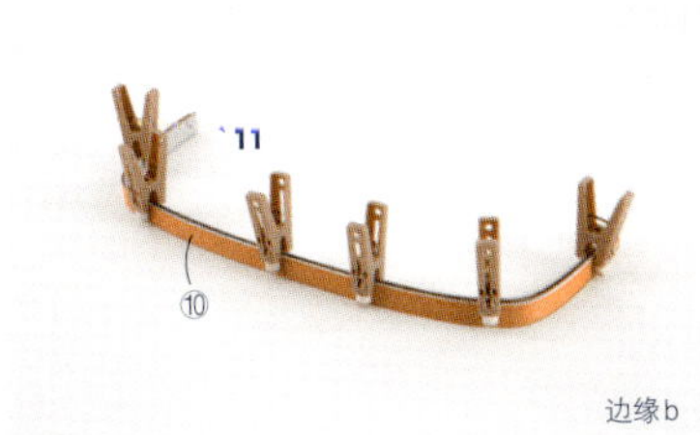

12 在步骤 **11** 编绳的外侧，中心处对齐，再粘贴 1 根⑩边缘编绳，并弯曲。然后裁掉多余的部分。边缘 b 完成。

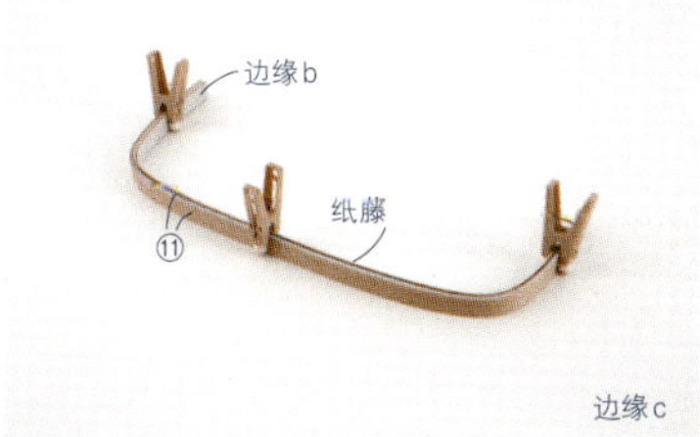

13 按照上述方法，在边缘 b 的外侧，中心处对齐，把 51cm 的纸藤（指定所需材料以外的）和 1 根⑪边缘编绳重叠到一起，用洗晒夹固定并弯曲。在外侧再粘贴 1 根⑪边缘编绳，中心处对齐并弯曲。然后裁掉多余的部分。边缘 c 完成。

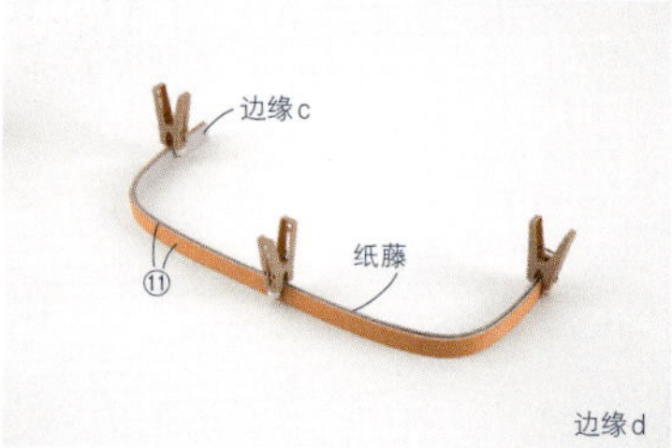

14 按照上述方法，在边缘 c 的外侧，中心处对齐，把 51cm 的纸藤（指定所需材料以外的）和 1 根⑪边缘编绳重叠到一起，用洗晒夹固定并弯曲。在外侧再粘贴 1 根⑪边缘编绳，中心处对齐并弯曲。裁掉多余的部分。边缘 d 完成。

15 如图所示把横侧面中心处的 3 根竖绳往内外两侧折叠，插入编目里。另一侧也如此。

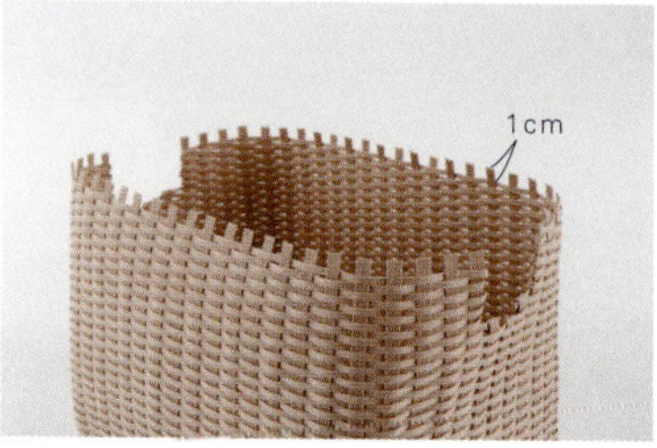

16 把剩余的竖绳预留出 1cm 后裁掉。

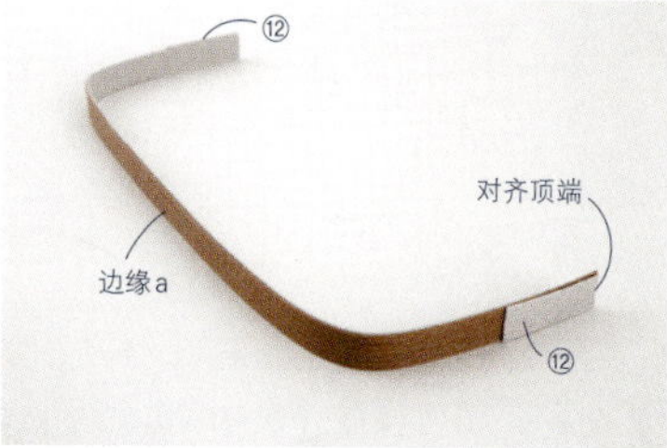

17 在边缘 a 的外侧两端，分别粘贴 1 根⑫边缘顶端绳。

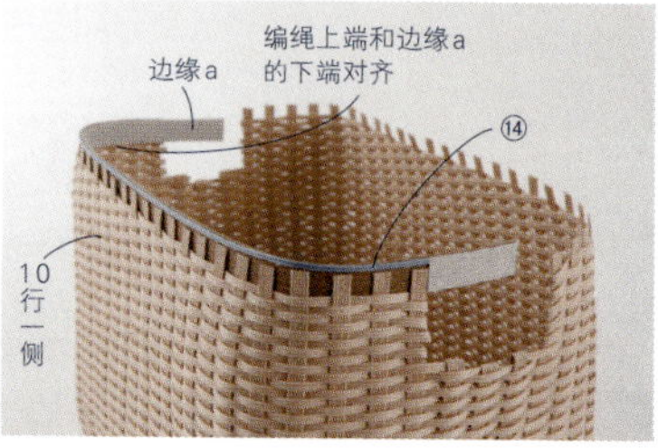

18 把边缘 a 粘贴到步骤 **7** 引返编织 10 行一侧的边缘内侧。把边缘 a 的下端和编绳的上端对齐，粘贴 1 根⑭边缘收尾绳。

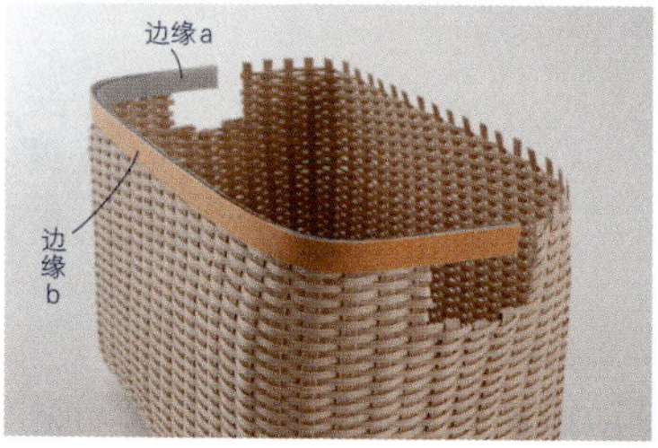

19 在边缘 a 的外侧粘贴上边缘 b。

20 按照步骤 **17~19** 的方法，把边缘 c、2 根⑬边缘顶端绳和 1 根⑭边缘收尾绳，粘贴到步骤 **6** 引返编织 11 行一侧的边缘内侧。然后把边缘 d 粘贴到外侧。

◇整理形状、安装纽扣

→

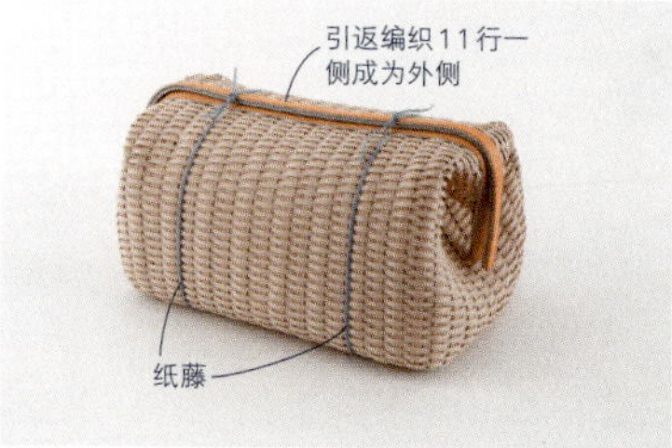

21 把横侧面往里摁压，对齐边缘，用纸藤（指定所需材料以外的）系住。喷水，放置一晚，使之成形。

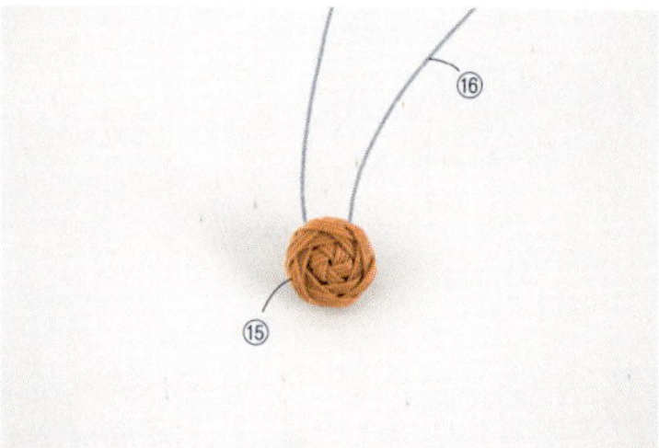

22 用 3 根⑮纽扣编绳和 1 根⑯纽扣安装绳，制作花结纽扣。

≫参照 p.45 花结纽扣

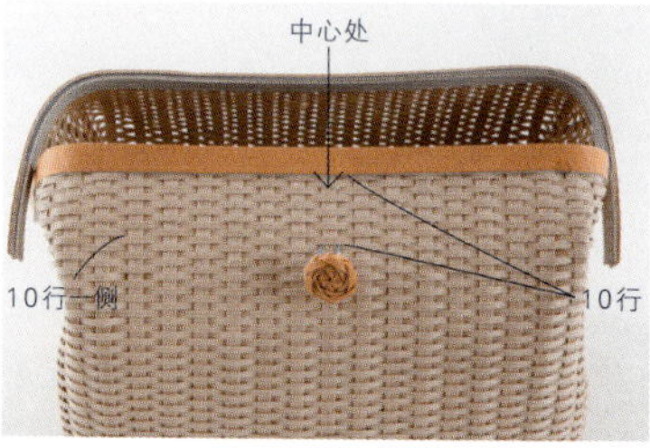

23 夹住引返编织 10 行一侧的侧面中心处竖绳，安装纽扣（参照 p.87 步骤 **13**、**14**）。

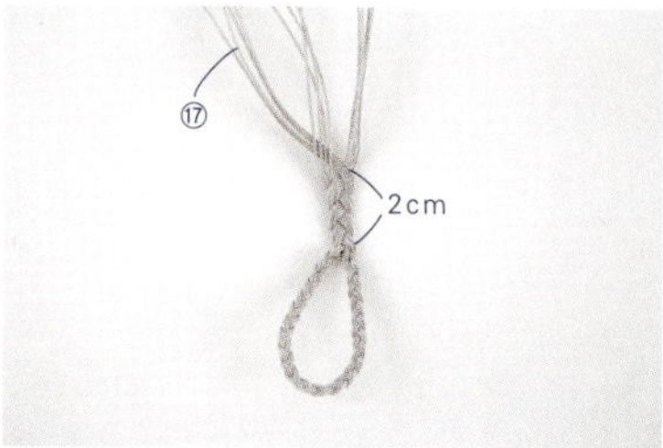

24 使用 6 根⑰纽扣环用绳，制作纽扣环。

≫参照 p.45 纽扣环

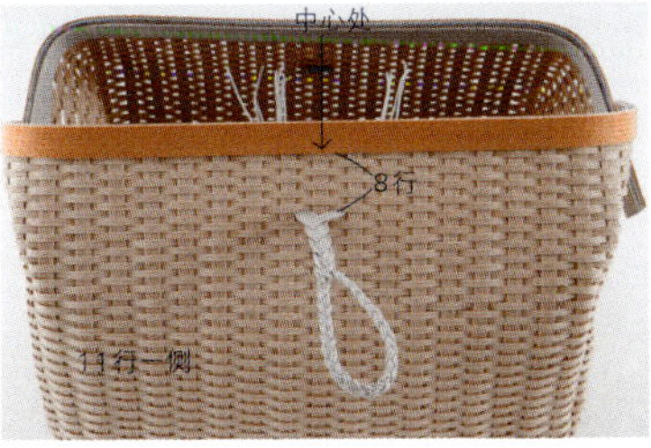

25 夹住和步骤 **23** 相对一侧中心处竖绳，安装纽扣环（参照 p.88 步骤 **16**、**17**）。

◇安装提手

26 使用 1 根㉑圆环编绳卷 3 圈，制作圆环。同样的方法再制作 3 个。

≫参照 p.44 圆环的步骤 **1**、**2**

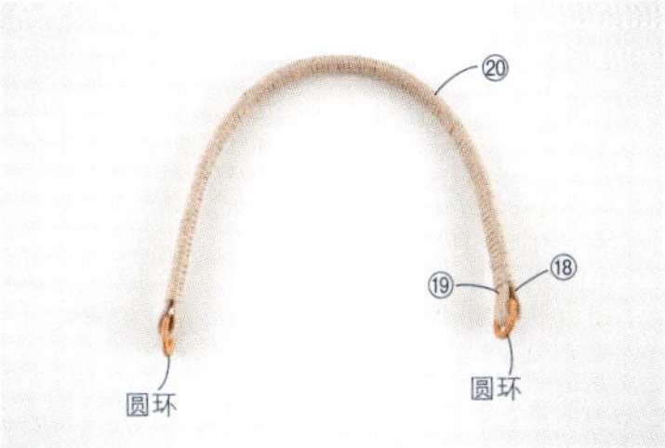

27 使用 1 根⑱提手内层用绳、1 根⑲提手外层用绳、1 根⑳提手缠绕绳和 2 个圆环制作提手。同样的方法再制作 1 只提手。

≫参照 p.43 提手 A

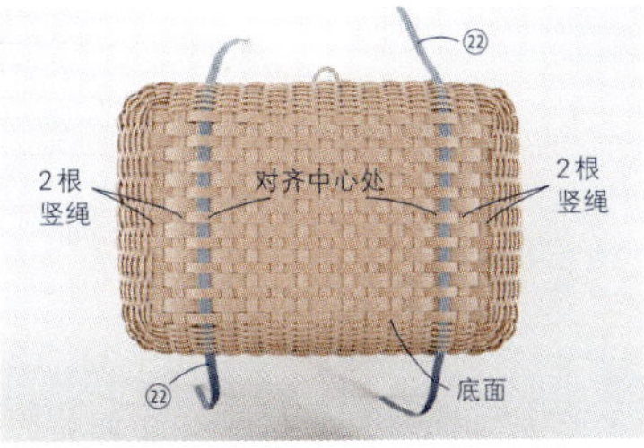

28 把 2 根㉒穿圆环编绳如图所示从提篮底面（2 股宽编绳的直编部分）的两端，穿到第 3 根竖绳的外侧。

29 接着在侧面穿㉒穿圆环编绳，从直编部分下方开始，穿到第 32 行和第 33 行之间，把编绳拉出。

30 把圆环穿到穿圆环编绳上。把圆环编绳两端一侧（*）朝下，涂上黏合剂。

31 把编绳如图所示朝下折叠，插到 6~7 根编绳的编目里。裁掉多余的部分。

在完全插好之前，在编绳环形内侧涂上黏合剂。

32 另一侧也按照步骤 **30**、**31** 进行编织。另一只提手也按照步骤 **30~32** 进行编织。

菱形花纹提篮 彩图：p.8

■材料

纸藤（核桃色 /No.33）
30m 卷……1 卷、5m 卷……2 卷

■完成尺寸

约32cm×10cm×28.5cm
（不含提手）

■需要准备的纸藤的股数和根数

①横绳……8 股宽 6 根 长31cm
②横绳……6 股宽 5 根 长97cm
③竖绳……6 股宽 19 根 长76cm
④收尾绳……6 股宽 2 根 长9.5cm
⑤编绳……3 股宽 68 根 长83cm
⑥W 形编绳……2 股宽 4 根 长200cm
⑦内芯编绳……12 股宽 3 根 长83cm
⑧边缘外用绳……12 股宽 1 根 长84cm
⑨边缘内用绳……12 股宽 1 根 长82cm
⑩提手内层用绳……8 股宽 2 根 长104cm
⑪提手外层用绳……8 股宽 2 根 长105cm
⑫提手缠绕绳……2 股宽 2 根 长540cm

■平面裁剪图 多余的部分＝

参照平面裁剪图，裁剪、分割指定长度的纸藤。在①～③的中心处做上标记。≫参照 p.23 裁剪、分割纸藤

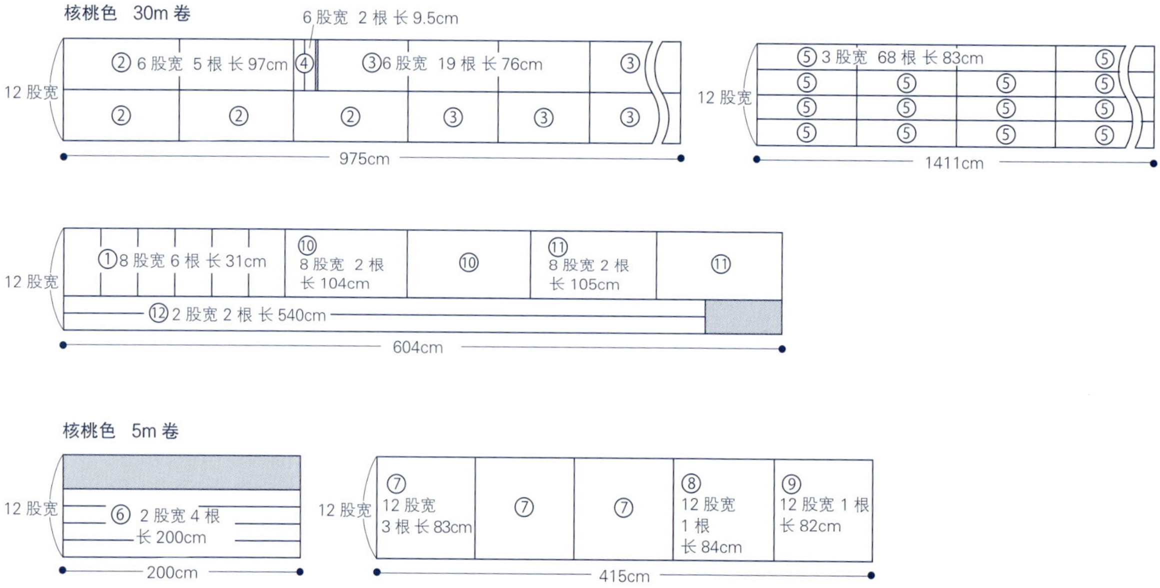

■制作方法 ※为了清晰可见，纸藤的颜色有所改变。

◇编织底部

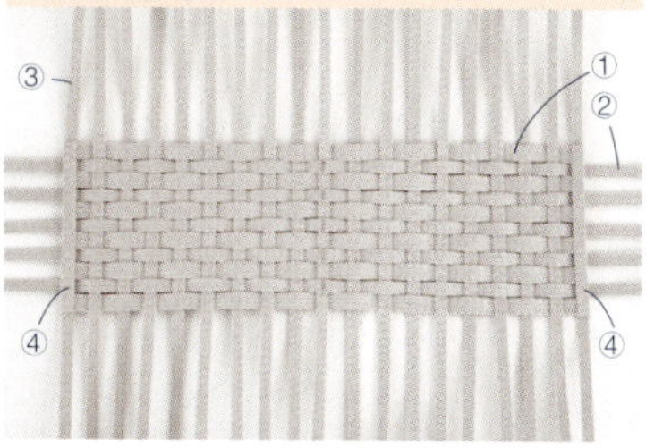

1 用①～④编绳编织方形底部。翻转过来，把四周的编绳直立竖起。
≫参照 p.41 方形底部、p.42 竖起编绳

◇编织侧面

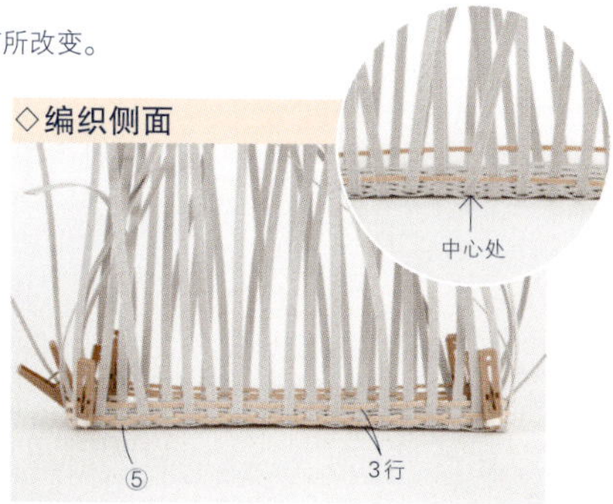

2 用 2 根⑤编绳进行 3 行环形编（或素编）。第 1 行编织时，穿过侧面中心处竖绳的背面。
≫参照 p.26 素编法、p.39 环形编法

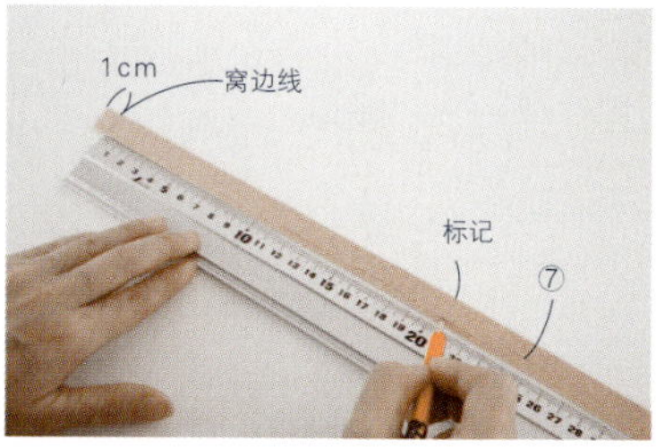

3 在 2 根⑦内芯编绳上，距一端 1cm 处预留出窝边线，把剩余的长度进行 4 等分，3 处做上标记。

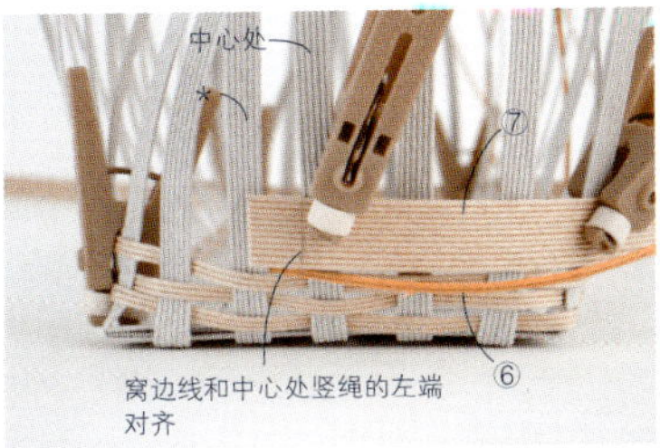

4 进行第 1 根编绳的W形编。把1根⑥W形编绳粘贴到左侧面从左数第2根竖绳（ * ）背面。把带有标记的1根⑦内芯编绳，用洗晒夹固定到⑥W形编绳的上方。

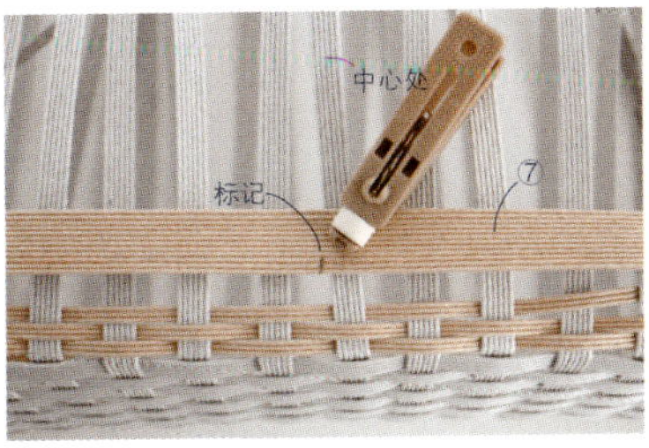

5 把⑦内芯编绳的3处标记和剩余侧面中心处竖绳的左端分别对齐，用洗晒夹固定。

6 缠上 1 圈，进行第 1 根编绳的W 形编。

≫参照 p.29 菱形锁边法

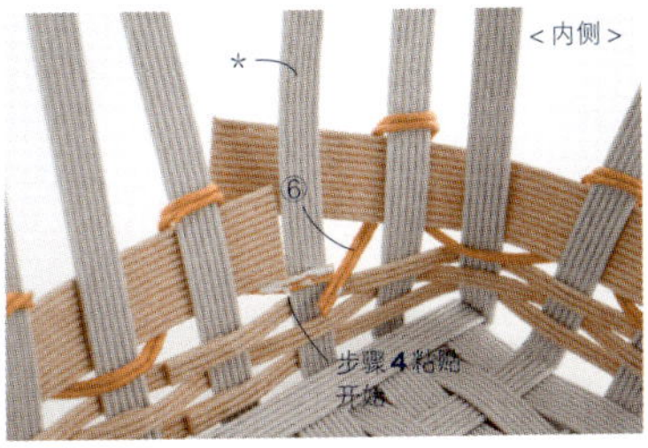

7 在⑥ W 形编绳编织结束时，末端与粘贴开始处重叠 1cm，裁剪后粘贴固定。

8 把⑦内芯编绳的末端如图所示插入 W 形编绳下面，对齐粘贴固定。

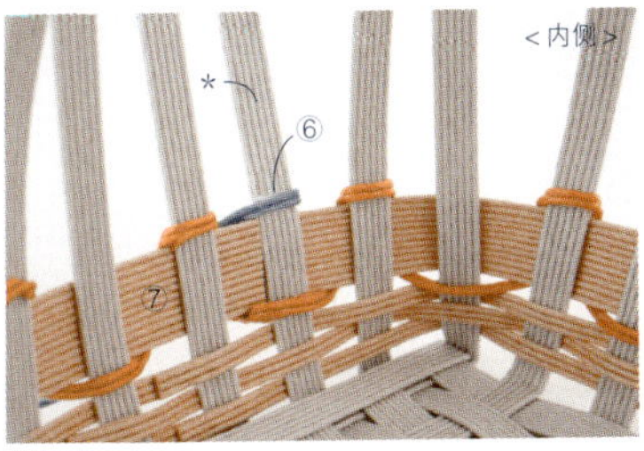

9 进行第 2 根编绳的 W 形编。把 1 根⑥ W 形编绳从⑦内芯编绳的上面粘贴到步骤 **4** 同一根竖绳的背面。

10 用第 2 根编绳 W 形编 1 圈。和步骤 **7** 一样处理编织结束的末端。

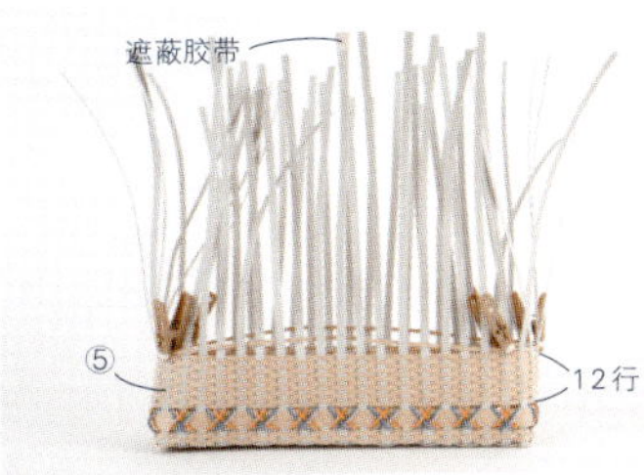

11 用⑤编绳进行 12 行环形编（或素编），编织时注意第 1 行的编目和步骤 **2** 最后 1 行的编目朝向呈相反状态。在两侧面中心处竖绳上粘贴遮蔽胶带。

12 参照编织图（p.100），用⑤编绳从第 13 行开始环形编到第 51 行，在两侧面编织出菱形花纹。

≫参照 p.37 菱形花纹编法

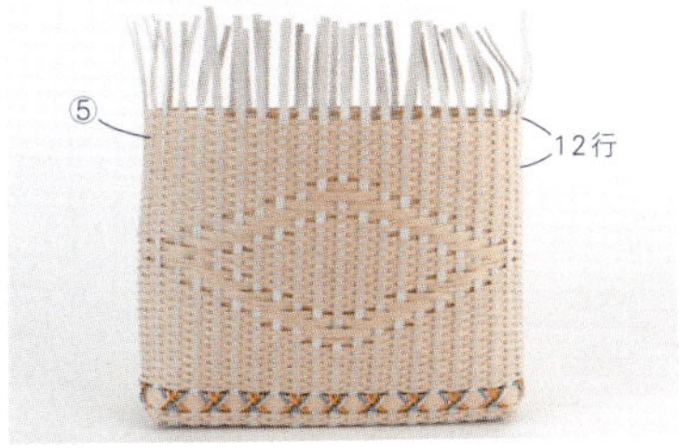

13 用⑤编绳进行 12 行环形编（或素编）。

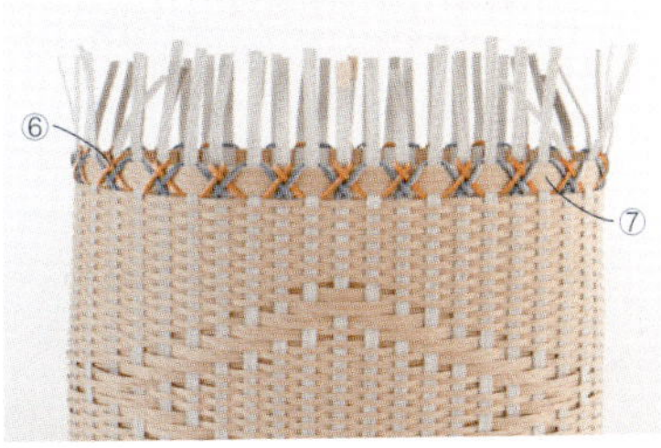

14 按照步骤 **4~10** 的方法，使用 2 根⑥ W 形编绳、1 根⑦内芯编绳进行菱形锁边。

15 用⑤编绳进行 2 行环形编（或素编）。

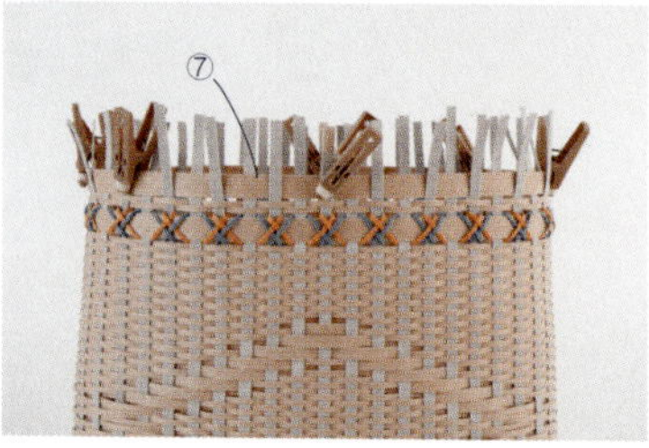

16 用剩余的⑦内芯编绳进行 1 行素编（参照 p.62 步骤 **13**）。

◇处理边缘

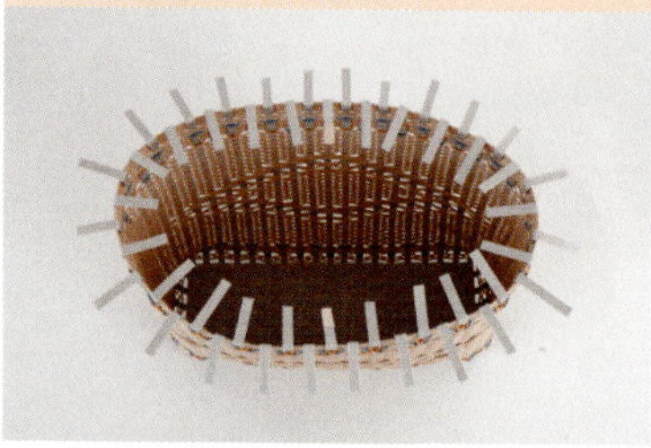

17 把竖绳往内外两侧依次交替折叠，插入编目里。

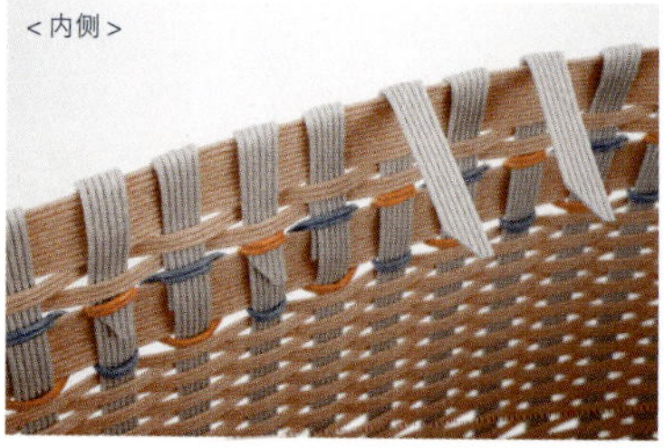

往内侧折叠的竖绳，为了便于插入，可斜着裁剪编绳的顶端，然后插入编目里。

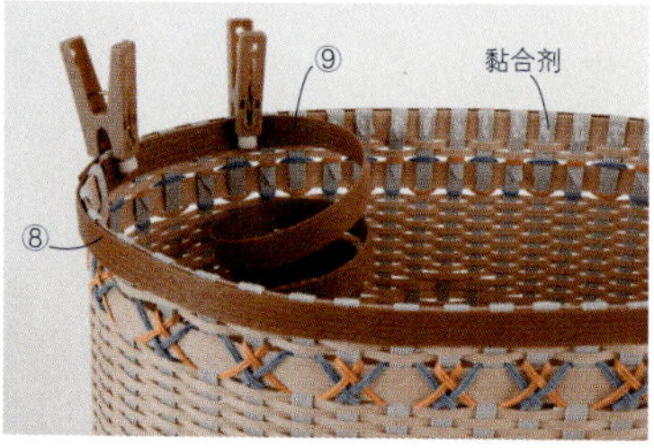

18 把⑧边缘外用绳粘贴到边缘外侧，把⑨边缘内用绳粘贴到边缘内侧。各自粘贴结束处，重叠 1cm 粘贴到粘贴开始处，裁掉多余的部分。

◇安装提手

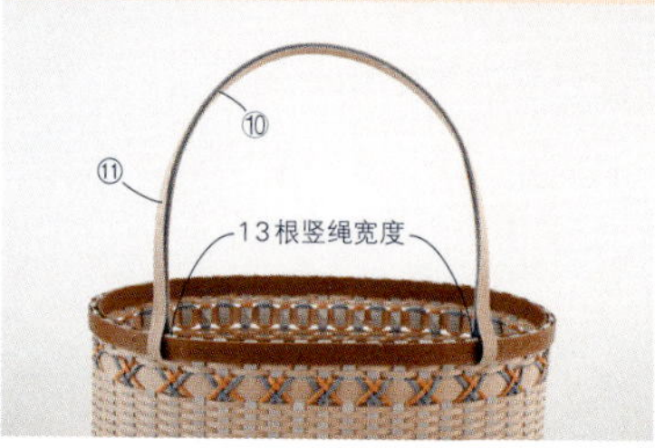

19 把 1 根⑩提手内层用绳和 1 根⑪提手外层用绳穿过提篮，粘贴。

≫参照 p.44 提手 B

20 把 1 根⑫提手缠绕绳缠绕到提手上。另一只提手也按照步骤 **19**、**20** 的方法进行编织。

迷你提篮 彩图：p.21

c

d

e

■材料

纸藤（c 杏色 /No.34、d 白色 /No.2）……100cm、

纸藤（e 胭脂红色 /No.39）……90cm

■完成尺寸

c 约直径4.5cm、宽1.5cm（不含提手）

d 约5cm × 3cm × 4.5cm（不含提手）

e 约4.5cm × 1cm × 2cm（不含提手）

■需要准备的相应股数和根数的纸藤

c、d通用

①竖绳……2股宽 16根 长10cm

②编绳……1股宽 4根 长90cm

③提手绳……1股宽 2根 长50cm

④编绳……1股宽 1根 长100cm

e

①竖绳……2股宽 8根 长10cm

②编绳……1股宽 2根 长90cm

③提手绳……1股宽 2根 长50cm

■平面裁剪图 多余的部分 =

参照平面裁剪图，裁剪、分割指定长度的纸藤。在①的中心处做上标记。

≫参照 p.23 裁剪、分割纸藤

c 杏色、d 白色

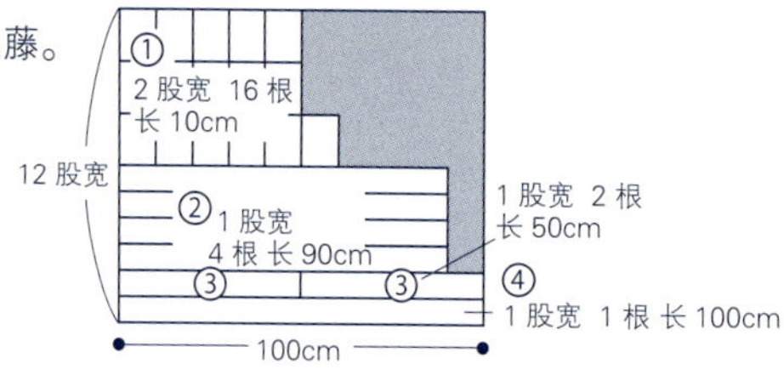

e 胭脂红色

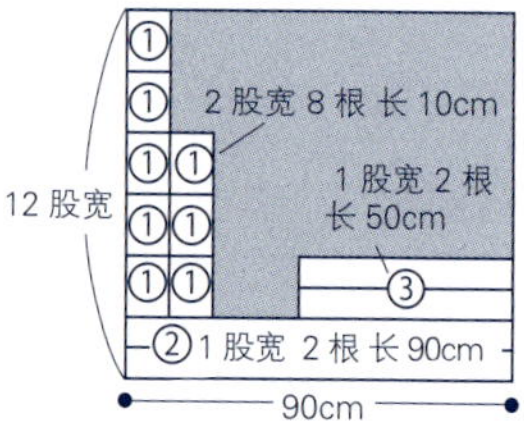

■制作方法 ※为了清晰可见，纸藤的颜色有所改变。※ *是安装提手的位置。

c迷你圆提篮

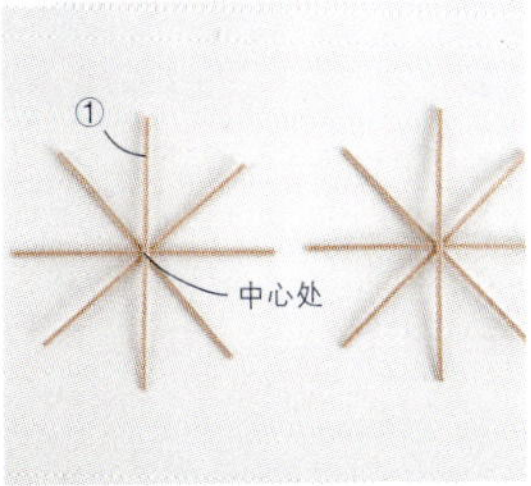

1 把4根①竖绳中心处对齐，如图所示空距均匀摆放粘贴。制作2个这样的部件。

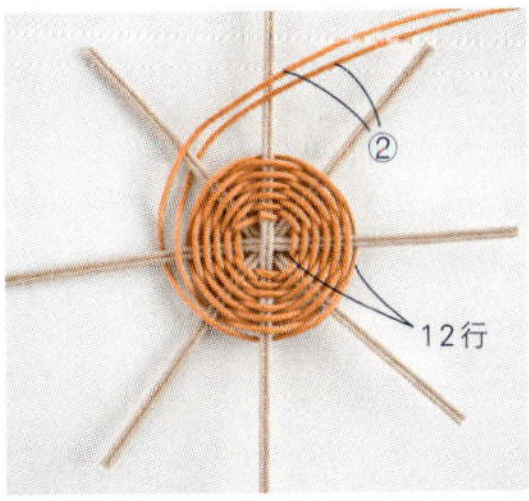

2 使用2根②编绳，进行6圈（12行）直编。

≫参照p.37直编法、p.42圆形底部

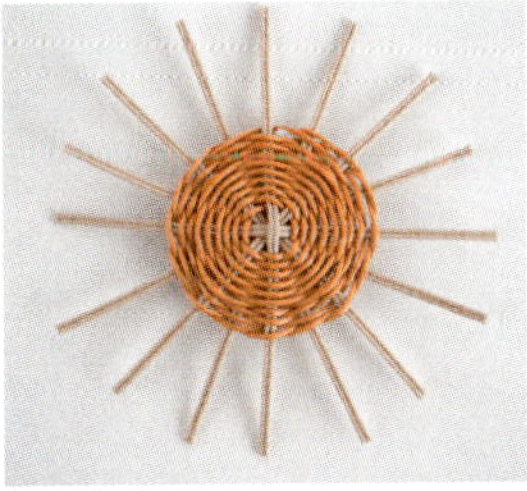

3 然后重叠到步骤**1**的另一个部件上，进行2圈（4行）直编、1行扭编。

≫参照p.38扭编法

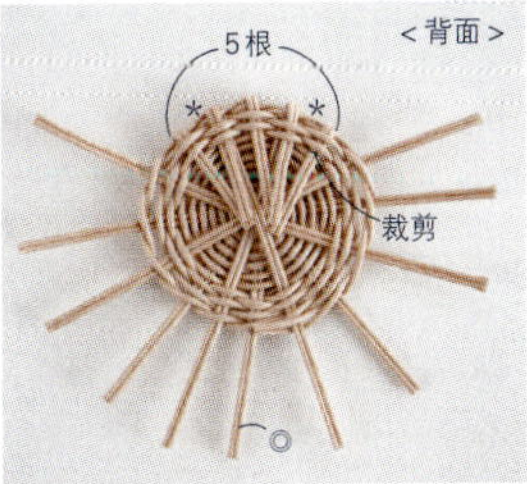

4 翻转过来，把编织开始处（◎）另一侧的5根竖绳往背面折叠，插入编目里，裁掉多余的部分。

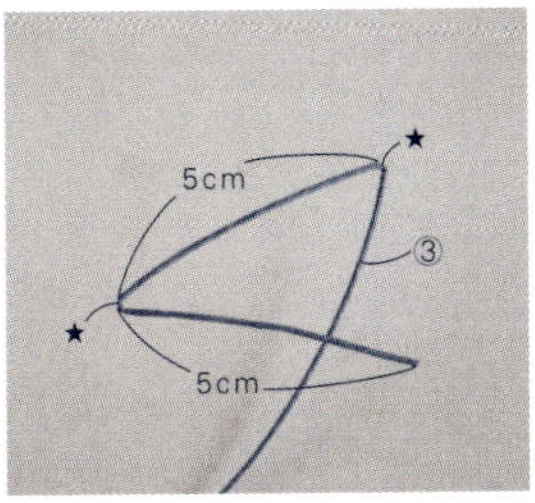

5 把1根③提手绳如图所示在5cm处折叠2次。

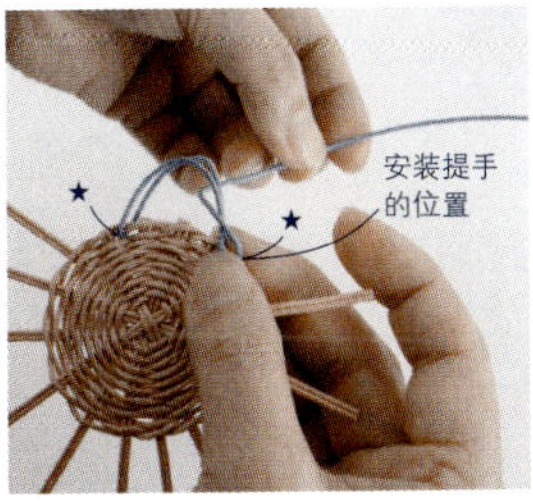

6 把步骤**5**的编绳两端从正面穿向背面。把2段5cm的编绳对齐，把剩余的编绳缠上。

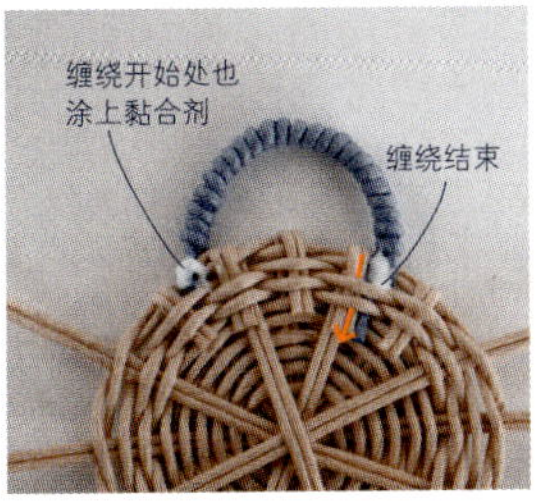

7 缠绕结束处穿过背面的编目，涂上黏合剂，裁掉多余的部分。

8 把剩余的竖绳竖起。按照步骤**1~8**的方法再制作1个。

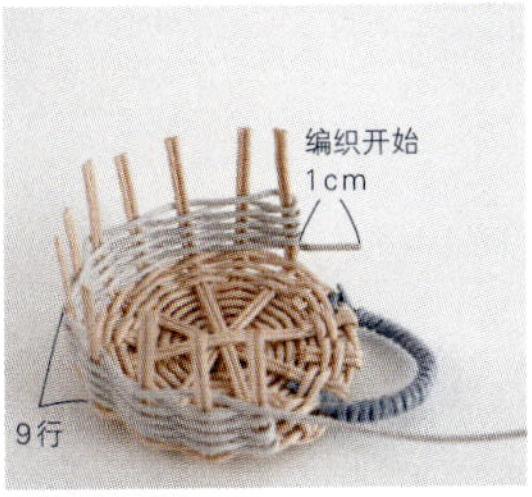

9 用④编绳进行9行引返编织。把编绳的两端1cm处往内侧折叠并粘贴。

≫参照p.38引返编织法

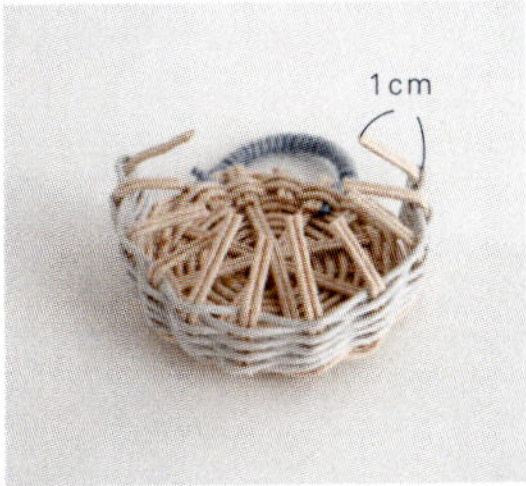

10 竖绳预留出1cm后裁掉，往内侧折叠。

11 把另一个步骤**8**的部件的竖绳插入引返编织的编目里。

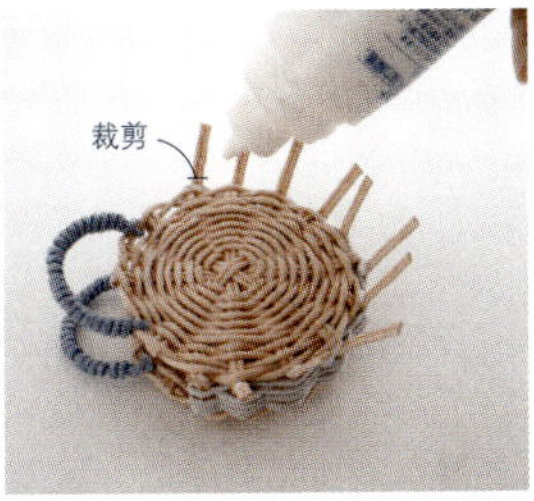

12 在竖绳之间涂上黏合剂，粘贴，裁掉多余的部分。

d迷你简约提篮

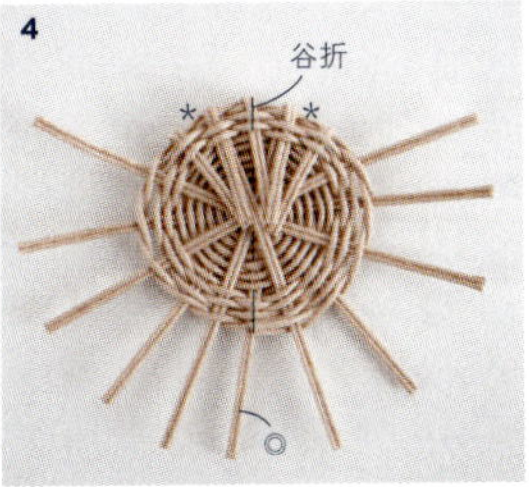

和c的步骤**1~5**一样。步骤**6**中不穿提手，把2个部件竖着对折弯曲。然后和步骤**8~12**一样。参照步骤**6**、**7**，把提手绳的两端分别穿过侧面，并处理好编绳两端。

e迷你扁平提篮

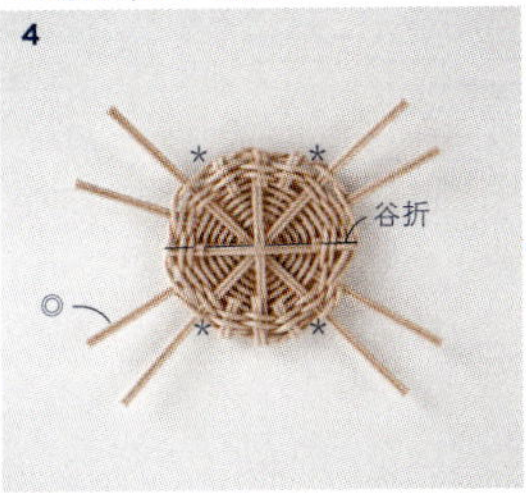

和c的步骤**1~4**一样。只有1个部件。步骤**4**中3根竖绳和对面的3根竖绳，以及剩余两侧5根里面的中间各1根竖绳，分别如图所示往内侧折叠，并处理好编绳末端。参照步骤**5~7**安装2只提手。

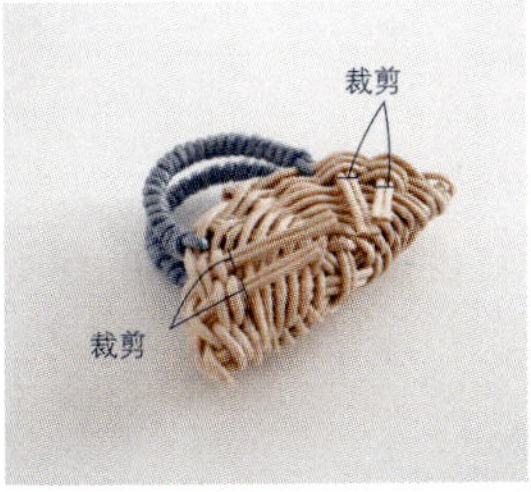

提手安装完之后，如图所示横着对折。把一面的竖绳在裁剪处涂上黏合剂，粘贴固定，裁掉多余的部分。剩余的竖绳穿过外侧的编目，涂上黏合剂粘贴，裁掉多余的部分。

编织图

p.96：菱形花纹提篮

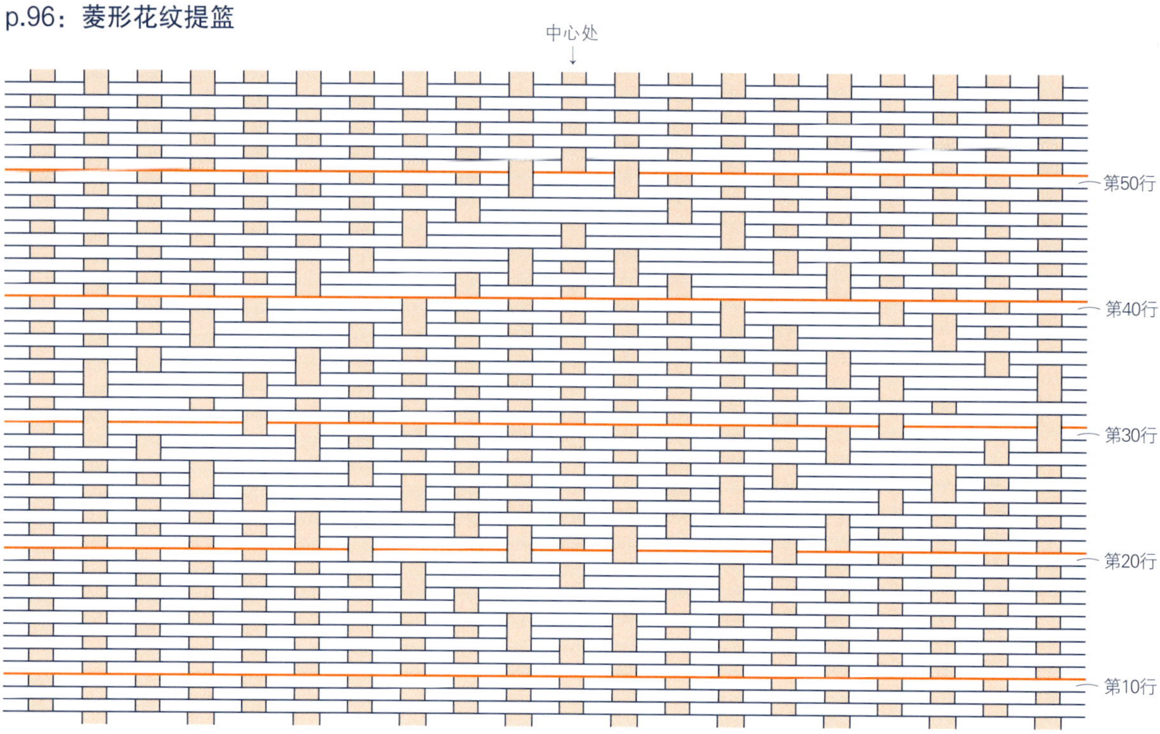

p.61：刺绣花纹提篮

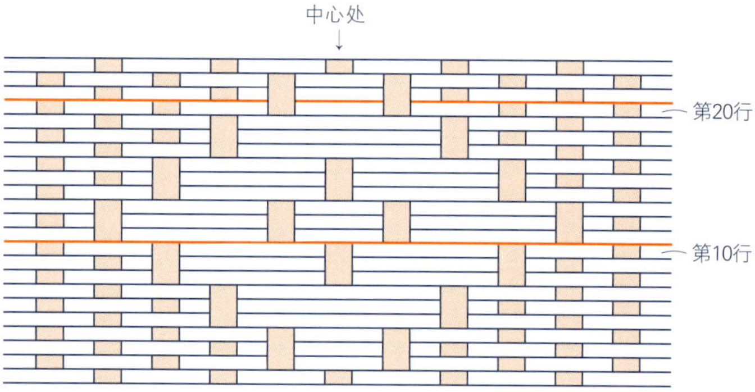

p.83：席纹双色提篮

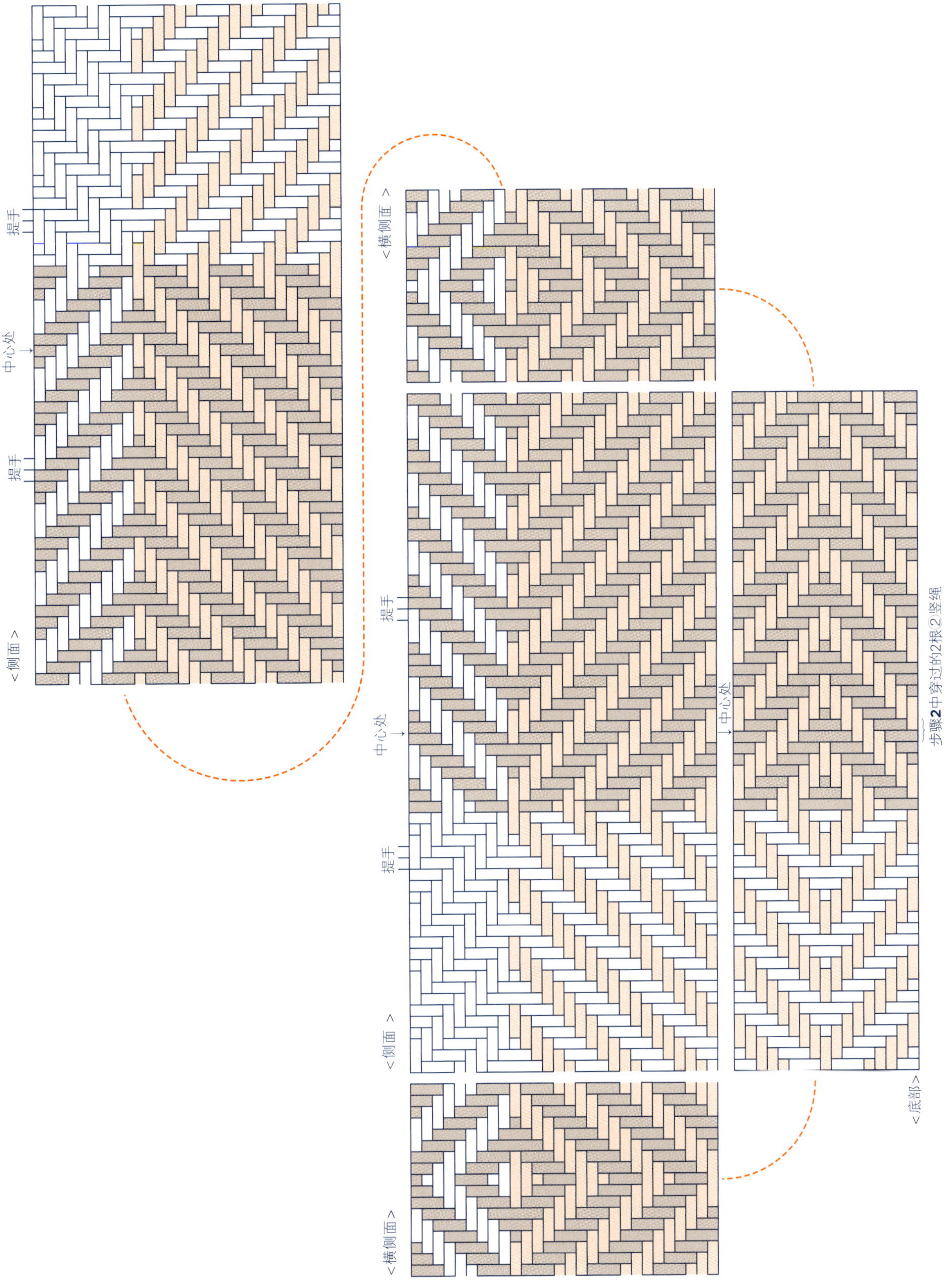

p.64：跳编花纹提篮

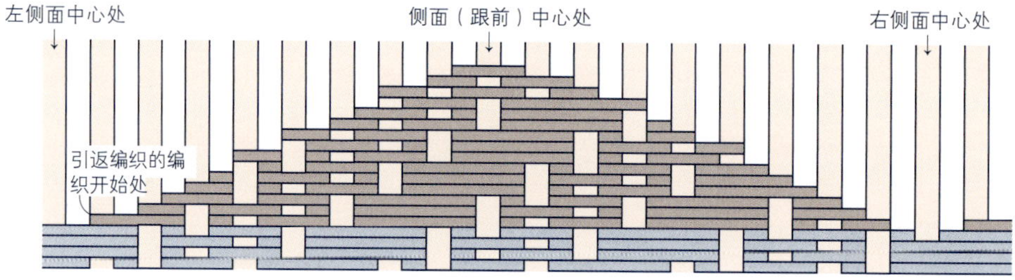

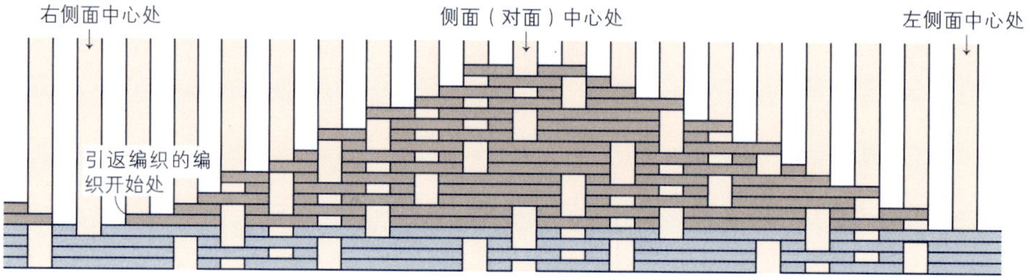

p.66：人字纹梯形提篮

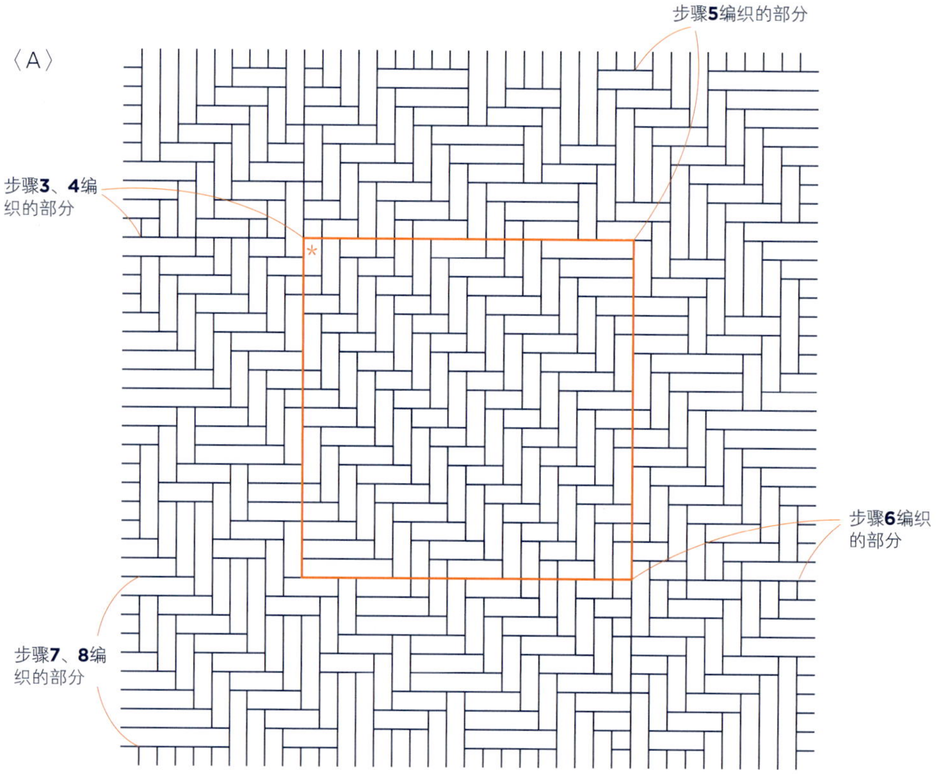

- ＊为编织开始（p.66步骤**1**）时编绳的中心处
- □中为步骤**2**编织的部分

p.66：人字纹梯形提篮

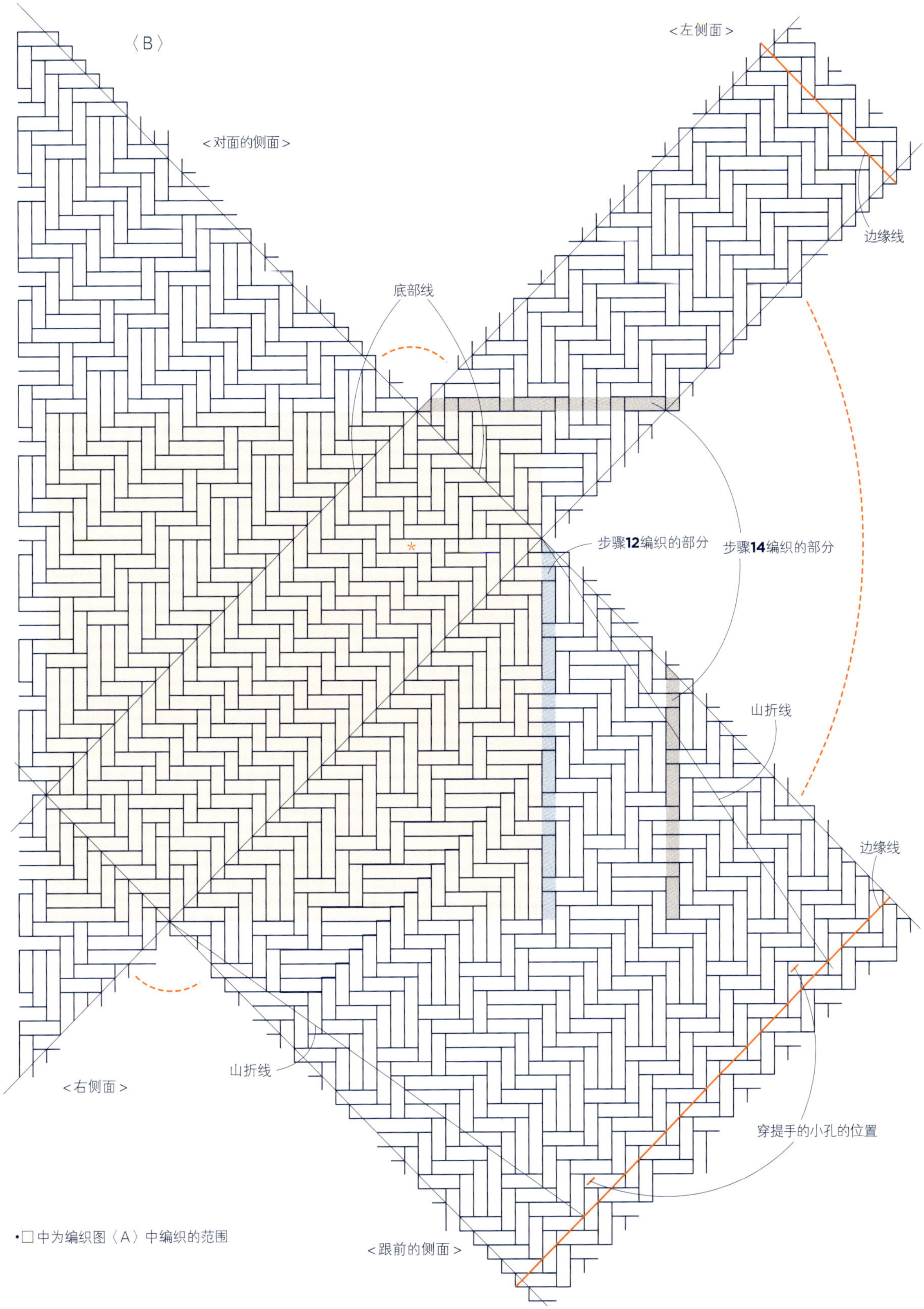

•□中为编织图〈A〉中编织的范围

作者简介：
古木明美
2000年开始制作纸藤作品。现在主要从事图书、杂志的创意工作，同时在文化学校、画室担任讲师。宝库学院讲师。其创作的可爱至极的插图与简单明了的制作方法非常有人气。著有《百用不厌的手编提篮》《纸藤的手编提篮》等。

图书在版编目（CIP）数据

从零开始玩纸藤：造型优美的藤篮编织教程/（日）古木明美著；陈亚敏，芦丽红译. —郑州：河南科学技术出版社，2021.6
ISBN 978-7-5725-0403-7

Ⅰ.①从…　Ⅱ.①古…　②陈…　③芦…　Ⅲ.①纸工-编织　Ⅳ.①TS935.54

中国版本图书馆CIP数据核字（2021）第070683号

出版发行：河南科学技术出版社
地址：郑州市郑东新区祥盛街27号　邮编：450016
电话：（0371）65737028　65788613
网址：www.hnstp.cn
策划编辑：刘　欣
责任编辑：葛鹏程
责任校对：王晓红
封面设计：张　伟
责任印制：张艳芳
印　　刷：河南新达彩印有限公司
经　　销：全国新华书店
开　　本：787 mm×1 092 mm　1/16　印张：6.5　字数：200千字
版　　次：2021年6月第1版　2021年6月第1次印刷
定　　价：49.00元

如发现印、装质量问题，影响阅读，请与出版社联系并调换。